本书得到　西北师范大学皇台学术著作出版基金　资助
　　　　　西北师范大学基础数学重点学科基金

现代数学基础丛书·典藏版　45

实 分 析 导 论

丁传松　李秉彝　布伦　著

科学出版社

北　京

内 容 简 介

本书共分十章. 主要内容包括：连续函数的典型性质；无处单调函数的初等构造法；Baire 函数类；Darboux 函数；近似连续函数；函数的 Dini 导数；近代积分的描述性意义.

本书主要读者对象：高校数学系高年级学生、研究生、数学工作者.

图书在版编目(CIP)数据

实分析导论/丁传松等著. -北京：科学出版社，1998.2
（现代数学基础丛书·典藏版；45）

ISBN 978-7-03-006254-3

Ⅰ. 实… Ⅱ. 丁… Ⅲ. 实分析 Ⅳ. O174.1

中国版本图书馆 **CIP** 数据核字(97)第 19869 号

责任编辑：吕　虹／责任校对：钟　洋
责任印制：徐晓晨／封面设计：王　浩

科 学 出 版 社 出版
北京东黄城根北街 16 号
邮政编码：100717
http://www.sciencep.com

北京厚诚则铭印刷科技有限公司印刷
科学出版社发行　　各地新华书店经销
*
1998 年 2 月第 一 版　　开本：B5(720×1000)
2015 年 7 月 印 刷　　印张：14 1/4
字数：180 000
定价：98.00 元
(如有印装质量问题, 我社负责调换)

前　言

　　实分析是数学的重要基础分支之一,它已有了一百多年的历史.它是研究某些实变函数类的共同性质,如连续函数具有取最大最小值性和介值性;囿变函数可分解为两个单调函数之和等等,它也讨论某一具体函数所特有的性质.然而更最令人震惊的是发现了一些函数竟会具有令人费解的、难以想象的性质,如最早 Weierstrass 构造出的处处连续无处可导函数,它反映在力学上表现为时时处处没有速度的连续运动,这在当时实在不好理解,故被贬之为矫揉造作的病态性质,而把具有这种性质的函数称之为病态函数.并且确有许多数学家为此费尽了毕生精力.

　　随着数学的发展,人们逐渐看到:(1)这种所谓的病态性质或病态函数越来越多;(2)它的存在性证明与构造方法越来越简便;(3)特别是具有这种或那种的病态性质函数有着意想不到的广泛性,以致于我们经常所研究的"正常"的(不具有这种病态性质的)函数反而成为极少数了,这样如果继续再把它们称之为病态函数太有失公允了,因为这些性质不仅不是矫揉造作的病态,而且是绝大多数(虽不是全体)函数所共有性质,因此将它们正名为典型性和典型函数是最合适不过了.

　　这一领域领先系统研究的是美国加州大学 Bruckner 教授,由于我们在近十年的研究中才接触到他的工作,并且深深被他的工作所吸引与感染,因为他所研究的许多方面就是我们曾在数学分析或函数论中教学几十年中所遇到而没有解决的问题,这些问题的讨论将无疑促进这一课题教学与研究的深化,因此我们把由西北师大数学系组织的、以校内为主的校际实分析讨论班提到这一课题进行学习、探索与研究,与此同时,Bruckner 教授也给予极大

· i ·

支持,给我们寄来大量资料,考虑到国内还没有系统讨论这一领域的书籍,更没有讨论典型函数与典型性质的专著,我们把近十年来在讨论班工作的总结成本书,旨在作为实分析的导论,使从事于实分析教学与研究的读者了解这一问题,进而希望能与读者共同来填补国内的这一空白。

本研究项目得到甘肃省科委、教委、西北师范大学、新加坡教育学院的大力支持与扶植;本书在写作过程中作者得到 Bruckner 教授、Thomson 教授、严绍宗教授、吴智泉教授、吴从炘教授、张奠宙教授、刘文教授、陈文忠教授、陆润林教授、陈文嶰教授、范先令教授、雷光彩博士、周选星博士、陈咸德先生、徐贤芳先生的关怀与具体帮助;参与本书讨论的有李宝麟、巩增泰、王才士、马振民、叶国菊、刘跟前、丁拓、丁静之,特别是集美大学的杨克仁教授、陆式盘副教授、林应坚副教授、花了几个月时间全面系统对本书提出了建设性意见,补充与修改,马勤生同志对本书作了多次精心编排。在这里谨向这些领导、机构、专家、和朋友们的种种支持与帮助,致以由衷的敬意和感谢。

目 录

第一章　连续函数的典型性质

在大学里系统地研究函数理论是从数学分析课程开始的,数学分析是一门研究连续函数或基本上连续函数(如单调函数或(R)可积函数)的学科,它着重讨论初等函数或各种光滑函数.

随着对函数理论研究的深入,出现了一些复杂的函数,如处处连续无处可导或无处单调的函数,初次见到,不免使人惊异,钦佩这些函数构造者的技巧,但又感到这种函数过多矫揉造作,故称之为"病态函数". 后来人们知道这类函数在纲的意义下是很多的,相反在某一点可导或某一区间单调函数却只占少部分,表明"病态"反而有典型性,这样"病态"一词应正名为"典型",处处不可导或不单调恰恰正是连续函数所具有的典型性质. 也就是说,绝大多数的连续函数是具有处处不可导和处处不单调的性质. 除此之外,连续函数还具有其他典型性质,如非角性、万有广义逆导性和水平集构成完备集等,本章将对这些性质逐一加以展开讨论,其中第一节是对一些必要的基本概念进行简述.

§1.1　概念与记号

为了讨论连续函数及其典型性质,这里应引进若干必要概念及其记号.

定义 1.1.1　设 $f(x)$ 为实数集 E 上的实值函数,$x \in E$,分别称

$$D^+ f(x) = \limsup_{h \to 0_+} \frac{f(x+h) - f(x)}{h}、$$

$$D_+ f(x) = \lim_{h \to 0_+} \inf \frac{f(x+h) - f(x)}{h},$$

$$D^- f(x) = \lim_{h \to 0_-} \sup \frac{f(x+h) - f(x)}{h},$$

$$D_- f(x) = \lim_{h \to 0_-} \inf \frac{f(x+h) - f(x)}{h}$$

为 $f(x)$ 在 x 点的右上、右下、左上、左下导数,统称Dini 导数. 再者分别称

$$\overline{D}f(x) = \max\{D^+ f(x), D^- f(x)\},$$

$$\underline{D}f(x) = \min\{D_+ f(x), D_- f(x)\}$$

为 $f(x)$ 在点 x 上、下导数.

当 $D^+ f(x) = D_+ f(x)$(或 $D^- f(x) = D_- f(x)$)时,则称 $f(x)$ 在 x 点上有右(或左)导数,记为 f'_+(或 f'_-),若为有限值,则称 f 在 x 点右(左)可导.

当 $f'_+ = f'_-$ 时,则称 $f(x)$ 在 x 点上有导数,记为 $f'(x)$,特别当 $f'(x)$ 为有限值时,则称 $f(x)$ 在 x 点可导.

有时我们需要中间导数,即若存在 $h_n \to 0, h_n \neq 0$,使

$$\lim_{h_n \to 0} \frac{f(x+h_n) - f(x)}{h_n} = \gamma,$$

则称 γ 为 $f(x)$ 在 x 点的中间导数,显然有

$$\underline{D}f(x) \leqslant \gamma \leqslant \overline{D}f(x),$$

当 $h_n > 0$ 时,称 γ 为 $f(x)$ 在 x 点的中间右导数,同时有

$$D_+ f(x) \leqslant \gamma \leqslant D^+ f(x),$$

当 $h_n < 0$ 时,称 γ 为中间左导数,有 $D_- f(x) \leqslant \gamma \leqslant D^- f(x)$.

定义 1.1.2 设 X 是度量空间,$M \subset R \subset X$.

称 M 为相对于 R 的闭集,是指对任何 $x_n \in M$,若 $x_n \to x_0 \in R$,则 $x_0 \in M$.

$N \subset R \subset X$,称 N 为相对于 R 的开集是指 $R \backslash N$ 为相对于 R 的闭集.

N 为相对于 R 的开集的充要条件为,对任一 $x_0 \in N$,总有实数 $\delta > 0$,并且在 R 中存在以 x_0 为中心、δ 为半径的开球

$$U(x_0, \delta) = \{x \mid d(x, x_0) < \delta, x \in R\} \subset N.$$

$Q \subset R \subset X$,称 Q 在 R 中稠密,是指 R 中的任何开球 U 都含有 Q 中的点.

称 $\overline{Q}$ 为 Q 在 R 中闭包,是指 $\overline{Q}$ 为 R 中包含 Q 的最小闭集,即包含 Q 的一切相对于 R 中闭集的交.

Q 在 R 中稠密,当且仅当 Q 在 R 中的闭包 $\overline{Q} \supset R$.

$P \subset R$,称 P 在 R 中无处稠密(或疏朗),是指 R 中的任何开球 U,P 在 U 中不稠密,即 R 中任何开球 U,总存在开球 $V \subset U$,但 $\overline{V}$ 中无 P 的点.

显然,P 在 R 中无处稠密的充要条件为 $\overline{P}$ 在 R 中无处稠密.

$F \subset R$,称 F 为 R 的第一纲集,是指 F 可表为可列个在 R 中无处稠密子集的并.

显然,F 为 R 的第一纲集的充要条件为 F 可表为可列个在 R 中无处稠密闭子集的并.

$F \subset R$,称 F 为 R 中 F_σ 型集,是指在 R 中存在可列个闭集 F_n,使 $F = \bigcup\limits_{n=1}^{\infty} F_n$.

$G \subset R$,称 G 为 R 中 G_δ 型集,是指在 R 中存在可列个开集 G_n,使 $G = \bigcap\limits_{n=1}^{\infty} G_n$.

这样,若 F 为 R 的第一纲集,则 F 必为 F_σ 型集.

由于以上概念都与所在空间有关,如直线在平面中是无处稠密的,但直线在其自身却是处处稠密的,Cantor 集在区间 $[0,1]$ 中是无处稠密集(自然是第一纲集),但它对自己是稠密集,也不是第一纲集.

尽管 R 中第一纲集是 R 可列个无处稠密集的并集,但它本身可能在 R 中处处稠密,即使如此,它仍不能覆盖 R.

定理 1. 1. 3 若 X 为完备度量空间,R 为 X 中闭集,F 为 R 中

第一纲集,则$R\backslash F \neq \varnothing$,而且$R\backslash F$在 R 中稠密.

证明 设 F 为 R 中第一纲集,即 $F = \overset{\infty}{\underset{n=1}{\cup}} F_n$,其中 F_n 为 R 中无处稠密的闭集,对 R 中每一个开球 U,总有 R 中开球 $V_1 \subset U$,使 $\overline{V}_1 \cap F_1 = \varnothing$,同样,有开球 $V_2 \subset V_1$,使 $\overline{V}_2 \cap F_2 = \varnothing$,…,如此继续,有开球 $V_n \subset V_{n-1}$,使 $\overline{V}_n \cap F_n = \varnothing$,…,这样 $\overline{V}_1 \cap \overline{V}_2 \cap \cdots \cap \overline{V}_n \cap \cdots \cap F = \varnothing$ 再由 X 是完备度量空间,知 R 也是完备度量空间,从而可得 $\overline{V}_1 \cap \overline{V}_2 \cap \cdots \cap \overline{V}_n \cap \cdots \neq \varnothing$,即 $\overline{V}_1 \cap \overline{V}_2 \cap \cdots \cap \overline{V}_n \cap \cdots$ 在 R 而不在 F 中,$R\backslash F$ 在 U 中不空,U 为任意,知 $R\backslash F$ 在 R 中处处稠密.

定义 1.1.4 若 F 为完备度量空间 R 中第一纲集,则称 $R\backslash F$ 为 R 的主剩集 (residual set).

定理 1.1.5 F 为 R 的第一纲集,当且仅当 $G = R\backslash F$ 是 R 中处处稠密的 G_δ 型集.

证明 由于

$$R\backslash F = R\backslash \overset{\infty}{\underset{n=1}{\cup}} F_n = \overset{\infty}{\underset{n=1}{\cap}} (R\backslash F_n),$$

当 F_n 为闭集时,$R\backslash F_n$ 为开集,故 $G = R\backslash F$ 为 G_δ 集,再由定理1.1.3知,G 在 R 中处处稠密.

反之,当 G 为 G_δ 集时,G 可写为可列开集 G_n 之交:$G = \overset{\infty}{\underset{n=1}{\cap}} G_n$. G 在 R 中稠密,自然 G_n 在 R 中稠密,因 $R\backslash G_n$ 为闭集,不可能在某球内稠密,否则就必含这个球,这是不可能的,故在 R 中无处稠密. 另一方面

$$F = R\backslash G = R\backslash \overset{\infty}{\underset{n=1}{\cap}} G_n = \overset{\infty}{\underset{n=1}{\cup}} (R\backslash G_n),$$

故 F 为第一纲集.

系 1 R 中主剩集的并或有限交仍为主剩集.

系 2 R 中主剩集不可能为第一纲集所覆盖.

因此,从纲的观点而言,R 中主剩集不会比第一纲集的元素更少.

例1.1.6 [0,1]上连续函数全体记为$C(0,1)$,对任意$f,g \in C(0,1)$,规定距离

$$\rho(f,g) = \| f - g \| = \max_{0 \leqslant x \leqslant 1} |f(x) - g(x)|$$

构成完备度量空间.

如果$C(0,1)$中具有某一性质的函数全体构成主剩集,则称此性质为连续函数的典型性质.相应的这些函数称为某一类典型连续函数.典型连续函数不是连续函数全体,也不是某一个连续函数,而是指"大多数"连续函数(这里"大多数"是指$C(0,1)$中除去某一个第一纲集后的主剩集).连续函数的典型性质也就是这些"大多数"函数所共有的性质,下面我们将逐节来讨论各种典型性质.

§1.2 连续函数的无处可导性

数学分析中已经提到存在处处连续无处可导的函数,尽管构造出这种函数有较大的困难和需要相当技巧,但在连续函数空间中无处可导函数却占了极大的多数.

定理1.2.1 [0,1]上无处可导的连续函数全体是$C(0,1)$中主剩集.换言之,$C(0,1)$中除了某一类第一纲集以外,都是[0,1]上无处可导的连续函数,即无处可导性是连续函数所具有的典型性质.

证明 若$f(x)$在$x \in [0,1]$具有$(\triangle_n)$性质是指:当$t \in \left(x - \frac{1}{n}, x + \frac{1}{n}\right) \bigcap [0,1]$,有$|f(t) - f(x)| \leqslant n|t - x|$.令

$$A_n = \{f \in C(0,1) | \text{存在} x, \text{使} f(x) \text{在} x \text{点有}(\triangle_n)\text{性质}\}$$

显然,若$f(x)$在[0,1]某一点可导,(在区间左(右)端点是指右(左)可导),必有n,使f在该点满足$(\triangle_n)$性质,从而$f \in A_n$,因此

$C(0,1)\setminus \bigcup\limits_{n=1}^{\infty} A_n$ 中的每一个连续函数都是无处可导的.

现在证明每个固定 n, A_n 在 $C(0,1)$ 中是闭且是无处稠密的. 事实上,若 $f_k \in A_n, k = 1, 2, \cdots, \|f_k - f\| \to 0$, 这时,必有 $x_k \in [0,1]$, 使 $f_k(x)$ 在 x_k 点有 $(\triangle_n)$ 性质,即当

$$t \in \left(x_k - \frac{1}{n}, x_k + \frac{1}{n}\right) \bigcap [0,1]$$

时,有

$$|f_k(t) - f_k(x_k)| \leqslant n|t - x_k|,$$

因 x_k 在 $[0,1]$ 中,必有收敛子列,不妨设 x_k 收敛于 $x_0 \in [0,1]$.

对任何 $\varepsilon > 0$ 及任何 $t \in \left(x_0 - \frac{1}{n}, x_0 + \frac{1}{n}\right) \bigcap [0,1]$ 时,总可取充分大 k, 使

(1) 对所有 $x \in [0,1]$, 都有 $|f_k(x) - f(x)| < \varepsilon$,

(2) $t \in \left(x_k - \frac{1}{n}, x_k + \frac{1}{n}\right)$,

(3) $|f(x_k) - f(x_0)| < \varepsilon$ 和 $|x_k - x_0| < \varepsilon$.

这样就有

$$|f(t) - f(x_0)|$$
$$\leqslant |f(t) - f_k(t)| + |f_k(t) - f_k(x_k)|$$
$$\quad + |f_k(x_k) - f(x_k)| + |f(x_k) - f(x_0)|$$
$$\leqslant 3\varepsilon + n|t - x_k|$$
$$\leqslant (n + 3)\varepsilon + n|t - x_0|$$

由于 n 是固定的, $\varepsilon > 0$ 是任意的,得

$$|f(t) - f(x_0)| \leqslant n|t - x_0|,$$

可知 f 具有 $(\triangle_n)$ 性质,即 $f \in A_n$, A_n 在 $C(0,1)$ 中闭性得证.

再者,为证明 A_n 在 $C(0,1)$ 中无处稠密,由 A_n 的闭性,只需证 $C(0,1)\setminus A_n$ 在 $C(0,1)$ 中处处稠密,由于 $[0,1]$ 上折线函数全体 P 在 $C(0,1)$ 稠密,只需证 $P\setminus A_n$ 是处处稠密. 即任取 $g \in P$, 对任给 $\varepsilon > 0$, 总有 $h \in P\setminus A_n$ 使 $\|g - h\| < \varepsilon$.

下面构造 h,由 $g \in P$,它在 $[0,1]$ 上是逐段线性的,故有

$$0 = x_0 < x_1 < \cdots < x_n = 1,$$

$g(x)$ 在 $[x_{i-1}, x_i]$ 上线性,斜率为 α_i,设 $\alpha = \max |\alpha_i|$.

今对每一个 $[x_{i-1}, x_i]$ 进行 $2m$ 等分,$(m > (2n + \alpha)/\varepsilon)$,其分点为 x_i^k,$(k = 0, \cdots, 2m)$,$x_i^0 = x_{i-1}$,$x_i^{2m} = x_i$. 再构造折线函数 $\varepsilon(x)$,对所有 i 及 $j = 0, \cdots, m$,使 $\varepsilon(x_i^{2j}) = 0$,$\varepsilon(x_i^{2j-1}) = \dfrac{\varepsilon}{2}$,取 $h(x) = g(x) + \varepsilon(x)$,它的图象中每条线段斜率绝对值总大于 $2n$,故 $h \notin A_n$. 即 $h \in P \backslash A_n$. 并且

$$\| g - h \| \leqslant \max |\varepsilon(x)| \leqslant \frac{\varepsilon}{2} < \varepsilon. \qquad 证毕.$$

注 1.2.2 第一个构造无处可微的连续函数,一般认为是大约在 1875 年由 Weierstrass 所给出,当然也出现过某些争议,认为 Bolzano 在更早些时间考虑了这样问题. 后来仍有人继续构造这类函数,1931 年由 Banach 和 Mazurkiewicz 用纲定理证明了这种函数充分多的存在性.

不过这里所说的无处可微是指没有一点具有有限(双侧)导数,如果我们稍为放松一点可导的要求,譬如允许(双侧)导数可以无穷,将会发生什么结论?或者允许有限单侧导数存在又将会发生什么情况? 事实上,我们可以证明上述的任一种意义下放松,都可以得到同样结论,即在每一点没有(双侧)有限或无限导数是连续函数的典型性质,同样在每一点没有单侧有限导数也是连续函数的典型性质. 但是不允许上述两种意义下都放松(即把单侧无穷导数存在也视为可导). 虽然,1925 年 Besicovitch[51] 构造了这种处处连续无处可导的函数,即在每一点没有单侧有限或双侧无限导数的连续函数,亦即这种连续函数 f,在每一点上,$D_- f < D^- f$ 且 $D_+ f < D^+ f$. 以后 Morse 和 Jerrery 分别用算术方法和几何方法也构造出了这类函数. 但是这类函数究竟有多少?它是否为典型连续函数呢? Saks 否定了这个想法,在文 [114] 中指出了下列定理.

一类典型连续函数在一个连续统集上有单侧无穷导数.

可见每一点都没有单侧有限或双侧无限导数的连续函数只是第一纲集了.

导数定义有了多方面的推广,这样,连续函数无处有这些广义导数的研究也很多了,请参看[52]—[54].

§1.3 典型连续函数的非单调型性

定义 1.3.1 设 $f(x)$ 定义于[0,1],称 f 在 x 点是不减的,是指存在 $\delta > 0$,当 $t \in (x - \delta, x) \bigcap [0,1]$ 时,$f(t) \leqslant f(x)$,而当 $t \in (x, x + \delta) \bigcap [0,1]$ 时,$f(x) \leqslant f(t)$.

若 $- f(x)$ 在 x 点不减,则称 $f(x)$ 在 x 点不增. 当上述不等式用严格不等式时,即称严格不减(或上升),相应的是严格不增(或下降),所有上述情况统称为 $f(x)$ 点 x 上单调.

在数学分析教程中曾定义过 $f(x)$ 在[0,1]上不减是指,当 $x_1, x_2 \in [0,1]$,$x_1 < x_2$ 时,有 $f(x_1) \leqslant f(x_2)$.

类似地有不增以及上升、下降等定义.

上述局部与整体的单调性概念有下列关系:$f(x)$ 在[0,1]上不减(不增)的充要条件为 $f(x)$ 在[0,1]上每一点都不减(不增).

定义 1.3.2 (i) $f(x)$ 在点 $x \in [0,1]$ 是单调型的,是指存在实数 r,使 $f_r(x) = f(x) + rx$ 在 x 点单调的.

(ii) 若 $f(x)$ 在[0,1]上每一点都不是单调型的,则称 $f(x)$ 在[0,1]上是非单调型的.

(iii) $f(x)$ 在 $[\alpha, \beta]$ 上是单调型的是指存在实数 r,使 $f_r(x) = f(x) + rx$ 在 $[\alpha, \beta]$ 上是单调的.

(iv) 若 $f(x)$ 在任何 $[\alpha, \beta] \subset [0,1]$ 都不是单调型的,则称 $f(x)$ 在[0,1]上是无处单调型的.

注意 f 在[0,1]上非单调型是针对[0,1]中每一点非单调型而言,而 f 在[0,1]上无处单调型是针对[0,1]中任一子区间的非单调型而言的.

函数 $\left| x - \dfrac{1}{2} \right|$ 在 $[0,1]$ 上不单调,在 $x = \dfrac{1}{2}$ 点也不单调,但它在 $x = \dfrac{1}{2}$ 点是单调型的(既是上升型又是下降型的),在 $[0,1]$ 上也是单调型的(既上升型,又下降型),因为 $\left| x - \dfrac{1}{2} \right| + 2x$ 或 $\left| x - \dfrac{1}{2} \right| - 2x$ 在 $[0,1]$ 上是单调上升或下降的.

函数 $\sqrt{\left| x - \dfrac{1}{2} \right|}$ 在 $x = \dfrac{1}{2}$ 上不是单调型的,事实上,任何实数 r,$\sqrt{\left| x - \dfrac{1}{2} \right|} + rx$ 总在 $x = \dfrac{1}{2}$ 取严格极小值,故不单调.

引理 1.3.3 设 $f(x)$ 定义于 $[0,1]$,$x_0 \in [0,1]$,r 为正实数.

(i) 若 $D_- f(x_0),D_+ f(x_0)$ 都为正,则 $f(x)$ 在 x_0 点为上升.

(ii) 若 $D^- f(x_0),D^+ f(x_0)$ 都为负,则 $f(x)$ 为 x_0 点为下降.

(iii) 若 $D_- f(x_0),D_+ f(x_0)$ 都大于 $-r$,则 $f(x)$ 为 x_0 点为单调型(上升型).

(iv) 若 $D^- f(x_0),D^+ f(x_0)$ 都小于 r,则 $f(x)$ 为 x_0 点为单调型(下降型).

证明 只要证明(iv),其他同理可得. 由于

$$D^+ f(x_0) = \lim_{h \to 0_+} \sup \frac{f(x_0 + h) - f(x_0)}{h} < r,$$

$$D^- f(x_0) = \lim_{h \to 0_-} \sup \frac{f(x_0 + h) - f(x_0)}{h} < r,$$

这样存在 $\delta > 0$,任 $0 < h < \delta$ 时,

$$f(x_0 + h) - r(x_0 + h) - f(x_0) + rx_0 < 0,$$

$$f(x_0 - h) - r(x_0 - h) - f(x_0) + rx_0 > 0,$$

即

$$f_{-r}(x_0 + h) = f(x_0 + h) - r(x_0 + h) < f_{-r}(x_0)$$
$$= f(x_0) - rx_0 < f(x_0 - h) - r(x_0 - h)$$

$$= f_{-r}(x_0 - h). \qquad\qquad\text{证毕.}$$

系 若 f 在 $[0,1]$ 上非单调型,则对每一个 $x \in [0,1]$,都有

$$\underline{D}f(x) = \min\{D_- f(x), D_+ f(x)\} = -\infty,$$
$$\overline{D}f(x) = \max\{D^- f(x), D^+ f(x)\} = +\infty,$$

因此 f 在每一点都是不可导的.

其实,引理中(iii)与(iv)之逆亦真,其一般形式可写为

(v) 若 $f(x)$ 在 x_0 点为单调型,则 $\underline{D}f(x_0)$(或 $\overline{D}f(x_0)$)大(小)于有限值.

事实上,若 $f(x)$ 在 x_0 点为单调型,故存在 r 使 $f_r(x) = f(x) + rx$ 在 x_0 点单调. 不妨设为上升,这样 $\underline{D}f_r(x_0) = \underline{D}f(x_0) + r \geqslant 0$,即 $\underline{D}f(x_0) \geqslant -r$. 如 $f_r(x)$ 在 x_0 点下降时,$\overline{D}f_r(x_0) \leqslant 0$,即 $\overline{D}f(x_0) \leqslant -r$.

但是对单调型的局部与整体关系已经与 1.3.1 所提到的单调性局部与整体关系不同了.

引理 1.3.4 $f(x)$ 在 $[0,1]$ 上单调型,则 $f(x)$ 在每一个 $x \in [0,1]$ 点是单调型的,但反之不真.

前一部分的证明是平凡的,后一部分可由如下函数说明.

$$f(x) = \begin{cases} x^{\frac{1}{2}} \left| \sin \dfrac{1}{x} \right| & \text{当 } x \in (0,1] \text{ 时,} \\ 0 & \text{当 } x = 0 \end{cases}$$

在 $(0,1]$ 上每一点 x_0,$\overline{D}f(x_0)$,$\underline{D}f(x_0)$ 都是有限值,由引理 1.3.3 中(iii),(iv)知 f 在 x_0 点是单调型的(既上升,又下降),而且 f 在 $x = 0$ 点是单调的(不减). 但 f 在 $[0,1]$ 不是单调型的,因任何实数 r,都不可能使 $f(x) + rx$ 在 $[0,1]$ 上单调.

最简单的非单调型函数是 Dirichlet 函数. 但要构造一个在区间 $[0,1]$ 上处处连续无处单调型或非单调型函数是相当困难的,甚至在放宽一点条件的情况下,构造一个在 $[0,1]$ 上处处连续无处单调函数在历史上也是经过漫长岁月才获得较简单方法的,我

们将在第二章进一步讨论. 这里仅指出 $C(0,1)$ 中无处单调型或非单调型连续函数是大量存在, 构成了一类典型连续函数.

由于单调函数是几乎处处可导的, 这样在 $[0,1]$ 上无处可导的函数 f 在任何区间 $[\alpha,\beta]\subset[0,1]$ 上不可能是单调的, 也不可能是单调型的, 故 f 是无处单调型的. 可知无处可导函数全体包含在无处单调型函数全体之中, 再由定理 1.2.1, 典型连续函数具有无处可导性, 这样就可以得到

定理 1.3.5 无处单调型是连续函数的典型性质.

另一方面, 每一个非单调型函数 f 在每一点 $x\in[0,1]$ 都有 $\underline{D}f(x)=-\infty$, $\overline{D}f(x)=+\infty$, 因此在 x 点总是不可导的, 因此非单调型函数全体又包含在无处可导函数之中.

下面指出非单调型连续函数全体也是典型连续函数, 从而也强化了定理 1.2.1.

定理 1.3.6 $[0,1]$ 上非单调型连续函数全体是 $C(0,1)$ 中主剩集, 即非单调型是连续函数的典型性质.

证明 令 $\varphi_r(x)=\varphi(x)+rx$, r 为实数, 令

$A=\{\varphi\in C(0,1)\mid$ 存在 $x\in[0,1]$ 及 r, 使 $\varphi_r(x)$ 在 x 点不减$\}$,

$B=\{\varphi\in C(0,1)\mid$ 存在 $x\in[0,1]$ 及 r, 使 $\varphi_r(x)$ 在 x 点不增$\}$,

$A_{nm}=\Big\{\varphi\in C(0,1)\mid$ 存在 $x\in[0,1]$, 使

$$t\in\Big(x-\frac{1}{m},x\Big)\bigcap[0,1]\ \text{时}, \varphi_n(t)\leqslant\varphi_n(x),$$

$$t\in\Big(x,x+\frac{1}{m}\Big)\bigcap[0,1]\ \text{时}, \varphi_n(x)\leqslant\varphi_n(t)\Big\},$$

$B_{nm}=\Big\{\varphi\in C(0,1)\mid$ 存在 $x\in[0,1]$, 使

$$t\in\Big(x-\frac{1}{m},x\Big)\bigcap[0,1]\ \text{时}, \varphi_n(x)\leqslant\varphi_n(t),$$

$$t\in\Big(x,x+\frac{1}{m}\Big)\bigcap[0,1]\ \text{时}, \varphi_n(t)\leqslant\varphi_n(x)\Big\},$$

这样 $A = \bigcup_{n=-\infty}^{\infty} \bigcup_{m=1}^{\infty} A_{nm}, B = \bigcup_{n=-\infty}^{\infty} \bigcup_{m=1}^{\infty} B_{nm}, [0,1]$ 上非单调型连续函数全体 $= C(0,1)\backslash(A \cup B)$. 只要用定理 1.2.1 相类似的方法, 可证 A_{nm} 与 B_{nm} 在 $C(0,1)$ 中为闭集, 且在 $C(0,1)$ 中无处稠密, 即得证明, 这里从略, 不再赘述了.

§1.4 典型连续函数的非角性(nonangular)

定义 1.4.1 称函数 $f(x)$ 在 x_0 点是非角的, 是指

$$D_- f(x_0) \leqslant D^+ f(x_0)$$

且

$$D_+ f(x_0) \leqslant D^- f(x_0).$$

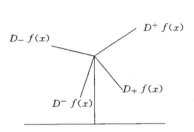

若函数 $f(x)$ 在 $(0,1)$ 上每一点都是非角的, 则称 $f(x)$ 在 $[0,1]$ 上是非角的.

引理 1.4.2 $[0,1]$ 上连续函数 $f(x)$ 在 $x_0 \in (0,1)$ 的右 (左) 中间导数 r 必充满区间

$$[D_+ f(x_0), D^+ f(x_0)] \quad ([D_- f(x_0), D^- f(x_0)]).$$

注意上述区间可退化为一点.

证明 若 $r = D_+ f(x_0)$ 或 $D^+ f(x_0)$ 显然是中间导数, 当 $D_+ f(x_0) < r < D^+ f(x_0)$, 总有 $\delta > 0$, 在 $(x_0, x_0 + \delta)$ 中存在 $x'_n \to x_0$ 及 $x''_n \to x_0$ 使

$$f(x'_n) > f(x_0) + r(x'_n - x_0),$$
$$f(x''_n) < f(x_0) + r(x''_n - x_0),$$

由介值定理知, 必有 $x_n \to x_0$, 使

$$f(x_n) = f(x_0) + r(x_n - x_0),$$

即 f 在 x_0 有右中间导数为 r.

引理 1.4.3 $[0,1]$ 上连续函数 $f(x)$ 在 $x_0 \in (0,1)$ 为非角的充要条件为 $f(x)$ 在 x_0 点存在相等值的中间左右导数, 即

$$[D_- f(x_0), D^- f(x_0)] \bigcap [D_+ f(x_0), D^+ f(x_0)] \neq \varnothing.$$

证明 显然,故从略.

定理 1.4.4 若 $f(x)$ 为 $[0,1]$ 上既非单调型又非角的连续函数,则 $f(x)$ 在 $[0,1]$ 中每一点 x 有以任何广义实数 r(包括 $\pm \infty$)为其左或右中间导数.

证明 由于 $f(x)$ 在 x 点上为非单调型,由引理 1.3.3 中系,知

$$\underline{D} f(x) = \min\{D_- f(x), D_+ f(x)\} = -\infty,$$
$$\overline{D} f(x) = \max\{D^- f(x), D^+ f(x)\} = \infty.$$

不妨设 $D_- f(x) = -\infty$,如 $D^- f(x) = +\infty$,由引理 1.4.3,知任何广义实数为 f 在 x 点的左中间导数. 如不然,则 $D^- f(x) < \infty$,这样 $D^+ f(x) = \infty$,又 $D_+ f(x) \leqslant D^- f(x)$,即

$$[D_- f(x), D^- f(x)] \bigcup [D_+ f(x), D^+ f(x)] = [-\infty, \infty],$$

这时任何广义实数 r 必为或左中间导数或右中间导数.

定理 1.4.5 $[0,1]$ 上非角的连续函数全体是 $C(0,1)$ 中主剩集,即非角的连续函数是典型连续函数.

证明 设

$$A = \{f \in C \mid 存在 x \in (0,1) 有 D_- f(x) > D^+ f(x)\},$$
$$B = \{f \in C \mid 存在 x \in (0,1) 有 D_+ f(x) > D^- f(x)\},$$
$$A_{npq} = \Big\{f \in C \mid 存在 x \in \Big[\frac{1}{n}, 1-\frac{1}{n}\Big],$$

$$当 0 < t - x < \frac{1}{n} 时, \quad \frac{f(t) - f(x)}{t - x} \leqslant p,$$

$$当 0 < x - t < \frac{1}{n} 时, \quad \frac{f(t) - f(x)}{t - x} \geqslant q\Big\},$$

其中 $n \geqslant 2$ 为自然数,p,q 为有理数且 $p < q$,可知 $A = \bigcup_{n,p,q} A_{npq}$,只要证明 A_{npq} 为无处稠密闭集,可得 A 为第一纲集,同理 B 也为第一纲集.

先证 A_{npq} 的闭性. 若 $f_k \in A_{npq}, \|f_k - f\| \to 0$,知

$f \in C(0,1)$，且有 $x_k \in \left[\dfrac{1}{n}, 1 - \dfrac{1}{n}\right]$，使得当 $0 < t - x_k < \dfrac{1}{n}$ 时，$f_k(t) - pt \leqslant f_k(x_k) - px_k$，而当 $0 < x_k - t < \dfrac{1}{n}$ 时 $f_k(t) - qt \leqslant f_k(x_k) - qx_k$，今不妨设 $x_k \to x_0 \in \left[\dfrac{1}{n}, 1 - \dfrac{1}{n}\right]$ 则对任给 $\varepsilon > 0$ 及 $0 < t - x_0 < \dfrac{1}{n}$，总有充分大 k，使 $0 < t - x_k < \dfrac{1}{n}$，并且使

$$\| f_k - f \| = \max |f_k(x) - f(x)| < \varepsilon,$$
$$|f(x_k) - f(x_0)| < \varepsilon, \ \text{及} \ |x_k - x_0| < \varepsilon.$$

这样

$$\begin{aligned}
f(t) - pt &= f(t) - f_k(t) + f_k(t) - pt \\
&\leqslant f_k(t) - pt + \varepsilon \leqslant f_k(x_k) - px_k + \varepsilon \\
&= (f_k(x_k) - f(x_k)) + (f(x_k) - f(x_0)) \\
&\quad + f(x_0) - px_k + \varepsilon \\
&\leqslant f(x_0) - px_k + 3\varepsilon \\
&= f(x_0)px_0 - p(x_k - x_0) + 3\varepsilon \\
&\leqslant f(x_0) - px_0 + (3 + |p|)\varepsilon.
\end{aligned}$$

由于 $\varepsilon > 0$ 的任意性，知当 $0 < t - x_0 < \dfrac{1}{n}$ 时，有

$$f(t) - pt \leqslant f(x_0) - px_0$$

同理，当 $0 < x_0 - t < \dfrac{1}{n}$ 时，有

$$f(t) - qt \leqslant f(x_0) - qx_0.$$

即得 $f \in A_{npq}$，故 A_{npq} 为闭集．再证 A_{npq} 的无处稠密性．

由于任何多项式 $p(x)$ 处处有导数，因此不可能在 A_{npq} 之中，而多项式在 $C(0,1)$ 中稠密，所以集合 $C(0,1) \backslash A_{npq}$ 在 $C(0,1)$ 中是稠密的，A_{npq} 是闭的，知在 $C(0,1)$ 中无处稠密，得证 A 为第一纲集．

同理知 B 也是第一纲集，从而得 $[0,1]$ 上非角的连续函数全体是典型连续函数．

由定理 1.3.6 与定理 1.4.5 立即可得

定理 1.4.6　典型连续函数具有非角性和非单调性.

再由定理 1.4.4 可得下列系,再次强化定理 1.2.1.

系　典型连续函数在每一点上可以有以任何广义实数(包括 $\pm\infty$)为它的中间导数.

概括以上所述,在连续函数空间 $C(0,1)$ 中存在着下列性质的函数类:

(1) 无处单调函数类;

(2) 无处单调型函数类;

(3) 无处可导函数类;

(4) 非单调型函数类;

(5) 每点有以任何实数为其中间导数的函数类;

(6) 每一点有

$$\underline{D}f(x) = \min\{D_- f(x), D_+ f(x)\} = -\infty,$$
$$\overline{D}f(x) = \max\{D^- f(x), D^+ f(x)\} = \infty$$

的函数类;

(7) 非单调型和非角型函数类.

并且有下列关系:

(1) ⊃ (2) ⊃ (3) ⊃ (4) ⊃ (5) ⊃ (6) ⊃ (7),再由定理 1.4.6 可得知(1)—(7)每一类都是典型连续函数.

§1.5　万有广义原函数

(万有广义逆导数 universal anti-derivatives)

设 R 为实数集,称 $F(x)$ 是 $f(x)$ 在 R 上原函数是指 $F(x)$ 可导且 $F'(x) = f(x)$, $x \in \mathrm{R}$,即每一 $x \in \mathrm{R}$,任何 $h_n \to 0, h_n \neq 0$ 时,有

$$\lim_{n \to \infty} \frac{F(x + h_n) - F(x)}{h_n} = f(x). \tag{1.1}$$

在上述定义中,要求对任何 $h_n \to 0, h_n \neq 0$,使(1.1)成立. 如果将原函数意义推广,对于已给出的 $f(x)$ 及 $F(x)$,在每一点 x,只要求有某一列 $h_n \to 0, h_n \neq 0$,使(1.1)成立,这时暂且称 $F(x)$ 为 $f(x)$ 的广义原函数. 这个问题实质是检验 $F(x)$ 在每一点 x 是否有中间导数为 $f(x)$,它已经在上节解决了,因为上节第(5)类函数是典型连续函数,其中每一个函数 $F(x)$ 都是函数 $f(x)$ 的广义原函数. 由于 $f(x)$ 的任意性,可知典型连续函数作为广义原函数还具有万有性.

再者,如果换一种提法,若只要求对特定的、为所有 x 共同的 $h_n \to 0$ 及 $h_n \neq 0$,使每一点 x 上(1.1)成立,这就是下面本节所研究的问题.

定义 1.5.1　若对数列 $h_n \to 0$ 及 $h_n \neq 0$,使(1.1)对每 $x \in \mathbf{R}$ 成立,则称 $F(x)$ 是 $f(x)$ 在 $\mathbf{R}$ 上的广义逆导数(广义原函数).

注意这里 h_n 是事先给定的,并且与 x 无关的.

定理 1.5.2(Sierpinski[116])　若 f 是 $\mathbf{R}$ 上任意有限值函数,对事先给定的 $h_n, h_n \to 0$ 且 $h_n \neq 0$,则存在函数 $F(x)$,使任 $x \in \mathbf{R}$,都有(1.1)式成立. 换言之,任何函数总存在广义逆导数(广义原函数).

证明　将全体实数 $\mathbf{R}$ 进行分类,若 $x, y \in \mathbf{R}$,称 x 与 y 属于同一类,是指:存在 n,使 $x - y = a_1 h_1 + \cdots + a_n h_n$,其中 a_i 为整数,则可以证明这种分类是符合分类公理的,并对每一个 $\alpha \in \mathbf{R}$,所有与 α 属于同一类的实数全体必为可列集,记为 E^α. 此外,当 $\alpha, \beta \in \mathbf{R}$,则或 $E^\alpha = E^\beta$ 或 $E^\alpha \bigcap E^\beta = \varnothing$.

今将 E^α 写为 $\{x_1^\alpha, x_2^\alpha, \cdots, x_n^\alpha, \cdots\}$. 令 $E_i^\alpha = \{x_i^\alpha\} \bigcup \{x_i^\alpha + h_j\}_{j=1}^\infty$,则 $E_i^\alpha \subset E^\alpha$ 且 $E^\alpha = \bigcup_{i=1}^\infty E_i^\alpha$.

现在来定义 F,令 $F(x_1^\alpha) = 0$,且当 $x \in E_1^\alpha \backslash \{x_1^\alpha\}$ 时,规定
$$F(x) = F(x_1^\alpha) + (x - x_1^\alpha) f(x_1^\alpha).$$

假设 F 在 $E_1^\alpha \bigcup \cdots \bigcup E_{m-1}^\alpha$ 已定义,现将它扩展到 E_m^α,令

$$R_m^a = E_m^a \setminus \bigcup_{i<m} E_i^a.$$

若 $x_m^a \in R_m^a$,规定 $F(x_m^a) = 0$,若 $x_m^a \in\hspace{-0.9em}/\ R_m^a$,则 $x_m^a \in \bigcup_{i<m} E_i^a$,这时 $F(x_m^a)$ 早已定义了,而当 $x \in R_m^a \setminus \{x_m^a\}$ 时,规定

$$F(x) = F(x_m^a) + (x - x_m^a)f(x_m^a),$$

这样就在 E_m^a 上定义了 $F(x)$,从而也在 E^a 上定义了 $F(x)$.

再分别对所有 a,将 F 定义于 E^a 上,这样即得 R 上的函数 $F(x)$,现证它满足所要求的性质.

每 $x \in$ R,总有 a 及自然数 m,使 $x = x_m^a$,并且当 n 充分大时,必有 $x_m^a + h_n \in R_m^a$. 因为 $m = 1$ 是显然的,当 $m > 1$ 时,设 I 是包含 x_m^a 的而与 $x_i^a (i = 1, \cdots, m-1)$ 有正距离的开区间,因 $h_n \to 0$,存在自然数 N,使当 $n \geqslant N$ 时,$x_i^a + h_n \in\hspace{-0.9em}/\ I\ (i < m)$,从而使 $x_m^a + h_n \in I$,这样 $n \geqslant N$ 时,$x_m^a + h_n \in R_m^a$,从而 $n \geqslant N$ 时,

$$\frac{F(x_m^a + h_n) - F(x_m^a)}{h_n} = f(x_m^a),$$

而 $x = x_m^a$ 是 R 中任意的. 所以对所有 $x \in$ R 成立

$$\lim_{n \to \infty} \frac{F(x + h_n) - F(x)}{h_n} = f(x).$$

即上述规定的 $F(x)$ 是 $f(x)$ 在 R 上的广义逆导数(广义原函数). 不过这个函数一般讲是很复杂的,人们希望在广义逆导数中选择有较好性质的函数诸如连续函数,那怕对这种导数再放松一点条件,如只要求对 h_n 的某一子列 h_{n_k},使得对 a. e. x,有

$$\lim_{k \to \infty} \frac{F(x + h_{n_k}) - F(x)}{h_{n_k}} = f(x).$$

引理 1.5.3　若 F_1 与 F_2 是在 $[a,b]$ 上连续函数,F_2 在 $[a,b]$ 上 a. e. 可导的,则对于任何 $\varepsilon > 0$,总存在连续函数 G,使 $G' = F'_2$　a. e. 成立,并且 $\| F_1 - G \| < \varepsilon$.

证明　$F_1 - F_2$ 在 $[a,b]$ 上连续,对任给 $\varepsilon > 0$,总有 $\delta > 0$,使得 $F_1(x) - F_2(x)$ 在任何长度小于 δ 的子区间上的振幅小于 ε,作分法 $a = x_0 < x_1 < \cdots < x_n = b, \max(x_i - x_{i-1}) < \delta$. 在每一个

$[x_{i-1}, x_i]$ 上构造类似的 Cantor 函数 $P_i(x)$，使

$$P_i(x_{i-1}) = F_1(x_{i-1}) - F_2(x_{i-1}),$$
$$P_i(x_i) = F_1(x_i) - F_2(x_i),$$

得 $[a, b]$ 上的连续函数 $P(x)$,

$$\max |F_1(x) - F_2(x) - P(x)| < \varepsilon.$$

设 $G(x) = F_2(x) + P(x)$，则 $G(x)$ 连续且

$$\| F_1 - G \| = \max |F_1(x) - G(x)| < \varepsilon.$$
$$G'(x) = F'_2(x) \text{ a. e. } 于 [a, b].$$

定理 1.5.4. (Marcinkiewicz[104]) 设 $\{h_n\}$ 为收敛于 0 而不为零的数列，则存在 $C(0,1)$ 的主剩集，其中每一函数 $F(x)$ 有性质 $(\triangle)$：

对任何 a.e. 有限的可测函数 f，在 $\{h_n\}$ 中有子列 $\{h_{n_k}\}$，使 a.e. 于 $[0,1]$，有

$$\lim_{k \to \infty} \frac{F(x + h_{n_k}) - F(x)}{h_{n_k}} = f(x). \tag{1.2}$$

这个定理的意义是相当深刻而广泛的. 如果称函数 $F(x)$ 为万有广义逆导数（广义原函数），是指对某一函数类中每一个函数 $f(x)$，在其定义域中几乎处处 x，总有 $\{h_n\}$ 的子列 $\{h_{n_k}\}$，使 (1.2) 成立. 那么本定理指出：对于 a.e. 有限有可测函数类，是存在着连续的万有的广义逆导数的，而且连续万有广义逆导数是很多的，$C(0,1)$ 的主剩集中每一个函数都是连续万有广义逆导数. 这说明典型连续函数具有万有广义逆导数性.

证明 为了证明 $F(x)$ 有性质 $(\triangle)$，由 Weierstrass 逼近定理知，每一个几乎处处有限可测函数可表为有理系数多项式列的极限，设 $\{P_k\}$ 是所有有理系数多项式全体，只要证明 F 对每一 P_k 有性质 $(\triangle)$ 即可. 即总存在 $\{h_n\}$ 的子列 $\{h_{n_k}\}$，使 $\frac{F(x + h_{n_k}) - F(x)}{h_{n_k}}$ 按测度收敛于 $f(x)$. 这样只要证明 F 具有下列性质 (A)，且具有性质 (A) 的连续函数 F 全体是 $C(0,1)$ 中主剩集就行了.

性质(A)：对于每一对自然数n,k，存在一个$p > n$，使除了一个测度小于$\dfrac{1}{n}$的集以外，均有

$$\left| \frac{F(x + h_p) - F(x)}{h_p} - P_k(x) \right| < \frac{1}{n}.$$

设S为不满足性质(A)的$F \in C(0,1)$全体，则$S = \bigcup_{nk} S_{nk}$，而S_{nk}为对固定的n与k不满足性质(A)的$F \in C(0,1)$全体，即$F \in C(0,1)$且对每一个$p > n$，使得

$$\left| \frac{F(x + h_p) - F(x)}{h_p} - P_k(x) \right| \geqslant \frac{1}{n}$$

的点集测度至少为$\dfrac{1}{n}$.

现在证明S_{nk}在$C(0,1)$中闭且无处稠密，只要证明S_{nk}为闭且它的补是稠密的，这样S就成为$C(0,1)$中第一纲子集了.

先证S_{nk}为闭，设F_r是S_{nk}中一致收敛于F的函数叙列，则对任给$\varepsilon > 0$，有N，使$r \geqslant N$及$x \in [a,b]$都有

$$|F(x) - F_r(x)| < \varepsilon.$$

今对所有p

$$\left| \frac{F_r(x + h_p) - F_r(x)}{h_p} - \frac{F(x + h_p) - F(x)}{h_p} \right|$$

$$\leqslant \left| \frac{F_r(x + h_p) - F(x + h_p)}{h_p} \right| + \left| \frac{F(x) - F_r(x)}{h_p} \right|$$

$$\leqslant \frac{\varepsilon}{|h_p|} + \frac{\varepsilon}{|h_p|} = \frac{2\varepsilon}{|h_p|}.$$

因$F_r \in S_{nk}$，这样对所有$p > n$，使每个$P_k(x)$，都有

$$\left| \frac{F(x + h_p) - F(x)}{h_p} - P_k(x) \right|$$

$$\geqslant \left| \frac{F_r(x + h_p) - F_r(x)}{h_p} - P_k(x) \right|$$

$$- \left| \frac{F(x + h_p) - F(x)}{h_p} - \frac{F_r(x + h_p) - F_r(x)}{h_p} \right|$$

$$\geqslant \frac{1}{n} - \frac{2\varepsilon}{|h_p|}$$

成立的点集测度至少为 $\frac{1}{n}$,由 ε 的任意性,知 $F \in S_{nk}$. 即 S_{nk} 为闭集.

下证 S_{nk} 的补是稠密的,若 $F \in S_{nk}$,由引理 1.5.3 知,存在连续函数 G,$\| F - G \| < \varepsilon$,而 $G' = P_k$ a.e. 成立,这种 $G \notin S_{nk}$,即 S_{nk} 不包含任何球,故 $C(0,1) \backslash S_{nk}$ 是处处稠密的,这证明 S 是 $C(0,1)$ 中第一纲子集,$C(0,1) \backslash S$ 是主剩集,定理完全证明了.

顺便指出,我们这里作为一个特例再次得到 Лузин 定理,即任何 a.e. 有限可测函数是连续函数的 a.e. 极限.

§1.6 典型连续函数的水平集

1939 年 Gillis 在文[80]中构造了区间[0,1]上一个非常值的连续函数 $f(x)$,能使对每一实数 α,$\min f(x) \leqslant \alpha \leqslant \max f(x)$,其水平集 $E_\alpha = \{x | f(x) = \alpha\}$ 构成完备集. 由于这种函数是通常数学分析教学中难以想象的. 因此人们把这种函数也认为是"病态"函数. 其实,现在我们可以证明水平集都是完备集的函数有相当多. 即这种"病态"性仍具有典型性.

定义 1.6.1 设 f 定义于[0,1],若 $x_0 \in [0,1]$ 是水平集 $E = \{x | f(x) = f(x_0)\}$ 聚点,则称 f 在 x_0 点为循环的. 若 f 在[0,1]上每一点都是循环的,则称 $f(x)$ 为在[0,1]上循环函数(recurrent function)[65]. 刘文在[36]—[38]研究与构造了这种函数.

Dirichlet 函数 $D(x)$ 在[0,1]上是循环函数.

当 $-1 \leqslant \alpha \leqslant 1$ 时,函数

$$f(x) = \begin{cases} \sin \dfrac{1}{x}, & x \neq 0, \\ \alpha, & x = 0. \end{cases}$$

在 $x = 0$ 点为循环的. 而函数

$$g(x) = \begin{cases} x\sin\dfrac{1}{x}, & x \neq 0, \\ 0 & x = 0. \end{cases}$$

在 $x = 0$ 点既为连续又为循环.

引理 1.6.2 若 f 在 $x_0 \in [0,1]$ 取严格极值,则 x_0 是水平集 $\{x \mid f(x) = f(x_0)\}$ 的孤立点. 再者当 f 在 $[0,1]$ 上连续,在 $x_0 \in [0,1]$ 是非单调型的,其逆亦真.

证明 前一部分是显然的.

后一部分,当 x_0 是水平集的孤立点时,则它的充分小邻域中,有 $f(x) \neq f(x_0)$,又由连续函数有介值性的结论知,不妨设在 x_0 右侧中,有 $f(x) > f(x_0)$. 这样 $D^+ f(x_0) \geqslant D_+ f(x_0) \geqslant 0$,因 f 在 x_0 点非单调型,则在 x_0 的充分小左侧中也应有 $f(x) > f(x_0)$,因如不然,则有关系 $f(x) < f(x_0)$,则

$$D^- f(x_0) \geqslant D_- f(x_0) \geqslant 0.$$

这与 x_0 点非单调型应有 $\underline{D} f(x_0) = -\infty$ 矛盾,可知在 x_0 的充分小的左,右两侧中,都有 $f(x) > f(x_0)$,即 $f(x)$ 在 x_0 取严格极小值.

引理 1.6.3 设

$A = \{f \in C(0,1) \mid f$ 在 $(0,1)$ 中不多于一点取同一极值 $\}$,

则 A 是 $C(0,1)$ 中稠密的 G_δ 型集.

证明 设 I, J 为 $(0,1)$ 中以任何有理数为端点的两个不相交的闭区间,令

$$A_{IJ} = \{f \in C(0,1) \mid f \text{ 在 } I \text{ 中最大值或最小值}$$
$$\text{与在 } J \text{ 中最大值或最小值都不相等} \},$$

故 $A = \bigcap A_{IJ}$,现证 A 为 $(0,1)$ 中主剩集. 即每一区间对 (I, J),A_{IJ} 是在 $C(0,1)$ 中开集并且稠密的. 对不相交的闭区间 I,与 J. 令

$$E_1 = \{f \in C(0,1) \mid \max_{x \in I} f(x) \neq \max_{x \in J} f(x)\}.$$

若 $f \in E_1$,设 $\alpha = \max_I f(x)$,$\beta = \max_J f(x)$,$\alpha \neq \beta$,设 $\varepsilon = |\alpha - \beta|$,$g \in C(0,1)$,当 $\|g - f\| < \dfrac{\varepsilon}{2}$ 时,则 $g \in E_1$,即 E_1 为开集.

另一方面,任何 $f \in C(0,1)$,及 $\varepsilon > 0$,总有 $g \in E_1$,使 $\| f - g \| < \varepsilon$,得 E_1 在 $C(0,1)$ 中稠密.

同理可证

$$E_2 = \{ f \in C(0,1) \mid \max_I f(x) \neq \min_J f(x) \},$$

$$E_3 = \{ f \in C(0,1) \mid \min_I f(x) \neq \max_J f(x) \},$$

$$E_4 = \{ f \in C(0,1) \mid \min_I f(x) \neq \min_J f(x) \}$$

都在 $C(0,1)$ 中为稠密开集,而 $A_{IJ} = \bigcap\limits_{i=1}^{4} E_i$ 是在 $C(0,1)$ 中稠密开集,因此 $A = \bigcap A_{IJ}$ 为 $C(0,1)$ 中稠密的 G_δ 型集,即主剩集.

由于每一 $f \in A$,f 在 $(0,1)$ 中不多于一点取同一极值,从而只可能取严格极值,因此得:

系 仅有严格极值的连续函数全体为 $C(0,1)$ 的主剩集.

定理 1.6.4 设 N 为 $C(0,1)$ 中子集,对每一个 $f \in N$,在区间 $[\min f(x), \max f(x)]$ 中存在可列的稠密子集 S_f,使得水平集 $E_\alpha = \{ x \mid f(x) = \alpha \}$ 有下列性质:

(i) 当 $\alpha \notin S_f \bigcup \{ \min f(x), \max f(x) \}$ 时,E_α 是无处稠密的完备集.

(ii) $\alpha = \min f(x)$ 或 $\alpha = \max f(x)$ 时,E_α 是单点集.

(iii) 当 $\alpha \in S_f$ 时,$E_\alpha = P_\alpha \bigcup \{ x_\alpha \}$,其中 P_α 为非空无处稠密完备集,x_α 是 E_α 的孤立点集.

则 N 是 $C(0,1)$ 中主剩集.

证明 设 A 如引理 1.6.3 中所定义,B 为 $(0,1)$ 中非单调型函数全体,按引理 1.6.3 及定理 1.3.6 知 A 与 B 都是 $C(0,1)$ 中主剩集,从而 $A \bigcap B$ 是 $C(0,1)$ 中主剩集. 现在只要证明 $A \bigcap B \subset N$.

设 $f \in A \bigcap B$,记 m, M 分别为 f 在 $[0,1]$ 上最小和最大值,由于 f 是非单调型的,由引理 1.6.2,若点 x 是 f 的水平集的孤立点,则必为严格极值点.

另一方面,f 是连续且非单调型的,这样在任何 $[0,1]$ 中子区间都有极值点,又因 $f \in A$,只可能有严格的极值点,若设 D 为 f 在[0,1]上的严格极值点集,又因严格极值点集至多为可列集,知 D 为[0,1]中可列稠密集,$f(D)$ 就是 $[m,M]$ 中可列稠密的,且包含 m 和 M,令

$$S_f = S = f(D) \backslash \{m,M\}.$$

当 $\alpha \notin S \bigcup \{m,M\}$ 时,则 E_α 不含孤立点,由 $f \in C(0,1)$ 知 E_α 为闭集,得 E_α 为完备集,当 $\alpha = m$ 或 M 时,E_α 为单点集,因 E_α 不会多于一点的极值点. 当 $\alpha \in S$ 时,E_α 包含了一个极限值点 x_α,x_α 为 E_α 的孤立点. 但 $m < \alpha < M$,E_α 还有其他的点,这些点中再无孤立点,故 $E_\alpha \backslash \{x_\alpha\}$ 是非空完备集.

由于 $f \in A$ 的,因此 f 的任何水平集是且只可能是无处稠密的闭集,这样就证明了上述得到的完备集是无处稠密的,即得 $f \in N$.

第二章　无处单调函数的初等构造法

上一章提到了连续函数具有这种或那种在过去难以想象的典型性质.虽然这些性质决非个别连续函数所具有,而是在纲的意义下相当多的一类函数所共有,不过具体要构造具备这些性质的函数还是有一定困难的.正象虽然知道超越数大量存在,它比代数数多得多,但是随意列举一些具体实数,并且要证明是超越数仍旧是相当不容易的.这里介绍一些近年来出现的一些比较初等方法与例子,以后各章我们将会继续深入讨论这些问题.

§2.1　无处单调的连续函数

最简单的无处单调函数莫过于 Dirichlet 函数 $D(x)$ 和 Riemann 函数 $R(x)$

$$R(x) = \begin{cases} \dfrac{1}{p}, & x = \dfrac{q}{p}\,(p > 0, q \neq 0 \text{ 且与 } p \text{ 既约的整数}), \\ 0, & \text{其他}. \end{cases}$$

$D(x)$ 在 $(-\infty, \infty)$ 上处处不连续,$R(x)$ 在 $x = \dfrac{q}{p}$ 时不连续.

在 $(-\infty, \infty)$ 上要构造一个处处连续无处单调函数就稍为复杂一些了.

例 2.1.1　构造在 $(-\infty, \infty)$ 中可列稠密集 A 上取严格极大值的连续函数(自然是一个无处单调的连续函数).

记 $U(a, \delta)$ 为开区间 $(a - \delta, a + \delta)$,$U^*(a, \delta)$ 为去心开区间 $(a - \delta, a + \delta) \setminus \{a\} = (a - \delta, a) \bigcup (a, a + \delta)$.

设 $A = \{a_1, a_2, \cdots, a_n, \cdots\}$ 在 $(-\infty, \infty)$ 中稠密,有 $\delta_1 > 0$,使 $a_1 - \delta_1, a_1 + \delta_1 \not\in A$,作

$$\varphi_1(x) = \begin{cases} 1, & \text{当 } x = a_1, \\ 0, & \text{当 } x \notin U(a_1, \delta_1), \\ \text{线性}, & \text{当 } x \in U^*(a_1, \delta_1). \end{cases}$$

可知 $\varphi_1(x)$ 在 $(-\infty, \infty)$ 是连续,在且只在 $x = a_1$ 取严格极大值.

对 a_2,取 $\delta_2 > 0$,使 $U(a_2, \delta_2)$ 不含 $a_1, a_1 - \delta_1, a_1 + \delta_1$,并且 $a_2 - \delta_2 \notin A, a_2 + \delta_2 \notin A$,以及 $U(a_2, \delta_2)$ 中所有 x,有

$$\varphi_1(x) < \varphi_1(a_2) + \frac{1}{2}(\varphi_1(a_1) - \varphi_1(a_2)).$$

令

$$\varphi_2(x) = \begin{cases} \varphi_1(a_2) + \frac{1}{2}(\varphi_1(a_1) - \varphi_1(a_2)), & \text{当 } x = a_2, \\ \varphi_1(x), & \text{当 } x \notin U(a_2, \delta_2), \\ \text{线性}, & \text{当 } x \in U^*(a_2, \delta_2). \end{cases}$$

可知 $\varphi_2(x)$ 在 $(-\infty, \infty)$ 上连续,在且只在 $x = a_1, x = a_2$ 取严格极大值.

若 $\varphi_n(x)$ 已经构成,$\varphi_n(x)$ 在 $(-\infty, \infty)$ 上连续,同时在且只在 $x = a_i (i = 1, \cdots, n)$ 取严格极大值,即对每一个 $i \leqslant n$,存在 δ_i,当 $x \in U^*(a_i, \delta_i)$ 时,$\varphi_n(x) < \varphi_n(a_i)$.

对 a_{n+1},取 $\delta_{n+1} > 0$,使

(1) $a_{n+1} - \delta_{n+1}, a_{n+1} + \delta_{n+1} \notin A$,

(2) $U(a_{n+1}, \delta_{n+1})$ 不包含 $a_i, a_i \pm \delta_i, (i = 1, \cdots, n)$,

(3) 当 $x \in U(a_{n+1}, \delta_{n+1})$ 时,

$$\varphi_n(x) < \varphi_n(a_{n+1}) + 2^{-n}(m_n - \varphi_n(a_{n+1})),$$

其中 $m_n = \min\{\varphi_n(a_i) | \varphi_n(a_i) > \varphi_n(a_{n+1}), i \leqslant n\}$,这时,对每 $i \leqslant n$,必有

$$U(a_{n+1}, \delta_{n+1}) \bigcap U(a_i, \delta_i) = \varnothing \text{ 或 } U(a_{n+1}, \delta_{n+1}) \subset U^*(a_i, \delta_i),$$

令

$$\varphi_{n+1}(x) = \begin{cases} \varphi_n(a_{n+1}) + 2^{-n}(m_n - \varphi_n(a_{n+1})), & \text{当 } x = a_{n+1}, \\ \varphi_n(x), & \text{当 } x \notin U(a_{n+1}, \delta_{n+1}), \\ \text{线性}, & \text{当 } x \in U^*(a_{n+1}, \delta_{n+1}). \end{cases}$$

$\varphi_{n+1}(x)$ 在 $(-\infty,\infty)$ 上连续,在且只在 $x=a_i(i=1,\cdots,n+1)$ 取严格极大值,并且
$$|\varphi_{n+1}(x) - \varphi_n(x)| \leqslant 2^{-n} \qquad x \in (-\infty,\infty).$$
从而可知 $\varphi_n(x)$ 在 $(-\infty,\infty)$ 上一致收敛,故 $f(x) = \lim\limits_{n\to\infty}\varphi_n(x)$ 在 $(-\infty,\infty)$ 上连续,并且根据上述(1),(2),(3)要求知,显然 $\varphi_n(x)$ 是关于 n 上升列,对任何 $a_i \in A$,在 $U^*(a_i,\delta_i)$ 中 $\varphi_n(x)$ 及 $f(x) = \lim\limits_{n\to\infty}\varphi_n(x)$ 都小于 $\varphi_i(a_i) = f(a_i)$,即在 $x=a_i$ 点取严格极大值.

另一方面,除 A 以外别无他点再取严格极大值.因任取 $x_0 \in A$,为 f 的严格极大点,即存在 $\delta_0 > 0$,使在 $x \in U*(x_0,\delta_0)$ 中,$f(x) > f(x_0)$.考虑有下列情形:

1) 若至多有有限个 n_i,$x_0 \in U(a_{n_i}\delta_{n_i})$,令 $M = \max\{n_i\}$,这时,$f(x_0) = \varphi_M(x_0)$ 不可能是 $\varphi_M(x)$ 极大值,(因 $\varphi_M(x)$ 极大点只能是 $a_1,a_2,\cdots,a_M$),因 $f(x) \geqslant \varphi_M(x)$,$f(x_0) = \varphi_M(x_0)$ 更不可能是 $f(x)$ 的极大值,因此,这种情形不可能.

2) 若有无限个 n_i,使 $x_0 \in U(a_{n_i},\delta_{n_i})$,则得 $f(x_0) < f(a_{n_i})$,且 $\delta_{n_i} \to 0$,知当 i 充分大时必有 $\{a_{n_i}\} \subset U(x_0,\delta_0)$,又得 $f(x_0) > f(a_{n_i})$,矛盾.

例 2.1.2 在 $(-\infty,\infty)$ 中稠密可列集 A 上取严格极大值而无严格极小点的连续函数.

上述例子虽在 A 上取严格极大值,但并没有排除在某些点上取 极小值可能.因此我们只要对某些可能取严格极小值的点上作些技术处理,以达到没有严格极小值点的出现.为此,下面进一步来分析例 2.1.1.

首先 $\varphi_1(x)$ 是在 a_1 点取严格极大值,而不再有其他的严格极大或极小值了,但 $\varphi_2(x)$ 则不然,除了 a_1 与 a_2 点取极大点以外,还可能在 $x=a_2-\delta_2$ 或 $x=a_2+\delta_2$ 取极小值,譬如 $(a_2-\delta_2 \quad a_2+\delta_2) \subset (a_1,a_1+\delta_1)$,则 $\varphi_2(x)$ 在 $x=a_2-\delta_2$ 点取严格极小值,为此,当 $a_2 \in (a_1,a_1+\delta_1)$ 时,改换 $\varphi_2(x)$ 为 $\overline{\varphi}_2(x)$:

$$\overline{\varphi}_2(x) = \begin{cases} \varphi_1(a) + \dfrac{1}{2}(\varphi_1(a_1) - \varphi_1(a_2)), & \text{当 } x = a_2, \\ \varphi_1(x), & x \notin (a_2 - \delta_2, a_2 + \delta_2), \\ \varphi_1(a_2 - \delta_2), & x \in \left(a_2 - \delta_2, a_2 - \dfrac{\delta_2}{2}\right), \\ \text{线性}, & x \in \left(a_2 - \dfrac{\delta_2}{2}, a_2\right) \bigcup (a_2, a_2 + \delta_2). \end{cases}$$

当 $a_2 \in (a_1 - \delta_1, a_1)$，$\overline{\varphi}_2(x)$ 在区间 $\left(a_2 + \dfrac{\delta_2}{2}, a_2 + \delta_2\right)$ 中取常数 $\varphi_1(a_2 + \delta_2)$，而在区间外与 $\varphi_2(x)$ 一致. 以上是 $a_2 \in (a_1 - \delta_1, a_1 + \delta_1)$ 的情形.

而当 $a_2 \notin (a_1 - \delta_1, a_1 + \delta_1)$ 时，取 δ_2 时，使 $(a_2 - \delta_2, a_2 + \delta_2)$ 不含 $a_1 \pm \delta_1$，这时用 $\varphi_2(x)$ 代替 $\overline{\varphi}_2(x)$ 再不可能有严格极小点了.

据此原则，同样可构造 $\overline{\varphi}_n(x)$，则 $f(x) = \lim\limits_{n \to \infty} \overline{\varphi}_n(x)$ 即为在 A 上取极大值而没有任何其他点取极值（无论极大或极小值）.

例 2.1.3　在稠密的可列集 A 上取严格极大值，而在另一个稠密可列集 B 上取严格极小的连续函数.

设 $A = \{a_1, a_3, \cdots, a_{2n-1}, \cdots\}$，$B = \{a_2, a_4, \cdots, a_{2n} \cdots\}$，$A \bigcup B = \{a_1, a_2, a_3, \cdots, a_n \cdots\}$ 如例 2.1.1 作 $\varphi_1(x)$，再按下述作 $\varphi_2(x)$.

当 $a_2 \notin (a_1 - \delta_1, a_1 + \delta_1)$ 时，取 $\delta_2 > 0$，使 $a_2 \pm \delta_2 \notin A$. 并且 $(a_1 - \delta_1, a_1 + \delta_1) \bigcap (a_2 - \delta_2, a_2 + \delta_2) = \varnothing$. 令

$$\varphi_2(x) = \begin{cases} -\dfrac{1}{2}, & x = a_2, \\ \varphi_1(x), & x \notin (a_2 - \delta_2, a_2 + \delta_2), \\ \text{线性}, & x \in (a_2 - \delta_2, a_2) \bigcup (a_2, a_2 + \delta_2). \end{cases}$$

当 $a_2 \in (a_1 - \delta_1, a_1 + \delta_1)$ 时，取 $\delta_2 > 0$ 使 $(a_2 - \delta_2, a_2 + \delta_2) \subset (a_1 - \delta_1, a_1) \bigcup (a_1, a_1 + \delta_1)$，$a_2 \pm \delta_2 \notin A$. 且当 $x \in (a_2 - \delta_2, a_2 + \delta_2)$ 时都有 $\varphi_1(x) > \varphi_1(a_2) - \dfrac{1}{2}$，那末当 $a_2 \in (a_1 - \delta_1, a_1)$ 时，令

$$\varphi_2(x) = \begin{cases} \varphi_1(a_2) - \dfrac{1}{2}, & x = a_2, \\[2mm] \varphi_1(x), & x \notin (a_2 - \delta_2, a_2 + \delta_2), \\[2mm] \varphi_1(a_2 - \delta_2), & x \in \left(a_2 - \delta_2, a_2 - \dfrac{\delta_2}{2}\right), \\[2mm] 线性, & x \in \left(a_2 - \dfrac{\delta_2}{2}, a_2\right) \bigcup (a_2, a_2 + \delta_2). \end{cases}$$

类似地,若 $a_2 \in (a_1, a_1 + \delta_1)$ 时,令

$$\varphi_2(x) = \begin{cases} \varphi_1(a_2) - \dfrac{1}{2}, & x = a_2, \\[2mm] \varphi_1(x), & x \notin (a_2 - \delta_2, a_2 + \delta_2), \\[2mm] \varphi_1(a_2 + \delta_2), & x \in \left(a_2 + \dfrac{\delta_2}{2}, a_2 + \delta_2\right), \\[2mm] 线性, & x \in (a_2 - \delta_2, a_2) \bigcup \left(a_2, a_2 + \dfrac{\delta_2}{2}\right). \end{cases}$$

无论那种情形,这里所构造的 $\varphi_2(x)$ 是连续的且在 $x = a_1$ 取严格极大,在 $x = a_2$ 取严格极小.

用归纳法证明,假设已经构造了 $\varphi_n(x)$,在且仅在 $x = x_{2i-1}(2i - 1 \leqslant n)$ 取严格极大,而在且仅在 $x = x_{2i}(2i \leqslant n)$ 取严格极小.

现在构造 $\varphi_{n+1}(x)$,不妨设 $n+1$ 为奇数,必有 $\delta_{n+1} > 0$,使满足例 2.1.1 中有关性质,以及当 $x \in (a_{n+1} - \delta_{n+1}, a_{n+1} + \delta_{n+1})$ 时,

$$\varphi_n(x) < \varphi_n(a_{n+1}) + \frac{1}{2^n}(m_n - \varphi_n(a_{n+1})),$$

其中 $m_n = \min\{\varphi_n(a_i) \mid \varphi_n(a_i) > \varphi_n(a_{n+1}), i \leqslant n\}$.

若 $\varphi_n(a_{n+1}) < 0$,则 $\varphi_{n+1}(x) =$

$$\begin{cases} \varphi_n(a_{n+1}) + \dfrac{1}{2^n}(m_n - \varphi_n(a_{n+1})), & 当 \ x = a_{n+1}, \\[2mm] \varphi_n(x), & x \notin (a_{n+1} - \delta_{n+1}, a_{n+1} + \delta_{n+1}), \\[2mm] \varphi_n(a_{n+1} - \delta_{n+1}), & x \in \left(a_{n+1} - \delta_{n+1}, a_{n+1} - \dfrac{1}{2}\delta_{n+1}\right), \\[2mm] 线性, & x \in \left(a_{n+1} - \dfrac{1}{2}\delta_{n+1}, a_{n+1}\right) \bigcup (a_{n+1}, a_{n+1} + \delta_{n+1}). \end{cases}$$

若 $\varphi_n(a_{n+1}) > 0$ 或 $\varphi_n(a_{n+1}) = 0$(即 a_{n+1} 不属于任何 $(a_i - \delta_i, a_i + \delta_i), (i \leqslant n)$,类似可作 $\varphi_{n+1}(x)$.

同样当 $n + 1$ 为偶数时也可作出相应 $\varphi_{n+1}(x)$.

这样取 $f(x) = \lim\limits_{n \to \infty} \varphi_n(x)$,即为我们可求的连续函数.

§2.2 无处单调的可微函数

上节构造的无处单调的连续函数并不是可微的,要构造无处单调的可微函数还需要进行技术处理和其他的工具,如使用变量代换方法,近似连续 Zahorski 法,单侧上下导数 Morse 法等,这个问题激起了历史与现代某些数学家的兴趣,如 Denjoy[54]. 这里介绍 1974 年 Katznelson 和 Karl Stromberg 的初等方法[87].

引理 2.2.1 若 r 和 s 是实数,则

(1) 当 $r > s > 0$ 时,$\dfrac{r - s}{r^2 - s^2} < \dfrac{1}{r}$.

(2) 当 $r > 1$ 且 $s > 1$ 时,$\dfrac{r + s - 2}{r^2 + s^2 - 2} < \dfrac{2}{s}$.

证明 (1) 是显然的,而(2)式等价于

$$(r - s)^2 + (r - 1)(s - 1) + r^2 + r + 3s > 5.$$

由于(2)中 r, s 是可以调换的,故有

$$\frac{r + s - 2}{r^2 + s^2 - 2} < \min\left\{\frac{2}{s}, \frac{2}{r}\right\}.$$

引理 2.2.2 若 $\varphi(x) = (1 + |x|)^{-\frac{1}{2}}, x \in \mathbf{R}$,则

$$\frac{1}{b - a} \int_a^b \varphi(x) dx \leqslant 4\min\{\varphi(a), \varphi(b)\}.$$

证明 当 $0 < a < b$ 时,

$$\frac{1}{b - a} \int_a^b \varphi(x) dx = \frac{2}{b - a}\left(\sqrt{1 + b} - \sqrt{1 + a}\right)$$

$$\leqslant 2\frac{\sqrt{1 + b} - \sqrt{1 + a}}{1 + b - 1 - a}$$

$$\leqslant 2\min\{\varphi(a),\varphi(b)\}.$$

当 $a < b < 0$ 时,也有同样结论.

而当 $a < 0 < b$,利用引理 2.2.1,

$$\frac{1}{b-a}\int_a^b \varphi(x)dx = \frac{1}{b-a}\Big(\int_a^0 \varphi(x)dx + \int_0^b \varphi(x)dx\Big)$$

$$= \frac{2\big(\sqrt{1+b}+\sqrt{1-a}-2\big)}{1+b+1-a-2}$$

$$\leqslant 4\min\{(\varphi(a),\varphi(b)\}.$$

引理 2.2.3 设 c_i,λ_i 为正实数,α_i 为实数,n 为自然数. 设

$$\varphi(x) = (1+|x|)^{-\frac{1}{2}},$$

$$\psi(x) = \sum_{i=1}^n c_i\varphi(\lambda_i(x-\alpha_i)),$$

则

$$\frac{1}{b-a}\int_a^b \psi(x)dx \leqslant 4\min\{\psi(a),\psi(b)\}.$$

证明 我们只要注意

$$\frac{1}{b-a}\int_a^b \varphi(\lambda(x-\alpha))dx$$

$$= \frac{1}{\lambda(b-\alpha)-\lambda(a-\alpha)}\int_{\lambda(a-\alpha)}^{\lambda(b-\alpha)}\varphi(x)dx$$

$$\leqslant 4\min\{\varphi(\lambda(\alpha-a)),\varphi(\lambda(b-\alpha))\},$$

从而知

$$\frac{1}{b-a}\int_a^b \psi(x)dx = \sum_{i=1}^n \frac{c_i}{b-a}\int_a^b \varphi(\lambda_i(x-\alpha_i))dx$$

$$\leqslant 4\sum_{i=1}^n c_i \min\{\varphi(\lambda_i(a-\alpha_i)),\varphi(\lambda_i(b-\alpha_i))\}$$

$$\leqslant 4\min\Big\{\sum_{i=1}^n c_i\varphi(\lambda_i(a-\alpha_i)),\sum_{i=1}^n c_i\varphi(\lambda_i(b-\alpha_i))\Big\}$$

$$= 4\min\{\psi(a),\psi(b)\}.$$

引理 2.2.4 若 $\psi_n(x)$ 为上述函数,对 $x \in \mathbf{R}$ 及 n,令

$$\Psi_n(x) = \int_0^x \psi_n(t)dt,$$

若对某一个 $a \in \mathrm{R}$, $\sum_{n=1}^{\infty} \psi_n(a) = s < \infty$, 则 $F(x) = \sum_{n=1}^{\infty} \Psi_n(x)$ 在 R 的任何有界区间中一致收敛, $F(x)$ 在 a 点可微且 $F'(a) = s$, 再者, 若所有 $t \in \mathrm{R}$, $\sum_{n=1}^{\infty} \psi_n(t) = f(t) < \infty$, 则 F 是在 R 上可微, 且

$$F'(t) = f(t) \quad t \in \mathrm{R}.$$

证明 设 $a \in [-b, b]$, 当 $x \in [-b, b]$ 时, 由上述引理知

$$|\Psi_n(x)| \leqslant \left| \int_0^a \psi_n(t)dt \right| + \left| \int_a^x \psi_n(t)dt \right|$$

$$\leqslant 4|a|\psi_n(a) + 4|x-a|\psi_n(a) \leqslant 12b\psi_n(a).$$

由 $\sum_{n=1}^{\infty} \psi_n(a)$ 收敛, 知 $\sum_{n=1}^{\infty} \Psi_n(x)$ 在 $[-b, b]$ 上一致收敛, 且对任给 $\varepsilon > 0$, 有 N, 使

$$\sum_{n=N+1}^{\infty} \psi_n(a) < \frac{\varepsilon}{10},$$

因为 $\psi_n(x)$ 在 a 点连续, 必有 $\delta > 0$, 当 $0 < |h| < \delta$ 及 $1 \leqslant n \leqslant N$ 时,

$$\left| \frac{1}{h} \int_a^{a+h} \psi_n(t)dt - \psi_n(a) \right| < \frac{\varepsilon}{2N}.$$

这样

$$\left| \frac{F(a+h) - F(x)}{h} - s \right|$$

$$= \left| \sum_{n=1}^{\infty} \left\{ \frac{1}{h} \int_a^{a+h} \psi_n(t)dt - \psi_n(a) \right\} \right|$$

$$\leqslant \left| \sum_{n=1}^{N} \left\{ \frac{1}{h} \int_a^{a+h} \psi_n(t)dt - \psi_n(a) \right\} \right|$$

$$+ \sum_{n=N+1}^{\infty} \left\{ \frac{1}{h} \int_a^{a+h} \psi_n(t)dt + \psi_n(a) \right\}$$

$$\leqslant \frac{\varepsilon}{2} + 5 \sum_{n=N+1}^{\infty} \psi_n(a) < \varepsilon.$$

引理 2.2.5 设 $I_1, \cdots, I_n$ 是互不相交的开区间，α_i 为 I_i 的中点，ε 和 $y_1, \cdots, y_n$ 为正数，则存在引理 2.2.3 所述函数 $\psi(x)$，使得

(i) $\psi(\alpha_i) > y_i$,

(ii) $\psi(x) < y_i + \varepsilon$, 当 $x \in I_i$,

(iii) $\psi(x) < \varepsilon$,   当 $x \notin I_1 \bigcup \cdots \bigcup I_n$.

证明 取 $c_i = y_i + \dfrac{\varepsilon}{2}$，令 $\varphi_i(x) = c_i \varphi(\lambda_i(x - \alpha_i))$，其中 λ_i 取充分大，使当 $x \notin I_i$，有 $\varphi_i(x) < \dfrac{\varepsilon}{2n}$.

因每一个 φ_i 在 α_i 点取最大值，故 $\psi(x) = \varphi_i(x) + \cdots + \varphi_n(x)$ 为满足 (i)，(ii)，(iii) 的函数.

定理 2.2.6 若 $\{\alpha_i\}$ 与 $\{\beta_i\}$ 为 R 中两个不相交可列集，则存在处处可微函数 F，使对所有 i，都有 $F'(\alpha_i) = 1$，$F'(\beta_i) < 1$，且所有 x，$0 < F'(x) \leqslant 1$.

证明 如果我们构造部分和 $f_n = \sum_{k=1}^{n} \psi_k$ 满足下列关系，其中 ψ_k 为引理 2.2.3 所指函数.

A_n: $f_n(\alpha_i) > 1 - \dfrac{1}{n}$ $(1 \leqslant i \leqslant n)$,

B_n: $f_n(x) < 1 - \dfrac{1}{n+1}$ $(x \in \mathrm{R})$,

C_n: $\psi_n(\beta_i) < \dfrac{1}{2n2^n}$ $(1 \leqslant i \leqslant n)$,

则令

$$f(t) = \sum_{n=1}^{\infty} \psi_n(x),$$

$$F(x) = \sum_{n=1}^{\infty} \Psi_n(x) = \sum_{n=1}^{\infty} \int_0^x \psi_n(t) dt,$$

由引理 2.2.4 就有

$$F'(\alpha_i) = \lim_{n \to \infty} f_n(\alpha_i) = 1, \quad 0 < F'(x) = \lim_{n \to \infty} f_n(x) \leqslant 1.$$

选 $n > i$，使

$$F'(\beta_i) = f_{n-1}(\beta_i) + \sum_{k=n}^{\infty} \psi_i(\beta_i)$$

$$\leqslant 1 - \frac{1}{n} + \sum_{k=n}^{\infty} \frac{1}{2k2^k} < 1 - \frac{1}{n} + \frac{1}{2n} < 1,$$

即 F 满足定理的全部结论，下面就用归纳法可以构造出 f_n 与 ψ_n 满足条件 $A_n, B_n,$ 及 C_n.

对 α_1 可以选一个以 α_1 为中心的开区间 I，使 $\beta_1 \notin I$，由引理 2.2.5 只要取 $\varepsilon = y_1 = \frac{1}{4}$ 可以找得 $f_1 = \psi_1$，使得 A_1, B_1, C_1 成立.

假设 $n > 1$，f_{n-1} 与 ψ_{n-1} 都已构成并满足性质 $A_{n-1}, B_{n-1}, C_{n-1}$. 今选择以 α_i 为中点的开区间 $I_i (i = 1, 2 \cdots, n)$，使其两两互不相交，每个 I_i 不包含 $\beta_1, \cdots, \beta_n$，且 $x \in I_i$ 时，

$$f_{n-1}(x) < f_{n-1}(\alpha_i) + \delta,$$

其中 $\delta = \frac{1}{n(n+1)} - \frac{1}{2n2^n} > 0$，令

$$\varepsilon = \frac{1}{2n2^n}, \quad y_i = 1 - \frac{1}{n} - f_{n-1}(\alpha_i) \quad (1 \leqslant i \leqslant n),$$

按引理 2.2.5 构造出 ψ_n，显然具有性质 C_n，再则 $1 \leqslant i \leqslant n$ 时，

$$f_n(\alpha_i) = f_{n-1}(\alpha_i) + \psi_n(\alpha_i) > f_{n-1}(\alpha_i) + y_i = 1 - \frac{1}{n},$$

即得 A_n. 最后检验 B_n，当 $x \in I_i$ 时，

$$f_n(x) = f_{n-1}(x) + \psi_n(x) < f_{n-1}(\alpha_i) + \delta + y_i + \varepsilon$$

$$= 1 - \frac{1}{n} + \frac{1}{n(n+1)} = 1 - \frac{1}{n+1}.$$

当 $x \notin \bigcup_{i=1}^{n} I_i$ 时，

$$f_n(x) = f_{n-1}(x) + \psi_n(x) < 1 - \frac{1}{n} + \varepsilon < 1 - \frac{1}{n+1},$$

得 B_n 成立，这样得到了 $f_n = \sum_{k=1}^{n} \psi_k$，满足分析中所需的 A_n, B_n, C_n

从而证明了定理.

定理 2.2.7　存在 R 上处处可导无处单调函数 $H(x)$，且 $H'(x)$ 在 R 上有界.

证明　设 $\{\alpha_i\}$ 和 $\{\beta_i\}$ 为两个在 R 中稠密的不相交的可列集，由定理 2.2.6 知，存在 R 上处处可微函数 $F(x)$，使得对所有 i，

$$F'(\alpha_i) = 1, F'(\beta_i) < 1, 且 x \in R, 0 < F'(x) \leqslant 1.$$

同样，存在 R 上处处可微函数 $G(x)$，使得对所有 i，

$$G'(\beta_i) = 1, G'(\alpha_i) < 1, 且 x \in R, 0 < G'(x) \leqslant 1.$$

这样 $H(x) = F(x) - G(x)$ 在 R 上是处处可微的，且对所有 i，$H'(\alpha_i) = F'(\alpha_i) - G'(\alpha_i) > 0, H'(\beta_i) = F'(\beta_i) - G'(\beta_i) < 0$，且当 $x \in R$ 时，$-1 < H'(x) < 1$. 由于 $\{\alpha_i\}$ 与 $\{\beta_i\}$ 在 R 中稠密，这样 $H(x)$ 不可能在任何区间内为单调.

定理 2.2.7 所给出的存在性证明是建立在它前面的一系列引理与定理，特别是定理 2.2.7 和引理 2.2.6，这是用归纳方法可以具体构造的，因此可以认为是构造性的证明. 这个证明同时给出了 $H(x)$ 许多其他有趣的结论.

(1) $H(x)$ 在任何区间有极值点，即 $H(x)$ 在 R 中极值点集是稠密的，事实上，任何 (α, β)，不妨设 $H'(\alpha) > 0, H'(\beta) < 0, H$ 在 α 点上升，故 H 在 β 点下降，$[\alpha, \beta]$ 中有最大值点其必为极大值点，从而证明了这个事实，附带也证明了 $H'(x) = 0$ 的点 x 集也在 R 中稠密的.

(2) 由于 H' 在 R 上是有界，则 H 在 R 上是绝对连续的，从而 H' 在任何闭区间是 (L) 可积的，且

$$H(x) = \int_0^x H'(t)dt + H(0).$$

(3) H' 在任何闭区间上不是 R 可积的，因为若不然，H' 必为某一区间 $[a, b]$ 上 a.e. 连续，而

$$E = \{x | H'(x) > 0, 或 H'(x) < 0\}$$

中不可能有 H' 的连续点，故 E 为零测集，即 H' 在 $[a, b]$ 上 a.e. 为

零,H 是绝对连续的,这样 $H(x) \equiv$ 常数. 这是不可能的.

(4) 令 $A = \{x \mid H'(x) > 0\}$,$B = \{x \mid H'(x) < 0\}$,设 I 是任一个闭区间,则 $I \bigcap A$ 与 $I \bigcap B$ 上都有 (L) 正测度,因为若不然,则有 $I = [a,b]$,使 $[a,b] \bigcap A$ 是零测集,这样 H' 是 $[a,b]$ 上 a.e. 非正,当 $x \in [a,b]$ 时,$H(x) = \int_a^x H'(t)dt + H(a)$ 在 I 上单调不增,这与 H 无处单调是矛盾的.

总之,H 是一个具有处处稠密的极大小值点的,处处稠密(且有正测度的)局部上升点和局部下降点的绝对连续函数.

§2.3 无处单调性的典型性

在上一节我们构造出无处单调的可微函数,其实这种函数仍是很多的,它具有典型性,即无处单调性是某些可微函数的典型性质. 1976 年 Weil 在文[124]中给出如下结论.

定义 2.3.1   称 $\triangle = \{f \mid$ 存在 F,使 $F'(x) = f(x), x \in \mathrm{R}\}$ 为导函数空间. 设 $b\triangle = \{f \mid f$ 在上 R 有界且 $f \in \triangle\}$,并赋以距离 $\rho(f,g) = \sup\limits_{x \in \mathrm{R}} |f(x) - g(x)|$,则称 $b\triangle$ 为有界导函数空间.

不难证明,$b\triangle$ 中收敛即为有界导函数列的一致收敛,并且 $b\triangle$ 构成了完备度量空间.(参见本书定理 6.1.3)

在 $b\triangle$ 中考虑子空间 $b\triangle_0$,

$$b\triangle_0 = \{f \in b\triangle \mid \{x \mid f(x) = 0\} \text{ 在 R 中稠密}\}.$$

它同样是完备度量空间,因为任 $f_k \in b\triangle_0, \rho(f_k, f_{k+p}) \to 0$,总有 $f \in b\triangle_0$,使 $\rho(f_k, f) \to 0$,(参见定理 6.1.3)并且

$$\{x \mid f(x) = 0\} \supset \bigcap_{k=1}^{\infty} \{x \mid f_k(x) = 0\}.$$

由于 $\triangle$ 为导函数空间,$f \in \triangle$,f 必可表为连续函数的极限,因此是第一类 Baire 函数,(参见本书第三章),即 $f \in B_1$,从而,对任实数 A,$\{x \mid f(x) > A\}$ 与 $\{x \mid f(x) < A\}$ 为 F_δ 集,而 $\{x \mid f(x) \leqslant A\}$ 与 $\{x \mid f(x) \geqslant A\}$ 为 G_δ 集,自然

$$\{x\,|\,f(x)=0\}=\{x\,|\,f(x)\geqslant0\}\bigcap\{x\,|\,f(x)\leqslant0\}$$

也为 G_δ 集. 因 $\{x\,|\,f_k(x)=0\}$ 在 R 中稠密,并且是 G_δ 型集,故 $\bigcap\limits_{k=1}^{\infty}\{x\,|\,f_k(x)=0\}$ 必在 R 中稠密,所以 $\{x\,|\,f(x)=0\}$ 在 R 中稠密,$f\in b\triangle_0$.

定理 2.3.2 设 $E=\{f\in b\triangle_0\,|\,$ 存在区间,其中 f 不变号$\}$,则 E 是 $b\triangle_0$ 中第一纲集,即 $\{f\in b\triangle_0\,|\,$ 任何区间上 f 总是变号$\}$ 为 $b\triangle_0$ 中主剩集.

证明 设$\{I_n\}$为有理数端点的区间全体. 设

$$E_n=\{f\in b\triangle_0\,|\,f(x)\geqslant0\ \text{对所有}\ x\in I_n\},$$
$$F_n=\{f\in b\triangle_0\,|\,f(x)\leqslant0\ \text{对所有}\ x\in I_n\}.$$

那么 $E=\bigcup\limits_{n=1}^{\infty}(E_n\bigcup F_n)$,只要证明 E_n,F_n 在 $b\triangle$ 中闭且不包含任何球即可,下面只对 E_n 加以论证,F_n 是类似可得的.

因为 $f_k(x)$ 在 I_n 上非负,这样 $\lim\limits_{k\to\infty}f_k(x)$ 在 I_n 上也非负,故 E_n 为闭集.

现证:若 $f\in E_n$,任给 $\varepsilon>0$,总有 $g\in b\triangle_0,\rho(f,g)<\varepsilon$,但 $g\notin E_n$.

由定理 2.2.7 后面所附的结论(1),有 $H'\in b\triangle_0$,且在 β 点 $H'(\beta)<0$,因 $f\in E_n$,在 I_n 中必有 x_1,使 $f(x_1)=0$,用平移压缩法,令 $h(x)=\dfrac{1}{M}H'(x-x_1+\beta)$,取适当 $M>0$,使 $\|h\|<\varepsilon$,且有 $h(x_1)<0$, 令 $g=f+h$,由于

$$\{x\,|\,g(x)=0\}\supset\{x\,|\,f(x)=0\}\bigcap\{x\,|\,h(x)=0\}$$

的右端两式均为稠密 G_δ 集,故其交仍为稠密 G_δ 型集. 得

$$g=f+h\in b\triangle_0,\ \|g-f\|<\varepsilon.$$

但

$$g(x_1)=f(x_1)+h(x_1)=h(x_1)<0,$$

知 $g\notin E_n$. 证毕.

注 2.3.3. Weil 在 1977 年的文[125]中证明了$\{f\in b\triangle_0\,|\,f$

是 a.e. 不连续} 是 $b\triangle_0$ 中主剩集,1985 年 Cater 在文[69]中证明 $\{f \in b\triangle_0 | f$ 是 a.e. 不为 0} 也是 $b\triangle_0$ 中主剩集,并且提出上述两个集合是否真的不同?是否存在 a.e. 不连续但在正测集上为零的函数?他构造了这样函数,但这种函数全体仅仅是 $b\triangle_0$ 中第一纲集.

§2.4 映稠密集为稠密集的可微函数

本节给出构造可微"病态"函数的一个有效的初等方法,这是 1985 年 Cater 的工作[67].

定理2.4.1 设 A, B 为 R 中稠密可列集,则存在可微函数 g,使 $g(A) = B$,且 $g'(x) \geqslant 1$.

证明 设 $A = \{a_1, a_2, \cdots, a_n \cdots\}, B = \{b_1, b_2, \cdots, b_n, \cdots\}$,取 $u_1 = a_1$,构造多项式 $p_1(x) = rx$,其中

$$0 < r < \frac{1}{4}, \text{且 } d_1 = 2u_1 + ru_1 \in B,$$

这样有性质($P1$):

(1) 当 $|x| < 1$ 时,$|p_1(x)| + |p'_1(x)| = r + r|x| < 2^{-1}$;

(2) 对所有 x 有 $p'_1(x) = r > -2^{-1}$.

再者,取 d_2 为 $B \backslash \{d_1\}$ 中下标最小的元素,令 $h(x) = 2x + p_1(x)$,因 $h'(x) > 0$,总有 w,使 $h(w) = d_2, w \neq u_1$,设 $q(x) = (x - u_1)^3$,则 $q(w) \neq 0$,不妨设 $q(w) > 0$,取充分小 $r > 0$,使得当 $|x| \leqslant 2$,有

$$r|q(x)| + r|q'(x)| < 2^{-2},$$

且对所有 x,有

$$rq'(x) > -2^{-2}.$$

由 h 的连续性,及 A 的稠密性,可选 $u_2 \in A \backslash \{u_1\}$,使

$$h(u_2) < h(w) < h(u_2) + r_2 q(u_2),$$

故必有 $s, 0 < s < r$,使 $h(u_2) + sq(u_2) = h(w) = d_2$,令 $p_2(x) =$

$sq(x)$，显然 $p_2(u_1) = 0$.

这样构造了 $2x + p_1(x) + p_2(x)$，它使 $u_1 \in A$ 映为 $d_1 = 2u_1 + p_1(u_1) \in B$，而 $B\backslash\{d_1\}$ 中下标取最小的元素 d_2，找出了 $2x + p_1(x) + p_2(x)$ 的原象 $u_2 \in A$，即

$$2a_i + p_1(a_i) + p_2(a_i) = d_2.$$

如果 n 为奇数，我们已构造了 $p_i(x)$ 及有 $u_i \in A$ $(i \leqslant n-1)$ 有性质 (Pi)：

(1) $p_i(u_1) = p_i(u_2) = \cdots = p_i(u_{i-1}) = 0$；

(2) 当 $|x| \leqslant i$ 时，有 $|p_i(x)| + |p'_i(x)| \leqslant 2^{-i}$；

(3) 对所有 x，有 $p'_i(x) > -2^{-i}$.

取 u_n 为 $A\backslash\{u_1, u_2, \cdots u_{n-1}\}$ 中下标最小的元素，令

$$q(x) = (x - u_{n-1})^{n+1}(x - u_{n-2}) \cdots (x - u_1).$$

这样 $q(u_i) = 0$ $(i = 1, \cdots, n-1)$，$q(u_n) \neq 0$. 由于 q 的次数为 $2n - 1$，故可取充分小 r，使得

(1) 当 $|x| \leqslant n$ 时，有 $r|q(x)| + r|q'(x)| < 2^{-n}$；

(2) 而对所有 x，有 $rq'(x) > -2^{-n}$.

再令

$$h(x) = u_n x + \sum_{i=1}^{n-1} p_i(u_n) + rq(u_n),$$

知 $h'_n(x) \neq 0$，由 B 是 R 中稠密，必有 $0 < s < r$ 使

$$2u_n + \sum_{i=1}^{n-1} p_i(u_n) + sq(u_n) \in B.$$

令 $p_n(x) = sq(x)$，则有性质 (Pn)：即

(1) $p_n(u_i) = 0$ $(i = 1, \cdots, n-1)$；

(2) 当 $|x| \leqslant n$ 时，$|p_n(x)| + |p'_n(x)| < 2^{-n}$；

(3) 对所有 x，有 $p'(x) > -2^{-n}$.

再继续对 $n+1$（偶数）情形加以讨论.

取 $d_{n+1} = B\backslash\{d_1, d_2, \cdots d_n\}$ 中下标最小者. 令

$$h(x) = 2x + \sum_{i=1}^{n} p_i(x),$$

故 $h(x)$ 连续且 $h' \geqslant 0$,总有 w,使 $h(w) = d_{n+1}$,但 $w \neq u_1, u_2, \cdots, u_n$,令

$$q(x) = (x - u_n)^{n+2}(x - u_{n-1}) \cdots (x - u_1),$$

由于 q 的次数为奇次且 $q(w) \neq 0$,不妨设 $q(w) > 0$,取充分小 r,使得

(1) 当 $|x - w| < r$ 时,$q(x) > \dfrac{q(w)}{2} > 0$;

(2) 当 $|x| \leqslant n + 1$ 时,$r|q(x)| + r|q'(x)| < 2^{-(n+1)}$;

(3) 而对所有 x,有 $rq'(x) > - 2^{-(n+1)}$.

因为 A 是稠密的,可选 $u_{n+1} \in A \backslash \{u_1, \cdots, u_n\}$,使 $|u_{n+1} - w| < r$,且

$$h(u_{n+1}) < h(w) < h(u_{n+1}) + rq(u_{n+1}),$$

故必有 $s, 0 < s < r$,使 $h(u_{n+1}) + sq(u_{n+1}) = h(w) = d_{n+1}$. 令

$$p_{n+1}(x) = sq(x). \quad p_{n+1}(u_i) = 0 \ (i \leqslant n).$$

如此继续,得所有 $p_n(x)$ 以及 A 与 B 的对应点.

因 $\sum p_n(x)$ 在 R 上收敛,令

$$g(x) = 2x + p_1(x) + \cdots + p_n(x) + \cdots.$$

又因 $\sum p'_n(x)$ 在 $|x| \leqslant n$ 上一致收敛,得 $g(x)$ 是 R 上可微函数,且

$$g'(x) = 2 + p'_1(x) + \cdots + p'_n(x) + \cdots$$

在 R 上成立,并将 A 映在 B 上,即 $g(A) = B$.

这个定理还可推广到更一般的情形:

定理 2.4.2 设 A, B, C, D 为 R 中互不相交的可列稠密子集,而 A_0, B_0, C_0, D_0 同样为 R 中互不相交的可列稠密子集,则存在映 R 为 R 的连续可微的函数 g,使得 $g(A) = A_0, g(B) = B_0, g(C) = C_0, g(D) = D_0$ 且在 R 上,$g' \geqslant 1$.

证明 由 $A, A_0, B, B_0, C, C_0, D, D_0$ 是可列集,因此可分别写为 $\{a_n\}, \{a_n'\}, \{b_n\}, \{b_n'\}, \{c_n\}, \{c_n'\}, \{d_n\}, \{d_n'\}$,且 $a_1 \neq 0$. 令 $u_1 = a_1, p_1(x) = rx$,其中 $0 < r < \dfrac{1}{4}$,且 $2u_1 + p_1(u_1) \in A_0$,由于 A_0 在

R 是稠密的,上述过程是可能的,这样当 $|x| < 1$ 时,
$$r + r|x| < 2^{-1}.$$

假设对 $n \geq 2$,多项式 p_j 和点 $u_j \in A \cup B \cup C \cup D (1 \leq j \leq n-1)$ 已经作出,并满足

(1) 对 $|x| < j$,有 $|p_j(x)| + |p_j{'}(x)| < 2^{-j}$;

(2) 对所有 x,有 $p_j(x) > - 2^{-j}$;

(3) 对 $i < j, p_j(u_i) = 0$.同时当

(i) 对 $j = 1 (\bmod\ 8), u_j$ 是 $A \backslash \{u_1, u_2, \cdots, u_{j-1}\}$ 中下标最小者且 $2u_j + \sum\limits_{i=1}^{j} p_i(u_j) \in A_0$.

(ii) 对 $j = 2 (\bmod\ 8), u_j \in A \backslash \{u_1, u_2, \cdots, u_{j-1}\}$ 且 $2u_j + \sum\limits_{i=1}^{j} p_i(u_j)$ 是 $A_0 \backslash \bigcup\limits_{k=1}^{j-1} \{2u_k + \sum\limits_{i=1}^{j-1} p_i(u_k)\}$ 中下标最小者.

(iii) 对 $j = 3 (\bmod\ 8)$,与(i) 相同,只要将 A 与 A_0 换为 B 与 B_0.

(iv) 对 $j = 4 (\bmod\ 8)$,与(ii) 相同,只要将 A 与 A_0 换为 B 与 B_0.

(v) 对 $j = 5 (\bmod\ 8)$,与(i) 相同,只要将 A 与 A_0 换为 C 与 C_0.

(vi) 对 $j = 6 (\bmod\ 8)$,与(ii) 相同,只要将 A 与 A_0 换为 C 与 C_0.

(vii) 对 $j = 7 (\bmod\ 8)$,与(i) 相同,只要将 A 与 A_0 换为 D 与 D_0.

(viii) 对 $j = 0 (\bmod\ 8)$,与(ii) 相同,只要将 A 与 A_0 换为 D 与 D_0.

对 $n = 1 (\bmod\ 8)$,令
$$q(x) = (x - u_{n-1})^{n+1} \prod_{j < n-1} (x - u_j),$$
且 $r > 0$ 充分小,使得对 $|x| < n$
$$r|q(x)| + r|q'(x)| < 2^{-n},$$
对所有 x

$$rq'(x) > -2^n,$$

因 q 的次数 $2n-1$ 是奇数,上述是可能的. 令 u_n 是在 $A\setminus\{u_1, u_2, \cdots, u_{n-1}\}$ 中下标为最小的元素,选 s $(0 < s < r)$ 使

$$2u_n + \sum_{i=1}^{n-1} p_i(u_n) + sq(u_n) \in A_0.$$

这是由于 A_0 的 R 中稠密且 $q(u_n) \neq 0$ 可得出的,则取 $p_n = sq$.

对 $n = 2(\bmod 8)$,令

$$q(x) = (x - u_{n-1})^{n+1} \prod_{j < n-1} (x - u_j).$$

取 $r > 0$ 充分小,使得对 $|x| < n$ 时

$$r|q(x)| + |q'(x)| < 2^{-n},$$

对所有 x,

$$rq'(x) > -2^n,$$

设 $H(x) = 2x + \sum_{i=1}^{n-1} p_i(x), H' \geqslant 1, H(\mathrm{R}) = \mathrm{R}$,且若 $H(w) = d$,其中 d 是 u_n 在 (ii) 中指出的象,再者 $w \neq u_i (1 \leqslant i \leqslant n-1)$,因为 $H(w) \neq H(u_i)$,从 q 的定义可得 $q(w) \neq 0$,因 A 在 R 稠密,$H(A)$ 在 R 是稠密的,选 $a \in A\setminus\{u_1, u_2, \cdots, u_{n-1}\}$ 使得 $H(a) - d$ 和 $H(a) + rq(a) - d$ 有相反符号.(这里我们用了 H 和 q 的连续性,使 a 接近于 w)选 s,使 $0 < s < r$ 且 $H(a) + sq(a) - d = 0$,这时 $u_n = a$,且 $p_n = sq$.

当 $n = 3, n = 5, n = 7(\bmod 8)$ 时,类似于 $n = 1(\bmod 8)$ 处理;当 $n = 4, n = 6, n = 0, (\bmod 8)$ 时,类似于 $n = 2(\bmod 8)$ 处理,这样对 n 的归纳已经完成,对所有 n 也选好了 p_n 和 u_n.

由于对 $|x| < n, |p_n(x)| + |p_n'(x)| < 2^{-n}$ 故级数 $2x + \sum_{i=1}^{\infty} p_i(x)$ 收敛于 R 上连续可微函数 g,又由于当 $n > i$ 时,$p_n(u_i) = 0$,则 $g(A) = A_0, g(B) = B_0, g(C) = C_0, g(D) = D_0$,且

$$g' = 2 + \sum_{i=1}^{\infty} p'_i \geqslant \sum_{i=1}^{\infty} 2^{-i} \geqslant 1.$$

同理,不难得出可将任何 N 对可列稠密集之间进行连续可微的变换.

在构造下列"病态"函数之前,我们先确认下列事实:

若 g 是 R 上有正的连续导数的函数且 f 与 g 的复合 $F = f(g)$ 是有意义的,若 $f(z)$ 在 $g(x)$ 上连续(或不连续,取极大,极小,局部上升,局部下降),则 $F(x) = f(g(x))$ 在 x 同样连续(与上相应的不连续,取极大,极小,局部上升,局部下降),且有

$$D^+ F(x) = D^+ f(g(x)) g'(x),$$
$$D^- F(x) = D^- f(g(x)) g'(x),$$
$$D_+ F(x) = D_+ f(g(x)) g'(x),$$
$$D_- F(x) = D_- f(g(x)) g'(x),$$

从而若

$$[D_+ f, D^+ f] \cup [D_- f, D^- f] = [-\infty, \infty],$$

必有

$$[D_+ F, D^+ F] \cup [D_- F, D^- F] = [-\infty, \infty].$$

若称 f 有扭点 z 是指

$$D^+ f(z) = D^- f(z) = \infty,$$
$$D_+ f(z) = D_- f(z) = -\infty,$$

则 f 有扭点为 $g(x)$ 时,F 同样有 x 为扭点. 此外,若 f' 在 $g(x)$ 存在(连续或不连续)则 F' 在 x 存在(连续或不连续).

再者由于 g 与 g^{-1} 是映零测集为零测集的函数,故若 f 在每一个闭区间上是绝对连续(奇异)函数,则 F 同样在每一个闭区间上是绝对连续(奇异)函数.

定理 2.4.3 若 A, B, C, D 为在 R 上两两不交的可列稠密集,则存在 R 上处处可微的函数 F,使得 F 在 A 取(严格或不严格的)极大点,在 B 取(严格或不严格)极小点,在 C 取局部上升点,在 D 取局部下降点.

证明 只要对定理 2.2.7 所作的函数 H,取 $A_0(B_0, C_0, D_0)$ 为 H 的可列极大点子集(极小点子集,局部上升点子集,局部下降点

子集),引用上述定理,构造 g,使 $g(A_0) = A, g(B_0) = B, g(C_0) = C, g(D_0) = D$. 这样 $H(g(x))$ 即为所求.

其他类似结果还很多,如下列定理,不再一一列举与证明.

定理 2.4.4 若 A, B, C, D 为在 R 上两两不交的可列稠密集,则存在在每一个闭区间上绝对连续函数 F,使得

$$F'(x) = 0, 当 x \in A, F'(x) = \infty, 当 x \in B,$$

$$F'(x) = -\infty, 当 x \in C, 且 x \in D 为 F 的扭点.$$

第三章 Baire 函数类

1899 年 Baire 创立了 Baire 函数理论. 这类函数是由连续函数的极限运算所产生,不过,作为本书所需要工具,这里我们着重考虑一元实变实值的 Baire 函数,并且仅仅是按自然数分类,而不动用超穷数.

§3.1 Baire 函数的定义及性质

定义 3.1.1 在区间 $[a,b]$ 上一切连续函数称为第 0 类 Baire 函数,记为 B_0.

设 f_k, f 为 $[a,b]$ 上函数,若 $f_k \in B_0, f \notin B_0$ 且

$$\lim_{k \to \infty} f_k(x) = f(x), \quad x \in [a,b], \tag{3.1}$$

则称 f 为第 1 类 Baire 函数,记为 $f \in B_1$.

同样,若 $f_k \in B_0 \bigcup B_1, f \notin B_0 \bigcup B_1$ 且 (3.1) 式成立,则称 f 为第 2 类 Baire 函数,记为 $f \in B_2$.

按归纳定义,若 $f_k \in B_0 \bigcup B_1 \cdots \bigcup B_m, f \notin B_0 \bigcup B_1 \cdots \bigcup B_m$ 且 (3.1) 式成立,则称 f 为第 $m+1$ 类 Baire 函数,记 $f \in B_{m+1}$.

利用超限归纳定义,可以对超穷数 α,定义 B_α,但这里从略.

引理 3.1.2 下列结论成立:

(1) 在 $[a,b]$ 上仅有有限个不连续点的函数 f 是属于 B_1 的.

(2) f 在 $[a,b]$ 上仅取有限个值 $c_1, c_2, \cdots, c_n$ 且对每一 i,水平集 $E_i = \{x \mid f(x) = c_i\}$ 为 F_σ 集,则 f 在 $[a,b]$ 上属于 B_1.

(3) 闭集的特征函数是属于 B_1 的(这是 (2) 的特例).

(4) 设 P 为 $[0,1]$ 中 Cantor 集,$\{(a_n, b_n)\}$ 为 P 的接邻区间全体,则

$$f(x) = \begin{cases} \dfrac{2(x-a_n)}{(b_n-a_n)}, & x \in [a_n, b_n], \\ 0, & \text{其他 } x. \end{cases}$$

是第 2 类函数,而

$$g(x) = \begin{cases} \dfrac{2(x-a_n)}{(b_n-a_n)}, & x \in [a_n, b_n), \\ 0, & \text{其他 } x. \end{cases}$$

是第 1 类 Baire 函数.

(1)**的证明**　不妨设 f 仅在点 $c \in (a,b)$ 上不连续,总有充分大 N,使 $\left(c - \dfrac{1}{N}, c + \dfrac{1}{N}\right) \subset (a,b)$,当 $k \geqslant N$ 时,令

$$f_k(x) = \begin{cases} f(x), x \in \left[a, c - \dfrac{1}{k}\right] \cup \{c\} \cup \left[c + \dfrac{1}{k}, b\right], \\ \text{线性内插}, \quad x \in \left(c - \dfrac{1}{k}, c\right) \cup \left(c, c + \dfrac{1}{k}\right). \end{cases}$$

可知 $f_k(x)$ 在 $[a,b]$ 上连续,且(3.1)成立,故得 $f \in B_1$.

(2)**的证明**　设 $E_i = \bigcup\limits_{m=1}^{\infty} F_m^{(i)}$,其中 $F_m^{(i)}$ 为闭集,不妨设

$$F_1^{(i)} \subset F_2^{(i)} \subset \cdots \subset F_m^{(i)} \subset \cdots,$$

对固定 m,$F_m^{(l)}, F_m^{(2)}, \cdots, F_m^{(n)}$ 为两两不相交闭集,故可在 $[a,b]$ 上作连续函数 $\psi_m(x)$,使得当 $x \in F_m^{(i)} (i = 1, 2, \cdots, n)$,有 $\psi_m(x) = c_i$.

可证 $\lim\limits_{k \to \infty} \psi_m(x) = f(x)$,$x \in [a,b]$. 因 $[a,b] = \bigcup\limits_{i=1}^{n} E_i$,对任 $x \in [a,b]$,总有 i,使 $x \in E_i$,故有 M,$x \in F_M^{(i)}$,故当 $m \geqslant M$ 时,$x \in F_M^{(i)} \subset F_m^{(i)}$,$\psi_m(x) = c_i = f(x)$,故 $f \in B_1$.

注意 E_i 不是 F_σ 集时,结论不真. 如 Dirichlet 函数.

(4)**的证明**　下列连续函数列 $\psi_m \to g, (m \to \infty)$,故 $g \in B_1$.

$$\psi_m(x) = \begin{cases} \dfrac{2(x-a_n)}{(b_n-a_n)}, & x \in \left[a_n, b_n - \dfrac{(b_n-a_n)}{m}\right], \\ 0, & x \in P, \\ \text{线性}, & x \in \left(b_n - \dfrac{(b_n-a_n)}{m}, b_n\right). \end{cases}$$

但要证明 $f \in B_2$，而 $f \notin B_1$. 还需有后面的一些准备.

引理 3.1.3 若 $f \in B_n, g \in B_m$，则总有 $p \leqslant \max\{n, m\}$，使

(1) $\max\{f(x), g(x)\}$，$\min\{f(x), g(x)\} \in B_p$.

(2) $f(x)$ 的截断函数 $[f(x)]_A^B \in B_p$，其中 $A < B$，

$$[f(x)]_A^B = \begin{cases} B, & x \in \{x \mid f(x) > B\}, \\ A, & x \in \{x \mid f(x) < A\}, \\ f(x), & x \in \{x \mid A \leqslant f(x) \leqslant B\}. \end{cases}$$

(3) $f(x) \oplus g(x) \in B_p$（其中 $\oplus$ 为四则运算，当除法运算时，$g(x) \neq 0$）.

事实上，由于 $m = n = 0$ 时，即为连续函数的上述运算性质，因此是成立的，当 m 或 $n > 0$ 时，可用简单归纳法得到.

不难举出实例，使上述三种情形中都有 $0 \leqslant p < \max\{n, m\}$ 可能.

引理 3.1.4 若 $f \in B_n, g \in B_m$，并且 $x \in [a, b]$ 时，$g(x)$ 属于 f 的定义域，则复合 $f \circ g = f(g) \in B_p$，且 $0 \leqslant p \leqslant n + m$.

事实上，当 $n = m = 0$ 时，成为熟知的连续函数的复合是连续函数的结论，故有 $f(g) \in B_0$

假设当 $n = 0$ 而 m 为某一正整数时，上述结论成立，即 $f(g) \in B_p$ 且 $p \leqslant m$.

现证：当 $g \in B_{m+1}$，有 $f(g) \in B_p$ 且 $p \leqslant m + 1$.

因为 $g \in B_{m+1}$，有 $g_k \in B_m$，使 $g_k(x) \to g(x)$，而 $f \in B_0$，故 $f(g_k(x)) \to f(g(x))$，但 $f(g_n) \in B_p$，而 $p \leqslant m$，这样 $f(g) \in B_p$ 且 $p \leqslant m + 1$.

进一步而言，既然 $n = 0$，所有自然数 m，上述结论成立，再假设对某一自然数 n，及所有自然数 m，$f(g) \in B_p$ 且 $p \leqslant n + m$，今证：对 $f \in B_{n+1}$ 及 $g \in B_m$，有 $f(g) \in B_p$ 且 $p \leqslant n + m + 1$.

因为这时有 $f_k \in B_n, f_k(x) \to f(x)$，故 $f_k(g(x) \to f(g(x))$，$f_k(g)$ 属于类数 $p \leqslant n + m$ 的 B_p，从而 $f(g)$ 属于 B_p 且类数 $p \leqslant n + m + 1$ 的.   证毕.

定理 3. 1. 5　若 $f_k \in B_p, p \leqslant n, f_k$ 在 $[a,b]$ 上一致收敛于 f,则 $f \in B_p, p \leqslant n$.

证明　$n = 0$ 即为连续函数一致收敛的情形,显然成立.现证 $n > 0$ 的情形.

由于 f_k 在 $[a,b]$ 上一致收敛于 f,总有 $k_1 < k_2 < \cdots < k_i < \cdots$,使所有 $x \in [a,b]$,都有

$$|f_{k_{i+1}}(x) - f_{k_i}(x)| < \frac{1}{2^i} \ (i = 1,2,\cdots),$$

只要注意

$$f(x) = f_{k_1}(x) + (f_{k_2}(x) - f_{k_1}(x)) + \cdots$$
$$+ (f_{k_{(i+1)}}(x)) - f_{k_i}(x)) + \cdots,$$

对每一个 i, $(f_{k_{(i+1)}}(x)) - f_{k_i}(x)) \in B_p, p \leqslant n$.

这样存在 $\psi_m^{(i)} \in B_{p-1}$,

$$\lim_{m \to \infty} \psi_m^{(i)}(x) = f_{k_{i+1}}(x) - f_{k_i}(x).$$

不妨设 $|\psi_m^{(i)}(x)| \leqslant \frac{1}{2^i}$,由性质 3.1.3,

$$\Phi_m(x) = \psi_m^{(1)} + \psi_m^{(2)} + \cdots + \psi_m^{(m)} \in B_{p-1}, p \leqslant n.$$

现证 $\lim\limits_{m \to \infty} \Phi_m^{(i)}(x) = f(x) - f_{k_i}(x)$.

若取 $x \in [a,b]$,任给 $\varepsilon > 0$,取固定 i,使 $\frac{1}{2^i} < \frac{\varepsilon}{3}$,并对 $1,2,\cdots$, i,有 $m(1,x), m(2,x), \cdots, m(i,x)$,当 $m \geqslant m(j,x)$ 时,$1 \leqslant j \leqslant i$,

$$|\psi_m^{(j)}(x) - f_{k_{j+1}}(x) + f_{k_j}(x)| < \frac{\varepsilon}{3i},$$

这样,当 $m \geqslant \max\{m(1,x), m(2,x), \cdots, m(i,x)\}$ 时,

$$|f(x) - f_{k_1}(x) - \Phi_m(x)|$$

$$\leqslant \sum_{j=1}^{i} |\psi_m^{(j)}(x) - f_{k_{j+1}}(x) + f_{k_j}(x)|$$

$$+ \sum_{j=i+1}^{m} |\psi_m^{(j)}(x)| + \sum_{j=i+1}^{\infty} |f_{k_{j+1}}(x) - f_{k_j}(x)|$$

$$< \frac{\varepsilon}{3} + \frac{\varepsilon}{3} + \frac{\varepsilon}{3} = \varepsilon.$$

可知 $f(x) - f_{k_1}(x)$ 为类数 $\leqslant n$ 的 Baire 函数,自然 $f(x)$ 为类数 $\leqslant$ n 的 Baire 函数.

注 3.1.6 关于 n 类 Baire 函数还有几条显然而又值得附带一提的性质,以备以后引用.

(1) B_n 中元素是 (L) 可测函数.

由于 B_1 是由连续函数列的极限函数所组成,因此 B_1 中每一个元素是 (L) 可测函数. 同理,B_2 是由 B_1 中元素(第 1 类 Baire 函数)的极限函数所组成,故 B_2 中每一元素为 (L) 可测函数. 依此可得 B_n 中元素都为可测函数,证明了(1).

(2) B_n 的势为 c,其中 c 为连续统 $[0,1]$ 的势.

由于每一个 $f \in B_1$,可对应一列连续函数 $(\psi_1, \psi_2, \cdots, \psi_m, \cdots)$ 使 $\lim\limits_{m \to \infty} \psi_m = f(x)$,并且 B_1 中不同 f,对应连续函数列 $(\psi_1, \psi_2, \cdots, \psi_m, \cdots)$ 是不同的. 连续函数空间的势为 c,其中元素的可数排列全体其势仍为 c,故 B_1 的势 $\leqslant c$. 再由 f 与任何常数之和仍为 B_1 中元素. 故 B_1 的势应为 c,同理可得 B_n 的势为 c,从而证明了(2).

(3) $[a,b]$ 上 a.e. 有限可测函数必与一个类数 $\leqslant 2$ 的 Baire 函数等价,即若 f 在 $[a,b]$ 上 a.e. 有限可测函数,则存在 g,
$$g \in B_0 \bigcup B_1 \bigcup B_2,$$
使 $f(x) = g(x)$ a.e. 成立.

若 $f(x)$ 为 a.e. 有限可测函数,则存在连续函数列 $\psi_m(x)$,使 $\lim\limits_{m \to \infty} \psi_m(x) = f(x)$ a.e. 成立,令
$$g(x) = \lim\limits_{m \to \infty} \sup \psi_m(x)$$
$$= \lim\limits_{m \to \infty} \lim\limits_{n \to \infty} \max\{\psi_{m+1}, \cdots, \psi_{m+n}\},$$
这样 $g(x)$ 是类数 $\leqslant 2$ 的 Baire 函数,且 $g(x) = f(x)$ a.e. 成立.

§3.2 B_n 的表现与不空性

上一节定义了一元实值 Baire 函数,类似地可以定义欧氏空间上的多元实值 Baire 函数,(我们将二元连续函数的极限定义为二元第 1 类 Baire 函数,$\cdots$,依此将第 $n-1$ 类 Baire 函数的极限定义为二元第 n 类 Baire 函数,$\cdots$),本节所讨论 B_n 表现定理就是用二元实值 Baire 函数去表现一元实值 Baire 函数类.

定理 3.2.1 (B_n 的表现)在平面区间 $0 \leqslant x \leqslant 1, 0 \leqslant t \leqslant 1$ 上存在二元实值 Baire 函数 $F_n(x,t)$,使得每一个 $f \in B_n$,总有 $t \in [0,1], f(x) = F_n(x,t)$.

证明 令 B_0^* 为一切以有理数为系数的多项式全体,并排列为 $P_1(x), P_2(x), \cdots, P_m(x), \cdots$,将 B_0^* 以外的连续函数以及 B_1 类中函数全体记为 B_1^*,令 $B_n^* = B_n (n > 1)$,设

$$\theta_m(t) = \begin{cases} 1, & \text{当 } t = \dfrac{1}{m}, \\ 0, & \text{当 } t \text{ 为其他时.} \end{cases}$$

令

$$F_0(x,t) = \sum_{m=1}^{\infty} P_m(x) \theta_m(t).$$

由于 $P_m(x), \theta_m(t)$ 均为类数不大于 1 的 Baire 函数. 因此 $P_m(x)\theta_m(t)$ 必为二元 Baire 函数,并且每一个点 (x,t),只有当 $t = \dfrac{1}{m}$ 时,$\theta_m(t) \neq 0$,$P_m(x)\theta_m(t) = P_m(x)$ 可能不为 0,但任何 $i \neq m, P_i(x)\theta_i(t) = 0$. 故级数 $F_0(x,t)$ 至多只有一项不为 0,因此级数是收敛的.

对每一个 $f \in B_0^*$,不妨设 $f = P_m(x)$,取 $t = \dfrac{1}{m}$,得

$$F_0\left(x, \frac{1}{m}\right) = P_m(x).$$

这样,证明了定理 3.2.1 对 $n = 0$ 是成立的.

假设对 $B_\alpha (\alpha \leqslant n-1)$ 存在二元 Baire 函数 $F_{n-1}(x,t)$,使得任何 $f \in B_\alpha$,有相应的 $t \in [0,1]$ 满足

$$f(x) = F_{n-1}(x,t).$$

现证 $B_\alpha (\alpha \leqslant n)$ 也存在二元 Baire 函数 $F_n(x,t)$ 有同样性质.

当 $0 \leqslant t \leqslant 1$ 用十进小数表示($t < 1$ 时,不以 9 的循环),设

$$t = 0.a_1 a_2 \cdots a_n \cdots,$$
$$h_1(t) = 0.a_1 a_3 a_5 \cdots,$$
$$h_2(t) = 0.a_2 a_6 a_{10} \cdots, \cdots,$$
$$h_m(t) = 0.a_{2^{m-1}} a_{3 \cdot 2^{m-1}} \cdots a_{(2k-1)2^{m-1}} \cdots,$$

令

$$F_n(x,t) = \lim_{m \to \infty} \sup F_{n-1}(x, h_m(t)),$$

当 $f \in B_\alpha (\alpha \leqslant n)$ 时,总有 $\psi_m \in B_{\alpha-1}$ 使

$$\lim_{m \to \infty} \psi_m(x) = f(x),$$

按归纳假设,存在 $t_m \in [0,1]$,使

$$F_{n-1}(x, t_m) = \psi_m(x) \quad (m = 1, 2, \cdots),$$

对 t_m 而言,总有 $t^* \in [0,1]$,使 $t_m = h_m(t^*) \ (m = 1, 2, \cdots)$,从而有

$$F_n(x, t^*) = \lim_{m \to \infty} \sup F_{n-1}(x, h_m(t^*))$$
$$= \lim_{m \to \infty} \sup F_{n-1}(x, t_m)$$
$$= \lim_{m \to \infty} \sup \psi_m(x) = f(x).$$

这样证明了对任何 $\alpha \leqslant n$,存在二元 Baire 函数 $F_n(x,t)$,使得任 $f \in B_\alpha$,存在 $t^* \in [0,1]$,有

$$F_n(x, t^*) = f(x).$$

以上定理对二元 Baire 函数 $F(x,t)$ 的类数并无条件限制. Канторович 曾进一步得到的结论:对于类数 $< \alpha$ 的一切 Baire 函数,有类数为 α 的二元 Baire 函数 $F_\alpha(x,t)$ 可作为一般表现,但类数 $\leqslant \alpha$ 的 Baire 函数却没有相应的 α 类二元 Baire 函数 $F_\alpha(x,t)$ 可作为其

一般表现.

定理 3. 2. 2　任何一类 B_n 是不空的(即 B_n 对极限不封闭).

证明　若 $\alpha = 0, 1, \cdots, n$ 时, B_α 不空, 而 B_{n+1} 为空, 自然对所有 $B_\alpha (\alpha \geqslant n + 1)$ 都为空, 由上述表现定理知, 存在二元 Baire 函数 $F_n(x, t)$, 对每个 $f \in B_p (p \leqslant n)$, 都有 $t \in [0, 1]$, 使

$$f(x) = F_n(x, t),$$

令

$$H(x, t) = [F_n(x, t)]_0^1.$$

由性质 3.1.3 知, $H(x, t)$ 为二元 Baire 函数, 令

$$\Phi(x, t) = \lim_{m \to \infty} \frac{mH(x, t)}{1 + mH(x, t)}.$$

凡仅取 0 与 1 的 Baire 函数都可由 $F_n(x, t)$ 表示, 从而由 $H(x, t)$ 和 $\Phi(x, t)$ 表示, 因 $\Phi(x, x)$ 和 $1 - \Phi(x, x)$ 都为一元 Baire 仅取 0 与 1 的函数, 故可由 $\Phi(x, t)$ 一般表现, 特别 $1 - \Phi(x, x)$, 必有 $t_0 \in [0, 1]$, 使得 $1 - \Phi(x, x) = \Phi(x, t_0)$, 自然

$$1 - \Phi(t_0, t_0) = \Phi(t_0, t_0),$$

但这是不可能的, 可知假设不真. 即 B_{n+1} 为空不真.

§3.3　B_1 类函数的特征

本节将着重来讨论第 1 类 Baire 的函数的特征及其性质:

定理 3. 3. 1　若 $f(x)$ 是 $[a, b]$ 上第 1 类 Baire 函数, 即 $f \in B_1$, 则对任何实数 A,

$$\{x \mid f(x) > A\} \quad 与 \quad \{x \mid f(x) < A\}$$

都是 F_σ 集.

证明　函数 $f(x)$ 为第 1 类 Baire 函数, 按定义存在连续函数列 $f_n(x)$, 使 $\lim_{m \to \infty} f_n(x) = f(x)$, 因有关系:

$$\{x \mid f > A\} = \bigcup_{k=1}^{\infty} \bigcup_{N=1}^{\infty} \bigcap_{n \geqslant N}^{\infty} \left\{x \mid f_n \geqslant A + \frac{1}{k}\right\},$$

$$\{x | f < A\} = \bigcup_{k=1}^{\infty} \bigcup_{N=1}^{\infty} \bigcap_{n \geqslant N}^{\infty} \left\{ x \Big| f_n \leqslant A - \frac{1}{k} \right\},$$

上式右端均为闭集的可列并,故为 F_σ 集.

为证这个定理之逆,先引进一个引理.

引理 3.3.2 若 $[a,b] = \bigcup_{i=1}^{m} E_i, E_i$ 为 F_σ 集,则 $[a,b]$ 可表为 $[a,b] = \bigcup_{i=1}^{m} H_i$,其中 H_i 为 F_σ 集,$H_i \subset E_i$,而 H_i 两两不相交.

证明 由每一个 E_i 为 F_σ 集,即为可列闭集之并,故 $[a,b]$ 也可表为可列个闭集之并,不妨写为 $[a,b] = \bigcup F_n$,其中 F_n 为闭集,且总是在某一 E_i 之中.由于任何两个闭集之差为 F_σ 集.令

$$S_1 = F_1, \ S_2 = F_2 \backslash F_1, \ S_3 = F_3 \backslash (F_1 \cup F_2),$$
$$\cdots, S_n = F_n \backslash (F_1 \cup F_2 \cup \cdots \cup F_{n-1}), \cdots,$$

S_n 都为两两不交 F_σ 集,且总在某一 E_i 中,且 $[a,b] = \bigcup_{n=1}^{\infty} S_n$,令

$$H_1 = \bigcup \{S_k | S_k \subset E_1\}, H_2 = \bigcup \{S_k | S_k \subset E_2 \backslash E_1\}, \cdots,$$
$$H_m = \bigcup \Big\{ S_k \Big| S_k \subset E_m \backslash \bigcup_{i=1}^{m-1} E_i \Big\},$$

这里的 $H_i (i = 1, 2, \cdots, m)$ 仍为 F_σ 集,两两不相交且 $H_i \subset E_i$,$[a,b] = \bigcup_{i=1}^{m} H_i.$ 证毕.

定理 3.3.3 若对于任何实数 A,

$$\{x | f(x) > A\} \text{ 与 } \{x | f(x) < A\}$$

为 F_σ 集,则 $f \in B_0 \cup B_1$.

证明 先设 $l < f(x) < L$,将 $[l, L]$ 作等分法

$$l = c_0 < c_1 < c_2 < \cdots < c_n = L,$$

令

$$E_0 = \{x | f(x) < c_1\}, E_n = \{x | f > c_{n-1}\},$$
$$E_k = \{x | c_{k-1} < f < c_{k+1}\},$$

其中 $k = 1, 2, \cdots, n-1$,这样 $[a,b] = \bigcup_{k=0}^{n} E_k, E_k$ 为 F_σ 集,由上述引理知,存在 H_i 为 F_σ 集,$H_i \subset E_i, H_i$ 两两不相交,且 $[a,b] = \bigcup_{i=0}^{n} H_i$,

令

$$\psi_n(x) = c_k, x \in H_k, (k = 0,1,2,\cdots,n).$$

由例 3.1.2 中(2)知,$\psi_n(x)$ 为第 1 类 Baire 函数,且每 $x \in [a,b]$ $= \bigcup_{k=0}^{n} H_k$ 时,$|\psi_n(x) - f(x)| \leqslant \dfrac{L-l}{n}$. 从而 $\psi_n(x)$ 在$[a,b]$ 上一致收敛于 $f(x)$,即 $f \in B_0 \bigcup B_1$.

当 $f(x)$ 在$[a,b]$ 上为无界时,令 $g(x) = \operatorname{arctg} f(x)$,由性质 3.1.4,可知 $g \in B_0 \bigcup B_1$,从而 $f = \operatorname{tg}(g) \in B_0 \bigcup B_1$. 证毕.

综合定理 3.3.1 与 3.3.3,即得

定理 3.3.4 函数 $f \in B_0 \bigcup B_1$ 的充要条件为对于任何广义实数 $A < B$,集$\{x \mid A < f(x) < B\}$ 是 F_σ 集.

系 函数 $f \in B_0 \bigcup B_1$ 的充要条件为对任何实数 A 和 B,集 $\{x \mid f(x) \geqslant A\}$ 和 $\{x \mid f(x) \leqslant B\}$ 是 G_δ 集.

定理 3.3.5 函数 $f \in B_0 \bigcup B_1$ 充要条件为任何 R 中开集U,$f^{-1}(U) = \{x \mid f(x) \in U\}$ 是 F_σ 集.

证明 充分性由定理 3.3.4 给出,因任何区间(A,B) 是 R 中开集,则 $f^{-1}[(A,B)] = \{x \mid A < f(x) < B\}$ 为 F_σ 集. 自然 $f \in B_0 \bigcup B_1$.

必要性 任何开集U,写为 $U = \bigcup_i (A_i, B_i)$,其中(A_i, B_i) 为U 构造区间,由定理 3.3.4 知$\{x \mid A_i < f(x) < B_i\}$ 是 F_σ 集,而

$$f^{-1}(U) = \{x \mid f(x) \in U\} = \bigcup_i \{x \mid A_i < f(x) < B_i\}$$

为可列个 F_σ 集之并,同样是 F_σ 集,故 $f^{-1}(U)$ 为 F_σ 集. 证毕.

从这些结果可以看出第一类 Baire 函数与 F_σ 集和 G_δ 集关系非常紧密,象连续函数与闭集或开集的关系一样,由此还可以得出相应许多结果.

定理 3.3.6 $S \subset [0,1]$ 是 F_σ 集的充要条件为存在 $f \in B_0 \bigcup B_1$,使 $S = \{x \mid f(x) \neq 0\}$.

证明 充分性 设 $f \in B_0 \bigcup B_1$,

$$S = \{x \mid f(x) \neq 0\} = \{x \mid f(x) > 0\} \bigcup \{x \mid f(x) < 0\},$$

由定理 3.3.3 知 $\{x\,|\,f(x)>0\}$ 和 $\{x\,|\,f(x)<0\}$ 为 F_σ 集,得 S 是 F_σ 集.

必要性　若 S 为 F_σ 集,则有闭集列 F_k,使 $S=\bigcup\limits_k F_k$,不妨设

$$\varnothing = F_0 \subset F_1 \subset \cdots \subset F_k \subset \cdots$$

构造 f 如下:

$$f(x)=\begin{cases}\dfrac{1}{k}, & \text{当 } x\in F_k\backslash F_{k-1}, k=1,2,\cdots,\\[2mm] 0, & \text{当 } x\notin S.\end{cases}$$

显然 $S=\{x\,|\,f(x)\neq 0\}$,现证 $f\in B_0\bigcup B_1$.

事实上,对任何开集 U,$f^{-1}(U)$ 是至多可列个形如

$$f^{-1}\left(\frac{1}{k}\right)=\left\{x\,\Big|\,f(x)=\frac{1}{k}\right\}$$

集之并. 而 $f^{-1}\left(\dfrac{1}{k}\right)=F_k\backslash F_{k-1}=F_k\bigcap([0,1]\backslash F_{k-1})$ 是 F_σ 集,故 $f^{-1}(U)$ 为 F_σ 集,由定理 3.3.5 知 $f\in B_0\bigcup B_1$.

注 3.3.7　1988 年 Fabrykowski 在文[74]提出并解决以下问题,如何去寻求一个在 $[0,1]$ 上连续函数列 f_n,使

$$\lim_{n\to\infty}f_n(x)=\begin{cases}\text{有限数}, & x\text{ 为有理数},\\ \infty, & x\text{ 为无理数}.\end{cases}$$

Myerson 在文[109]用极简单方法构造了这个函数列并推广了这个问题. 现介绍这个方法.

设 $\{r_n\}$ 为 $[0,1]$ 中全体有理数,并设 $r_1=0$,$r_2=1$,在平面上给出点 $(0,0)$,$(1,0)$ 及 (r_k,k),$k=1,\cdots,n$,按 r_k 在 $[0,1]$ 中的大小顺序排列,并依此联接上述各点,构成的连续折线函数,记为 $f_n(x)$.

对每一个有理数 r_i,当 $n\geqslant i$ 时,$f_n(r_i)=i$,故

$$\lim_{n\to\infty}f_n(r_i)=i.$$

而每一个无理数 x,固定 n 时,设左右最接近 x 的为 r_i 与 r_j,从而

$$f_n(x) \geqslant \min\{f_n(r_i), f_n(r_j)\} = \min\{i, j\}.$$

由于$\{r_n\}$稠密性,知当n无限增大时,i, j都无限增大,从而知$f_n(x) \to \infty$,这样f_n即为所求的连续函数列.

其实,由于有理数集$\{r_n\}$是F_σ集,如定理3.3.6所述,总有$f \in B_0 \bigcup B_1$,使$\{r_n\} = \{x \mid f(x) \neq 0\}$,而
$$[0,1] \backslash \{r_n\} = \{x \mid f(x) = 0\},$$
因$f \in B_0 \bigcup B_1$,必有连续函数ψ_n,使$\lim_{n \to \infty} \psi_n(x) = f(x)$,令
$$f_n(x) = \left(|\psi_n(x)| + \frac{1}{n} \right)^{-1},$$
同样获得
$$\lim_{n \to \infty} f_n(x) = \begin{cases} 有限数, & x \in \{r_n\}, \\ \infty, & x \in [0,1] \backslash \{r_n\}. \end{cases}$$

为引进B_1类函数另一个特征,这里需要下列概念与定理(参见[1]中定义3.4.1及定理3.4.2).

定义3.3.8 集E与开区间(α, β)的交$(\alpha, \beta) \bigcap E$不空,则称$(\alpha, \beta) \bigcap E$为$E$的部分(portion).

定理3.3.9 不空闭集E被一组闭集$\{F_k\}$所覆盖,则至少有一个F_k包含E的一个部分.即存在$\alpha < \beta$,有$(\alpha, \beta) \bigcap E \subset F_k$.

证明 反证法 若每一个F_k不包含E的部分,这样F_1不可能包含E的所有点,有$x_1 \in E, x_1 \not\in F_1$,由$F_1$的闭性,知有以$x_1$为中心闭区间$I_1$,其部分集为$P_1 = I_1 \bigcap E$,使$P_1 \bigcap F_1 = \varnothing$.

同理F_2不可能包含$P_1 = I_1 \bigcap E$,故有$x_2 \in P_1$,但$x_2 \not\in F_2$,由F_2为闭,存在以x_2为中心闭区间$I_2 \subset I_1$,其部分集$P_2 = I_2 \bigcap E$,使$P_2 \bigcap F_2 = \varnothing$,依此继续,可得
$$P_1 \supset P_2 \supset \cdots \supset P_k \supset \cdots,$$
$$P_k \bigcap F_k = \varnothing, \left(\bigcap_{k=1}^{\infty} P_k \right) \bigcap \left(\bigcup_{k=1}^{\infty} F_k \right) = \varnothing,$$
由E的闭性知
$$\bigcap_{k=1}^{\infty} P_k \neq \varnothing, \bigcap_{k=1}^{\infty} P_k \subset E,$$

而
$$\bigcap_{k=1}^{\infty} P_k \not\subset \bigcup_{k=1}^{\infty} F_k,$$
这与 $\{F_k\}$ 盖住 E 矛盾.

系 不空闭集 E 被一组 $\{E_k\}$ 所覆盖,则至少一个 E_k 在 E 的一个部分中稠密.

定理 3.3.10 若 $f(x)$ 为 $[a,b]$ 上第 1 类 Baire 函数,则 $[a,b]$ 中任一闭集 $P,f(x)$ 在 P 上的限制必有连续点.

证明 若闭集 P 有孤立点,则 $f|_P$ 在该点自然是连续的. 现只要对 P 无孤立点情形,即 P 为完备集给予证明.

由 $f \in B_1$,在 $[a,b]$ 上必有连续函数 $f_n(x)$,
$$\lim_{n \to \infty} f_n(x) = f(x),$$
对任意固定 $\varepsilon > 0$ 及每一 $x \in [a,b]$,总有自然数 n 及任自然数 m,有
$$|f_n(x) - f_{n+m}(x)| \leqslant \varepsilon.$$
令
$$A_{mn}(\varepsilon) = \{x \mid |f_n(x) - f_{n+m}(x)| \leqslant \varepsilon\}, B_n(\varepsilon) = \bigcap_{m \geqslant 1} A_{mn}(\varepsilon).$$
这样 $x \in A_{mn}(\varepsilon)$,因此 $x \in B_n(\varepsilon)$,得 $[a,b] = \bigcup_{n \geqslant 1} B_n(\varepsilon)$,由 f_n 的连续性,知 $A_{mn}(\varepsilon), B_n(\varepsilon)$ 均为闭集,并且对任一完备集 P,
$$[a,b] \bigcap P = \bigcup_{n \geqslant 1} B_n(\varepsilon) \bigcap P,$$
由上述定理 3.3.9,有 n 及区间 d,使 $d \bigcap P \subset B_n(\varepsilon) \bigcap P$,从而,在 $d \bigcap P$ 上对所有 $m \geqslant 1$,有
$$|f_n(x) - f_{n+m}(x)| \leqslant \varepsilon,$$
得
$$|f_n(x) - f(x)| \leqslant \varepsilon.$$
由 $f_n(x)$ 在 $[a,b]$ 连续性,不妨取 d 很小,使 $x_1, x_2 \in d \bigcap P$,
$$|f_n(x_1) - f_n(x_2)| < \varepsilon.$$
从而
$$|f(x_1) - f(x_2)| \leqslant 3\varepsilon,$$
故 f 在 $d \bigcap P$ 上的振幅 $\omega(f; d \bigcap P) \leqslant 3\varepsilon.$

依此方法, 可得 d_1, 使 $\omega(f;d_1 \bigcap P) < 1$, 再在 d_1 中有 $d_2 \subset d_1$, 使 $\omega(f;d_2 \bigcap P) < \frac{1}{2}, \cdots$, 得

$$d_{k+1} \subset d_k, \omega(f;d_{k+1} \bigcap P) < \frac{1}{k+1}, \cdots.$$

设 $\bigcap_{k=1}^{\infty} d_k = \{\xi\}$, 则 $\xi \in P$, 且 $f|_P$ 在 ξ 点连续.

事实上, $\omega(f|_P;\xi) = \lim_{k \to \infty} \omega(f;d_k \bigcap P) = 0$.

为证其逆, 引进下列定理.

定理 3. 3. 11(Romanovski 引理)　若 Θ 为 $[a,b]$ 中具有下列性质的开子区间 (α,β) 所构成的族:

(1) $(\alpha,\beta), (\beta,\gamma)$ 属于 Θ, 则 (α,γ) 也属于 Θ;

(2) (α,β) 属于 Θ, 则 (α,β) 中任何开子区间也属于 Θ;

(3) 对任何 $[\alpha,\beta] \subset (c,d)$, (α,β) 属于 Θ, 则 (c,d) 属于 Θ;

(4) 若 $[a,b]$ 中完备集 E 的接邻区间都属于 Θ, 则必有区间 I 属于 Θ, 且 $I \bigcap E \neq \varnothing$.

则区间 (a,b) 属于 Θ.

证明　对 $[a,b]$ 应用 (4), 可知 Θ 不空. 令 $G = \bigcup_{I \in \Theta} I = \bigcup_{k=1}^{\infty} (c_k, d_k)$, 其中 (c_k,d_k) 为两两不交的开区间.

首先证明每一个 (c_k,d_k) 是属于 Θ. 固定 k, 任何 $[\alpha,\beta] \subset (c_k,d_k)$, 每一 $x \in [\alpha,\beta]$, 总有开区间 I_x 属于 Θ 且 $x \in I_x, \{I_x\}$ 构成了 $[\alpha,\beta]$ 的覆盖, 由有限覆盖定理知, 必有有限子覆盖 $\{I_{x_i}; i = 1,2,\cdots,n\}$ 同样覆盖 $[\alpha,\beta]$, 由性质 (2) 及 (1) 可得 (α,β) 是属于 Θ 的. 从而由性质 (3) 知 (c_k,d_k) 是属于 Θ 的.

再由性质 (1) 知 Θ 的接邻区间无公共端点, 令 $H = (a,b) \backslash G$, H 无孤立点, 即 H 的每一点为 H 的聚点, H 虽未必为闭集, 但 H' 为完备集, 由 (4) 知存在 (α,β) 属于 Θ, $(\alpha,\beta) \bigcap H' \neq \varnothing$, 故有 $x \in (\alpha,\beta) \bigcap H'$ 且有 $z \in (\alpha,\beta) \bigcap H$, 这样 $z \in G$ 与 $z \notin G$ 矛盾, 得 H' 为空, $H' \supset (a,b) \backslash G$, 即 $(a,b) = G \in \Theta$.　　证毕.

定理 3. 3. 12　若 $[a,b]$ 上任一闭集 P, $f|_P$ 在 P 上有连续点.

则对于任何实数 $r < s$,存在不相交的 F_σ 集 A_r 与 A_s,使得 $[a,b] = A_r \bigcup A_s$,且

$$A_r \subset \{x \in [a,b] \mid f(x) > r\},$$
$$A_s \subset \{x \in [a,b] \mid f(x) < s\}.$$

证明　对上述的 $r < s$,令

$$\Theta = \{(\alpha,\beta) \subset (a,b) \mid \text{本定理结论在} [\alpha,\beta] \text{上成立}\}.$$

可证 Θ 满足定理 3.3.11 的条件. 事实上,

(1) 若 $(\alpha,\beta),(\beta,\gamma)$ 属于 Θ,不妨设 $f(\beta) > r$,则

$$(\alpha,\beta) = A_r \bigcup A_s, (\beta,\gamma) = B_r \bigcup B_s,$$

可得

$$(\alpha,\gamma) = (A_r \bigcup B_r \bigcup \beta) \bigcup (A_s \bigcup B_s),$$

其中 $A_r, B_r, \beta, A_s, B_s$ 均为 F_σ 集,故 $(A_r \bigcup B_r \bigcup \beta), (A_s \bigcup B_s)$ 均为 F_σ 集,可知 (α,γ) 属于 Θ;

(2) 若 (α,β) 属于 $\Theta,(u,v) \subset (\alpha,\beta)$,则

$$(u,v) = \{A_r \bigcap (u,v)\} \bigcup \{A_s \bigcap (u,v)\}.$$

得 (u,v) 属于 Θ;

(3) 对任何 $[\alpha,\beta] \subset (c,d),(\alpha,\beta)$ 属于 Θ.

不妨取 $c_1 = d_1$,而取 $c_n \downarrow c, d_n \uparrow d$,这样 (c_{n+1},c_n) 与 (d_n,d_{n+1}) 都属于 Θ,设

$$(d_n,d_{n+1}) = D_r^n \bigcup D_s^n,$$
$$(c_{n+1},c_n) = C_r^n \bigcup C_s^n,$$

其中 $D_r^n, D_s^n, C_r^n, C_s^n$ 为两两不相交的 F_σ 集,由于 $f(c_n)$ 与 $f(d_{n+1})$ 为可列集,任何子集都是 F_σ 集,,不妨设 $f(c_n) > r, f(d_{n+1}) < s$,则可写为

$$(c,d) = \left(\bigcup_{n=1}^{\infty} (C_r^n \bigcup D_r^n \bigcup \{f(c_n)\}) \right)$$
$$\bigcup \left(\bigcup_{n=1}^{\infty} (C_s^n \bigcup D_s^n \bigcup \{f(d_{n+1})\}) \right),$$

得 (c,d) 属于 Θ.

(4) 若 $[a,b]$ 中完备集 P 的接邻区间都属于 Θ,则由定理条件

知 $f(x)$ 限制于 P 有连续点，即 $f|_P$ 在 P 上有连续点 x_0，不妨设 $f(x_0) > r$，因此总有 $\delta > 0$，当 $x \in (x_0 - \delta, x_0 + \delta) \bigcap P$ 时，有 $f(x) > r$，设 P 在 $(x_0 - \delta, x_0 + \delta)$ 的接邻区间为 $\{I_n\}$，$I_n \in \Theta$，对上述实数 $r < s$，$I_n = A_r^n \bigcup B_s^n$，其中 A_r^n，B_s^n 为 F_σ 集，这样

$$(x_0 - \delta, x_0 + \delta) = (x_0 - \delta, x_0 + \delta) \bigcap ((\bigcup_{n=1}^{\infty} I_n) \bigcup P)$$

$$= (x_0 - \delta, x_0 + \delta) \bigcap (\bigcup_{n=1}^{\infty} (A_r^n \bigcup P \bigcup B_s^n))$$

$$= (x_0 - \delta, x_0 + \delta) \bigcap (\bigcup_{n=1}^{\infty} A_r^n \bigcup P)$$

$$\bigcup (x_0 - \delta, x_0 + \delta) \bigcap (\bigcup_{n=1}^{\infty} B_s^n).$$

得 $(x_0 - \delta, x_0 + \delta) \in \Theta$. 由定理 3.3.11 知 $(a,b) \in \Theta$. 即本定理在 $[a,b]$ 上成立.

定理 3.3.13 若 $[a,b]$ 上任一闭集 P，$f|_P$ 在 P 上有连续点，则对任何 r，$\{x \in [a,b] | f(x) > r\}$ 为 F_σ 集.

证明 由于 $[a,b]$ 上任一闭集 P，$f|_P$ 在 P 上有连续点，由上定理知，对 $s_n > r_n = r, s_n \rightarrow r$，有相应的不交的 F_σ 集 A_{r_n}，B_{s_n}，

$$[a,b] = A_{r_n} \bigcup B_{s_n},$$

$$A_{r_n} \subset \{x \in [a,b] | f(x) > r_n = r\},$$

$$B_{s_n} \subset \{x \in [a,b] | f(x) < s_n\}.$$

从而当 $x \in [a,b]$，$f(x) > r$，由 $s_n \rightarrow r$，总有 n，

$$f(x) > s_n > r_n = r,$$

则 $x \in B_{s_n}$，从而 $x \in A_{r_n}$，得

$$\{x \in [a,b] | f(x) > r\} = \bigcup_{n=1}^{\infty} A_{r_n}$$

为 F_σ 集.

由此可得下列定理：

定理 3.3.14 若 $[a,b]$ 上任一闭集 P，$f|_P$ 在 P 上有连续点，则 $f \in B_0 \bigcup B_1$.

注意 本定理的证明通常需要用到 Cantor-Baire 定态原理可参考[4]. 这里的证明避免了超穷数,简化了证明.

应用这一结果可以去判定许多属于或不属于 B_1 函数.

(1) 函数 $f(x)$ 在 $[a,b]$ 上仅有可列个不连续点,则 $f \in B_1$.

由于 $[a,b]$ 上任何完备集 P 不是可列集,故 f 在 P 上至少有一个连续点. 从而 $f \in B_1$.

由此可知 Riemann 函数

$$R(x) = \begin{cases} 0, & x \in [0,1] \text{ 中无理数}, \\ \dfrac{1}{p}, & x \in [0,1], \text{且 } x = \dfrac{q}{p} \text{ 为既约分数} \end{cases}$$

是属于 B_1 的.

同理,单调函数和圈变函数是类数不超过 1 的 Baire 函数.

(2) Dirichlet 函数 $D(x)$ 不是 B_1 类函数. 因为 $[0,1]$ 上无一点连续. 但它属于 B_2,因为 $D(x)$ 可表为

$$D(x) = \lim_{m \to \infty} (\lim_{n \to \infty} [\cos(m!\pi x)]^n).$$

(3) 若函数 $f(x)$ 为引理 3.1.2(4) 中的 f),因 $f|_P$ 无连续点,故 $\in B_1$,但令

$$f_n(x) = \begin{cases} \dfrac{2(x - a_n)}{b_n - a_n}, & x \in [a_n, b_n], \\ 0, & x \text{ 为其他}. \end{cases}$$

由 $f_n \in B_1$ 且

$$\lim_{n \to \infty} (f_1(x) + \cdots + f_n(x)) = f(x),$$

知 $f_2 \in B_2$.

下面介绍 B_1 的另一特征,参见文[117].

定义 3.3.15 $[a,b]$ 中一切子区间 I,都确定实数 $\varphi(I)$,则称 φ 为区间函数.

若存在常数 A,对任给 $\varepsilon > 0$,有 $\delta(x) > 0$,$x \in I = [y,z]$,且 $|x - y| < \delta(x)$,$|x - z| < \delta(x)$ 时,有 $|\varphi(I) - A| < \varepsilon$,则称区间函数 $\varphi(I)$ 在 x 点的极限为 A,记为 $\lim_{I \to x} \varphi(I) = A$.

定理3.3.16 若 $f(x)$ 是在 $[a,b]$ 上第1类 Baire 函数, 则存在区间函数 $\varphi(I)$, 使得任 $x \in I$, 有
$$\lim_{I \to x} \varphi(I) = f(x).$$

证明 由 $f \in B_1$, 知存在得 $f_n \in B_0$, 使
$$\lim_{n \to \infty} f_n(x) = f(x).$$

令 $f_0 = 0$ 且选数列 $\{K_n\}$, 使得 $K_0 = b - a, 0 < K_n \downarrow 0$, 且当 $x, y \in [a,b], |x - y| < K_n$ 时, 有
$$|f_n(x) - f_n(y)| < \frac{1}{n}.$$

现在构造区间函数 $\varphi(I)$, 对任何 $I = [\alpha, \beta] \subset [a,b]$, 先确定某一固定 n, 使 $K_{n+1} < \beta - \alpha \leqslant K_n$ 时, 令
$$\varphi(I) = \varphi([\alpha, \beta]) = f_n(\alpha),$$
可证 $\varphi(I)$ 即为所求, 即 $\lim_{I \to x} \varphi(I) = f(x)$.

事实上, 当 $x \in [a,b]$, 任给 $\varepsilon > 0$, 取自然数 m, 使得 $n \geqslant m$ 时, $\frac{1}{n} < \frac{\varepsilon}{2}$, 且 $|f_n(x) - f(x)| < \frac{\varepsilon}{2}$.

若 $x \in I = [\alpha, \beta], \beta - \alpha \leqslant K_m$ 总有 $n \geqslant m$, 使 $K_{n+1} < \beta - \alpha \leqslant K_n$, 从而 $\varphi(I) = f_n(\alpha)$, 且
$$|\varphi(I) - f(x)|$$
$$\leqslant |f_n(\alpha) - f(x)|$$
$$\leqslant |f_n(\alpha) - f_n(x)| + |f_n(x) - f(x)| < \varepsilon,$$
即
$$\lim_{I \to x} \varphi(I) = f(x).$$

定理3.3.17 若 $f(x)$ 在 $[a,b]$ 上是某一个区间函数 $\varphi(I)$ 的极限, 则 $f \in B_1 \bigcup B_0$.

证明 若 $f(x) = \lim_{I \to x} \varphi(I)$, 而 $f \notin B_1 \bigcup B_0$, 由定理3.3.14 必有完备集 Q 使 f 在 Q 上每一点 x 的振幅 $\omega(f|_Q, x) > 0$, 令 $Q_n = \left\{ x \mid \omega(f|_Q, x) \geqslant \frac{1}{n} \right\}$, 知 $Q = \bigcup_{n=1}^{\infty} Q_n$. 因 Q_n 是闭集, 由定理3.3.9 知

有 $[\alpha,\beta]$ 及 n，使 $(\alpha,\beta)\bigcap Q\subset Q_n$，不妨就取 Q 为 $[\alpha,\beta]\bigcap Q$，并取 $\delta=\dfrac{1}{n}>0$，使 f 限制在 Q 的每点 x 的振幅 $\omega(f|_Q,x)\geqslant\delta$.

另一方面，若 $x\in Q$，必有正数 $\gamma(x)$，使得 $y\neq x$，$|y-x|<\gamma(x)$，有

$$|\varphi([x,y])-f(x)|<\frac{\delta}{6},$$

将 Q 表为 Q_{mn} 之并，$(m=0,\pm 1,\pm 2,\cdots,n=2,\cdots)$，其中

$$Q_{mn}=\left\{x\,\middle|\,x\in Q\bigcap\left[\frac{m}{n},\frac{m+1}{n}\right],\frac{1}{n}<\gamma(x)\leqslant\frac{1}{n-1}\right\}.$$

由定理 3.3.9 系，必有区间 (c,d) 及 Q_{mn}，使 Q_{mn} 在 $Q\bigcap(c,d)$ 中稠密，任取 $z_1,z_2\in Q\bigcap(c,d)$ 必有 $x,y\in Q_{mn}$，

$$|z_1-x|<\min\{\gamma(z_1),\gamma(x)\},$$
$$|x-y|<\min\{\gamma(x),\gamma(y)\},$$
$$|z_2-y|<\min\{\gamma(z_2),\gamma(y)\},$$

得

$$|\varphi([z_1,x])-f(z_1)|<\frac{\delta}{6},$$

$$|\varphi([z_1,x])-f(x)|<\frac{\delta}{6},$$

$$|\varphi([x,y])-f(x)|<\frac{\delta}{6},$$

$$|\varphi([x,y])-f(y)|<\frac{\delta}{6},$$

$$|\varphi([y,z_2])-f(y)|<\frac{\delta}{6},$$

$$|\varphi([y,z_2])-f(z_2)|<\frac{\delta}{6}.$$

从而

$$|f(z_1)-f(z_2)|<\delta.$$

由于 z_1,z_2 在 $Q\bigcap(c,d)$ 中任意性，这与 $f|_Q$ 在 Q 上每一点的振幅都 $\geqslant\delta$ 矛盾.

注意若 $I=[a,b]\subset[0,1]$，则区间函数 $\varphi(I)$ 就确定了二元函

数 $F(a,b), 0 < a < b < 1$. 反之亦真. 可以总结为下列定理：

定理 3.3.18 下列结论是等价的

(1)$f(x)$ 是$[0,1]$ 上第 0 或 1 类 Baire 函数, 即 $f \in B_0 \bigcup B_1$.

(2) 任何 $A, \{x \mid f(x) > A\}$ 与 $\{x \mid f(x) < A\}$ 都是 F_σ 集.

(3)$[0,1]$ 上任一闭集 $P, f|_P$ 在 P 上有连续点.

(4) 存在二元函数 $F(x,y), 0 \leqslant x, y \leqslant 1$, 固定 y 对变量 x 在 y 点连续, 固定 x 对变量 y 在 x 点连续, 且有 $F(x,x) = f(x)$.

(5) 存在二元函数 $F(x,y), 0 \leqslant x, y \leqslant 1$, 分别对 x, y 连续 (即固定 $x, F(x,y)$ 对变量 y 连续, 固定 $y, F(x,y)$ 对变量 x 连续), 使得 $F(x,x) = f(x), 0 \leqslant x \leqslant 1$.

(6) 设 $I = [x,y] \subset [0,1]$, 存在区间函数 $\varphi(I)$, 使

$$\lim_{I \to z} \varphi(I) = f(z),$$

即对任意 $\varepsilon > 0$, 有 $\delta > 0$, 当 $z \in I = [x,y] \subset [0,1]$, $0 < y - x < \delta$ 时, 有 $|\varphi(I) - f(x)| < \varepsilon$.

(7) 存在二元函数 $F(x,y), 0 \leqslant x < y \leqslant 1$, 在每一点 (z,z) 上沿二象限是连续的 (即 $x < z < y, x, y \to z$ 时, 有 $F(x,y) \to F(z, z) = f(z), 0 \leqslant z \leqslant 1$).

如 上 已 知 (1)$\Leftrightarrow$(2)$\Leftrightarrow$(3), (1)$\Leftrightarrow$(6). 现 在 只 要 证 明 (1)$\Rightarrow$(5)$\Rightarrow$(4)$\Rightarrow$(1),(6)$\Rightarrow$(7)$\Rightarrow$(6),

证明 (1)$\Rightarrow$(5) 若 $f \in B_1 \bigcup B_0$, 必有 $f_1 = 1, f_n \in B_0$, $f_n(x) \to f(x), x \in [0,1]$, 从而存在严格下降叙列 $K_1 = 1, K_n \to 0$, 使得任何 $I = [x,y] \subset [0,1], |y - x| \leqslant K_n$,

$$|f_n(x) - f_n(y)| \leqslant \frac{1}{n},$$

构造二元对称函数

$$F(x,y) = \begin{cases} pf_n(x) + (1-p)f_{n+1}(x), \\ \quad 若 \ y = x + pK_n + (1-p)K_{n+1}, 0 < p \leqslant 1, \\ f(x), \quad 当 \ x = y, \\ F(y,x), \quad 当 \ y < x. \end{cases}$$

下面证明 $F(x,y)$ 是分别对 x 和 y 连续,且 $F(x,x)=f(x)$.

当 $0 \leqslant x < y \leqslant 1, K_{n+1} < y - x < K_n$ 时,即

$$y = x + pK_n + (1-p)K_{n+1}, 0 < p < 1,$$

若对于 z 有

$$K_{n+1} < y - z < K_n,$$

则令

$$y = z + p'K_n + (1-p')K_{n+1}, 0 < p' < 1,$$

当 $z \to x$ 时,$p' \to p$,并且

$$F(x,y) - F(z,y)$$
$$= pf_n(x) + (1-p)f_{n+1}(x)$$
$$\quad - (p'f_n(z) + (1-p')f_{n+1}(z)) \to 0.$$

当 $y = x + K_n$,即 $p = 1$ 时,若有 $K_{n+1} < y - z < K_n$,情形如上.

而若有 $K_n < y - z < K_{n-1}$,

$$y = z + p''K_{n-1} + (1-p'')K_n,$$

其中 $0 < p'' < 1$,当 $z \to x$ 时,$p'' \to 0$,

$$F(x,y) - F(z,y)$$
$$= f_n(x) - (p''f_{n-1}(z) + (1-p'')f_n(z)) \to 0.$$

当 $x = y, x < z, z \to x, n \to \infty$ 时,

$$|F(x,z) - F(x,x)| = |f_n(x) - f(x)| \to 0.$$

这样得到固定 y 对 x 连续,同理可得其他情形.

证明 (5)⇒(4) 由于二元函数 $F(x,y), 0 \leqslant x, y \leqslant 1$,分别对 x, y 连续,自然对 x 在 y 连续,对 y 在 x 连续.

证明 (4)⇒(1) 若存在上述二元函数

$$F(x,y), 0 \leqslant x, y \leqslant 1,$$

对 x 在 y 连续和对 y 在 x 连续,且 $F(x,x) = f(x)$.

反设 $f \notin B_1 \bigcup B_0$,由定理 3.3.14 必有完备集 Q 使 f 在 Q 上每一点 x 不连续,即振幅 $\omega(f|_Q, x) > 0$,令 $Q_n =$

$\left\{x \mid \omega(f|_Q, x) \geqslant \dfrac{1}{n}\right\}$，知 $Q = \bigcup\limits_{n=1}^{\infty} Q_n$. 其中 Q_n 是闭集，由定理 3.3.9 知，必有 $[\alpha, \beta]$ 及 n，使 $(\alpha, \beta) \cap Q \subset Q_n$，不妨就取 Q 为 $[\alpha, \beta] \cap Q$，并取 $\delta = \dfrac{1}{n} > 0$，使 f 限制在 Q 的每点 x 的振幅 $\omega(f|_Q, x) \geqslant \delta$.

另一方面，由 $F(x, y)$ 的性质，对 $x \in Q$，必有正数 $\gamma(x)$，使得任 $y \neq x, |y - x| < \gamma(x)$，有

$$|F(x, y) - f(x)| < \frac{\delta}{6},$$

$$|F(y, x) - f(x)| < \frac{\delta}{6},$$

Q 表为 Q_{mn} 之并 $(m = 0, \pm 1, \pm 2, \cdots, ; n = 2, 3, \cdots)$，有

$$Q_{mn} = \left\{x \,\middle|\, x \in Q \cap \left[\frac{m}{n}, \frac{m+1}{n}\right], \frac{1}{n} < \gamma(x) \leqslant \frac{1}{n-1}\right\}.$$

由定理 3.3.9 的系，知必有一个区间 (c, d) 及 Q_{mn}，使 Q_{mn} 在 $Q \cap (c, d)$ 中稠密，任取 $z_1, z_2 \in Q \cap (c, d)$ 必有 $x, y \in Q_{mn}$，

$$|z_1 - x| < \min\{\gamma(z_1), \gamma(x)\},$$

$$|x - y| < \min\{\gamma(x), \gamma(y)\},$$

$$|z_2 - y| < \min\{\gamma(z_2), \gamma(y)\},$$

得

$$|F(z_1, x) - f(z_1)| < \frac{\delta}{6},$$

$$|F(z_1, x) - f(x)| < \frac{\delta}{6},$$

$$|F(x, y) - f(x)| < \frac{\delta}{6},$$

$$|F(x, y) - f(y)| < \frac{\delta}{6},$$

$$|F(y, z_2) - f(y)| < \frac{\delta}{6},$$

$$|F(y, z_2) - f(z_2)| < \frac{\delta}{6}.$$

从而
$$|f(z_1) - f(z_2)| < \delta.$$
由于 z_1, z_2, 在 $Q \bigcap (c, d)$ 中任意性, 这与 $f|_Q$ 在 Q 上每一点的振幅都 $\geqslant \delta$ 矛盾. 故 $f \notin B_1 \bigcup B_0$ 不真.

最后证明 $(7) \Leftrightarrow (6)$. 由于 $I = [x, y] \subset [0, 1], \varphi(I)$ 为区间函数等价于二元函数 $F(x, y), 0 \leqslant x < y \leqslant 1$, 而 $\lim\limits_{I \to z} \varphi(I) = f(z)$, 即对任意 $\varepsilon > 0$, 有 $\delta > 0$, 当 $z \in I = [x, y] \subset [0, 1], y - x < \delta$ 时, 有 $|\varphi(I) - f(z)| < \varepsilon$. 这是与二元函数 $F(x, y), 0 \leqslant x < y \leqslant 1$, 在每一点 (z, z) 上沿第二象限是连续的 (即 $x < z, z < y$), $x, y \to z$ 时, 有 $F(x, y) \to F(z, z) = f(z), 0 \leqslant z \leqslant 1$.

第四章　Darboux 函数

数学分析教程中已经提到闭区间$[a,b]$上连续函数具有介值性,表面上看来介值性是反映了连续不间断的形象,因此未经细想似乎觉得 函数连续性与介值性已经相距不远了,其实这是一种误会,本章将讨论具有介值性的函数.

§4.1　Darboux 函数概念及其例子

定义 4.1.1　所谓函数 f 在$[a,b]$上具有介值性,是指任意 $x_1,x_2 \in [a,b]$,y 是介于 $f(x_1)$ 与 $f(x_2)$ 之间的任意一个数,则总有 x_3 介于 x_1 与 x_2 之间,使 $y = f(x_3)$. 这时我们称 f 在$[a,b]$上是 Darboux 函数,简称 D 函数,记为 $f \in D$.

为了讨论得更深入,再引进两个概念.

所谓函数 f 具有无穷介值性,记为 $f \in D^*$ 是指上述定义中,有无穷多个 x_3,介于 x_1 与 x_2 之间,使 $y = f(x_3)$.

所谓函数 f 具有 c 介值性,记为 $f \in D^{**}$ 是指上述定义中,有 c 个 x_3,介于 x_1 与 x_2 之间,使 $y = f(x_3)$,其中 c 为连续统之势.

因为连续函数具有介值性,故有关系 $B_0 \subset D$,具有 c 介值性必有无穷介值性更有介值性,因此 $D^{**} \subset D^* \subset D$.

例 4.1.2　连续函数有介值性,但有介值性函数未必连续. 如函数

$$h(x) = \begin{cases} \sin \dfrac{1}{x}, & x \neq 0 \\ 0 & x = 0 \end{cases}$$

具有介值性,但在 0 点不连续,$(0,1]$ 中没有无穷介值性,更无 c 介

值性.

设 P 为 $[0,1]$ 中 Cantor 集, $\{(a_n, b_n)\}$ 为 P 的接邻区间全体, f 与 g 为引理 3.1.2 中(4), 即

$$f(x) = \begin{cases} \dfrac{2(x - a_n)}{b_n - a_n}, & x \in [a_n, b_n], \\ 0, & x \text{ 为其他.} \end{cases}$$

$$g(x) = \begin{cases} \dfrac{2(x - a_n)}{b_n - a_n}, & x \in [a_n, b_n), \\ 0, & x \text{ 为其他,} \end{cases}$$

则 $f \in D$, 但 $g \notin D$. 而 f, g 在 P 上都是不连续的.

例 4.1.3 处处不连续而有 c 介值性的函数.

若 $x \in [0,1]$, x 的二进小数表示为

$$x = 0. a_1 a_2 \cdots a_n \cdots,$$

其中规定 $x \neq 1$ 时, 不以 1 为循环, 则

$$W(x) = \limsup_{n \to \infty} \frac{a_1 + a_2 + \cdots + a_n}{n}$$

具有下列性质:

(1) W 的值域为 $[0,1]$, 即 $W(x)$ 取 $[0,1]$ 中每一个实值.

(2) W 在任一区间 $[\alpha, \beta] \subset [0,1]$ 上取 $[0,1]$ 中每一个值, 自然 $W \in D^* \subset D$.

(3) W 在任一区间 $[\alpha, \beta] \subset [0,1]$ 上取 $[0,1]$ 中每一个值 c 次. 即当 $0 \leqslant \xi \leqslant 1$ 时, $\{x \mid w(x) = \xi\}$ 在 $[0,1]$ 中为 c- 稠密集.

先证性质(1), 事实上容易计算

$$W(0) = 0, W(1) = W(0.\dot{1}) = 1.$$

再则当 $\xi \in (0,1)$ 时, 构造 $x_0 = 0. a_1 a_2 \cdots a_n \cdots$, 使 $W(x_0) = \xi$.

为叙述方便, 不妨设 ξ 表为十进小数 $0. b_1 b_2 \cdots b_n \cdots$(不以 9 为循环), 考虑 x_0 的前十位数码 $a_1, a_2, \cdots, a_{10}$, 令其前 $10 - b_1$ 项取为 0, 后 b_1 项取为 1, 可知

$$\frac{a_1 + a_2 + \cdots + a_{10}}{10} = 0. b_1.$$

其次, 在 $a_{11}, a_{12}, \cdots, a_{100}$ 各码中, 令其后 $b_1 b_2 - b_1 = b_1 \times 10 + b_2 - b_1$ 项目为 1 其余均为 0. 可知

$$\frac{a_1 + a_2 + \cdots + a_{10} + a_{11} + \cdots + a_{100}}{100} = 0. b_1 b_2.$$

依此方法, 对 $a_{10^m+1}, a_{10^m+2}, \cdots, a_{10^{m+1}}$ 各项中, 令其后面的 $b_1 b_2 \cdots b_{m+1} - b_1 b_2 \cdots b_m$ 项为 1, 其余均为 0, 得

$$\frac{a_1 + a_2 + \cdots + a_{10^{n+1}}}{10^{n+1}} = 0. b_1 b_2 \cdots b_{n+1}.$$

如此继续, 就可对 $x_0 = 0. a_1 a_2 \cdots a_n \cdots$, 构造出

$$W(x_0) = \limsup_{n \to \infty} \frac{a_1 + a_2 + \cdots + a_n}{n}$$

$$= \lim_{n \to \infty} \frac{a_1 + a_2 + \cdots + a_{10^n}}{10^n}$$

$$= \lim_{n \to \infty} 0. b_1 b_2 \cdots b_n = 0. b_1 b_2 \cdots b_n \cdots = \xi.$$

其次证性质 (2), 由于

$$W(x_0) = \limsup_{n \to \infty} \frac{a_1 + a_2 + \cdots + a_n}{n}$$

是随 $x_0 = 0. a_1 a_2 \cdots a_n \cdots$ 的确定而确定, 并且与前面固定有限项 a_1, $a_2, \cdots, a_N$ 的改变 (取 0 或 1) 而不变, 即

$$W(x) = \limsup_{n \to \infty} \frac{a_1 + a_2 + \cdots + a_n}{n}$$

$$= \limsup_{n \to \infty} \frac{a_1{}' + a_2{}' + \cdots + a_N{}' + a_{N+1} + \cdots + a_n}{n}.$$

可知在任何区间 $\left[0. a_1 \cdots a_N, 0. a_1 \cdots a_N + \frac{1}{2^N} \right]$ 上, $W(x)$ 都取 $[0, 1]$ 中每一个实值, 即 W 为在 $[0, 1]$ 上的 D 函数.

最后证性质 (3), 若 $x = 0. a_1 a_2 \cdots a_n \cdots$ 时, $W(x) = \xi$. 将 x 的二进小数中第 10 项, 10^2 项 $\cdots$, 10^m 项, $\cdots$, 任意置 0 或 1 所得 x', 则 $W(x') = W(x) = \xi$. 这是因为

$$|W(x') - W(x)| \leqslant \lim_{m \to \infty} \frac{m}{10^m} = 0.$$

由于 x 通过上述方法得出的 x' 的个数为 c，可知 W 在 $[0,1]$ 中任何子区间 $[\alpha,\beta]$ 上取 $[0,1]$ 中每一个值 ξ 有 c 次，自然 $W \in D^{**}$. 即 $\{x \mid W(x) = \xi \in [0,1]\}$ 在 $[0,1]$ 中为 c-稠密.

由于凡有性质（3）的函数，任意改变有限或可列个函数值所得的函数仍满足性质（3），如下例将 $W(x)$ 改变的一个值得出同样有性质（3）的函数.

例 4.1.4 具有 c 介值性而函数图象不连通的例子

设在 $[0,1]$ 上函数

$$g(x) = \begin{cases} W(x), & \text{若 } x \neq W(x), \\ 0, & \text{若 } x = W(x). \end{cases}$$

对每一 $\xi \in [0,1]$，水平集 $\{x \mid g(x) = \xi\}$ 与 $\{x \mid W(x) = \xi\}$ 顶多相差一点 ξ，因此 $g(x)$ 与 $W(x)$ 一样具有的上述三个性质，但有趣的是 $y = g(x)$ 的图象与函数 $y = x$ 的图象只相交于原点 $(0,0)$. 如果只考虑在 $(0,1)$ 上，这两个图象就没有交点. 这样 $y = g(x)$ 的图象能被两个开集

$$\theta_1 = \{(x,y) \mid 0 < x < 1, y > x\},$$
$$\theta_2 = \{(x,y) \mid 0 < x < 1, y < x\}$$

所分离.

一个 D^{**} 类函数 $g(x)$ 的图象出现不连通的情形，乍然看来是难以理解的. 这说明 D 函数与连续函数极大的差异.

例 4.1.5 具有介值性函数对加法运算不封闭的例子.

设 $h(x) = g(x) - x, x \in (0,1)$. 其中 g 是上述的 D 函数，而 x 是连续函数，都有介值性，但其差 h 却没有介值性，因为 $g(x)$ 在点 0 附近有无穷多个点取值 1，而在点 1 附近有无穷多个点取值 0，这样 $h(x) = g(x) - x$ 在点 0 和点 1 附近中分别有无穷多个点取正值或负值，但却没有 $x \in (0,1)$，使 $h(x) = g(x) - x = 0$. 这个例子表明 D 函数对于通常的加法运算不封闭. 又一次看到 D 函数与连续函数不相同的性质.

注 4.1.6 以上例子只要进行适当的变换，就可以将定义域

或取值范围改换为任意区间甚至是整个实直线 R 上. 如

$$k(x) = \begin{cases} W(x), & x \in \{x | W(x) = 0 \text{ 或 } W(x) = 1\}, \\ \text{tg}\left(W(x) - \dfrac{1}{2}\right)\pi, & [0,1] \text{ 中其他 } x \end{cases}$$

为定义于 $[0,1]$ 而取值于 $(-\infty,\infty)$ 的 D^{**} 函数. 而 $k\left(\dfrac{x-a}{b-a}\right)$ 为定义于 $[a,b]$ 取值于 $(-\infty,\infty)$ 的 D^{**} 函数, 即对任何实数 ξ, 水平集 $E_\xi = \left\{x \left| k\left(\dfrac{x-a}{b-a}\right) = \xi\right.\right\}$ 在 $[a,b]$ 的任何子区间 $[\alpha,\beta]$ 中是 c- 稠密的.

由这些函数可以构造某些不寻常的集合和函数.

定理 4.1.7 区间 $[a,b]$ 总可以分解为两两不相交的有限个或可列个甚至 c 个在 $[a,b]$ 上 c- 稠密 E_a 之并(即任何子区间 $(\alpha,\beta) \subset [a,b]$ 中有 E_a 的 c 个点), 即 $[a,b] = E_1 \bigcup E_2 \bigcup \cdots \bigcup E_n$ 或 $[a,b] = \bigcup\limits_{n=1}^{\infty} E_n$ 或 $[a,b] = \bigcup\limits_{\xi \in (-\infty,\infty)} E_\xi$, 其中 $E_1, \cdots, E_n, \cdots$ 和 E_ξ 均为在 $[a,b]$ 中 c- 稠密集.

证明 若 $k(x)$ 如注 4.1.6 中所定义, 设 $l(x) = k\left(\dfrac{x-a}{b-a}\right)$, 下列分解就满足要求

$$\begin{aligned} [a,b] &= \{x | l(x) \geqslant 0\} \bigcup \{x | l(x) < 0\} \\ &= \bigcup\limits_{n=-\infty}^{\infty} \{x | n-1 < l(x) \leqslant n\} \\ &= \bigcup\limits_{\xi \in (-\infty,\infty)} \{x | l(x) = \xi\}. \end{aligned}$$

定理 4.1.8 若 $l(x)$ 为如上定义, $[a,b] = E_1 \bigcup E_2$, 其中 $E_1 = \{x | l(x) \geqslant 0\}$, $E_2 = \{x | l(x) < 0\}$, 则对每一 $i = 1,2$, 存在 E_i 上函数 φ_i, φ_i 在 E_i 的任何部分 $(\alpha,\beta) \bigcap E_i$ 上取任何实值 ξ_i 为 c 次.

证明 设 $\theta_1(x)$ 为映 $[0,\infty)$ 到 $(-\infty,\infty)$ 的一一对应, $\theta_2(x)$ 为映 $(-\infty,0)$ 到 $(-\infty,\infty)$ 的一一对应. 令

$$\varphi_1(x) = \theta_1(l(x)), x \in E_1,$$
$$\varphi_2(x) = \theta_2(l(x)), x \in E_2.$$

即符合定理的要求.

注 4.1.9 Darboux 函数对于加法与乘法是不封闭的,近年来有更深刻的一些结论. 如 1975 年 Bruckner 在[59] 和 1989 年 T. Natkaniec 和 W. Waldemar 得到下列事实.

(1) 设 A 为 R 中可列稠密集, $f \in D$ 且在任何区间不取常数. 则存在函数 $g \in D^*$, 使得在每一个区间 I 上, $(f + g)(I) = A$.

(2) 设 A 为 R 中可列稠密集, $0 \in A$, 则每一个 $f \in D$, 必有 $g \in D$, 使得每一个区间 I, 当 f 在 I 不为常数, 则 $g(I) = $ R 且 $(f \cdot g)(I) = A$, 当 f 在 I 上为常数, 则 g 在 I 上也为常数, 且 $(f \cdot g)(I) \in A$.

§4.2 Darboux 函数若干病态性质

具有介值性的 D 类函数与连续函数还有一些大相径庭的性质. 本节再进一步加深对此的认识.

定理 4.2.1 在[a,b]上任意有限值函数 f 总可表为两个 D^{**} 函数之和, 即存在两个 D^{**} 函数 g 与 h, 使 $f = g + h$.

证明 由定理 4.1.7 与 4.1.8, 存在互不相交集 E_i 及函数 φ_i $(i = 1,2)$, [a,b] $= E_1 \bigcup E_2$, E_i 在[a,b]中为 c-稠密的, 且对任 $(\alpha, \beta) \subset [a,b]$, φ_i 在 $E_i \bigcap (\alpha,\beta)$ 上取任何值 c 次. 令

$$g(x) = \begin{cases} \varphi_1(x), & x \in E_1, \\ f(x) - \varphi_2(x) & x \in E_2. \end{cases}$$

$$h(x) = \begin{cases} f(x) - \varphi_1(x), & x \in E_1, \\ \varphi_2(x), & x \in E_2, \end{cases}$$

故在[a,b]上有 $f = g + h$. 由于 φ_i 在 $E_i \bigcap (\alpha,\beta)$ 上取任何实值 c 次, 从而 g 与 h 在 $(\alpha,\beta) \subset [a,b]$ 上 c 次取任意值, 即 $g,h \in D^{**}$.

定理 4.2.2 若 f 是在[a,b]上任意有限值函数, 则存在一列 D^{**} 函数 $\{f_n\}$, 使

$$\lim_{n \to \infty} f_n(x) = f(x).$$

证明 取定理 4.1.7 中函数 $l(x)$，令

$$E_n^{(1)} = \{x \mid x \in [a,b], l(x) \leqslant n\},$$
$$E_n^{(2)} = \{x \mid x \in [a,b], l(x) > n\},$$

ψ_n 是映 (n, ∞) 到 $(-\infty, \infty)$ 的一一对应，

$$f_n(x) = \begin{cases} f(x), & x \in E_n^{(1)}, \\ (\psi_n \circ l)(x) = \psi_n(l(x)), & x \in E_n^{(2)}. \end{cases}$$

由于 $l(x)$ 在 $[a,b]$ 的任何子区间 (α, β) 中取任意值 c 次，故 $l(x)$ 在 $E_n^{(2)}$ 的任意部分 $E_n^{(2)} \bigcap (\alpha, \beta)$ 中取大于 n 的任意值 c 次. $\psi_n(l(x))$ 在 $E_n^{(2)} \bigcap (\alpha, \beta)$ 中取任意值 c 次，自然 $f_n(x)$ 在 $E_n^{(2)} \bigcap (\alpha, \beta)$ 中取任意值 c 次，而 $E_n^{(2)}$ 在 $[a,b]$ 中是 c 稠密的，故 $f_n(x)$ 在 $(\alpha, \beta) \subset [a,b]$ 上取任意值 c 次，即 $f_n \in D^{**}$ 且 $x \in [a,b]$，对 $l(x)$，有 N，$l(x) \leqslant N$，当 $n \geqslant N$ 时，$x \in E_n^{(1)}$，即 $f_n(x) = f(x)$. 得

$$\lim_{n \to \infty} f_n(x) = f(x).$$

定理 4.2.3 设 $f(x)$ 为 $[0,1]$ 上任一函数，则存在 D 函数 g 及第一纲零测集 E，使得 $x \in [0,1] \backslash E$ 时，恒有 $f(x) = g(x)$.

证明 首先构造一个零测集

$$E_N = \{x \mid x = 0.b_1 b_2 \cdots b_n \cdots \text{ 为三进小数},$$
$$0 \leqslant x \leqslant 1, n \geqslant N \text{ 时}, b_n \neq 1\}.$$

显然 E_1 为通常的 Cantor 集，而 E_N 是将 $[0,1]$ 进行 3^N 等分，在每一个等分区间取类似的 Cantor 集的并集.

与讨论 Cantor 集一样，知 E_N 是零测集，且在 $[0,1]$ 中是无处稠密的完备集，令 $E = \bigcup\limits_{N=1}^{\infty} E_N$ 就是第一纲处处稠密的零测集.

对下列每一个区间 $[0,1]$，$(0.1, 0.2)$，$(0.01, 0.02)$，$(0.11, 0.12)$，$(0.21, 0.22)$，$\cdots$，一般地对区间

$$\left(0.b_1 \cdots b_n, 0.b_1 \cdots b_n + \frac{1}{3^n}\right), \text{（其中 } b_n = 1\text{）},$$

作 Cantor 型集 P，并且编号为 P_k，由于除了对 $[0,1]$ 以外，对上述

所有其他区间都是在开区间内构造 Cantor 型集,所以这些 P_k 是两两不相交的,且 $E = \bigcup\limits_{k=1}^{\infty} P_k$,由于 P_k 的势为 c,因此每一个 P_k 可与 $(-\infty, \infty)$ 建立一一对应得 φ_k. 令

$$\varphi(x) = \varphi_k(x), x \in P_k, k = 1, 2, \cdots,$$

这样成为 E 上函数,由于对任何区间总有 P_k 被包含在其中,故 φ 在此区间上取任何实数,即在 $[0,1]$ 的任何子区间内有介值性, $\varphi \in D$,令

$$g(x) = \begin{cases} \varphi(x), & x \in E, \\ f(x), & x \in [0,1] \backslash E. \end{cases}$$

显然 $g(x)$ 为 $[0,1]$ 上 D 函数,且 $x \in [0,1] \backslash E$ 时, $f(x) \equiv g(x)$.

从例 4.1.3 以及由此演变的上述某些例子虽然具有介值性,但一般讲它们不是 Baire 函数甚至不是可测函数. 这说明 Darboux 函数太广泛了,我们有必要先缩小一些范围来讨论其性质,这将在下一节开展. 在结束本节之前,我们将讨论下列几个与连续函数相关的定理.

定理 4.2.4 若 $f(x)$ 在 $[a,b]$ 上为 D 函数,又 $g(t)$ 在 $[\alpha, \beta]$ 上为 D 函数且 $g(t) \subset [a,b]$,则 $f \circ g = f(g(t))$ 在 $[\alpha, \beta]$ 上为 D 函数.

证明 若 ξ 介于 $f(g(\alpha))$ 与 $f(g(\beta))$ 之间,由 $f \in D$,知有 η 介于 $g(\alpha)$ 与 $g(\beta)$ 之间,使 $\xi = f(\eta)$,再由 $g \in D$,知有 θ 介于 α, β 之间, $\eta = g((\theta)$. 故 $f(g(\theta)) = \xi$.

上述推理适用于 $[\alpha, \beta]$ 中任何子区间. 这就证明了 $f \circ g \in D$.

定理 4.2.6 若 $f(x)$ 为 $[a,b]$ 上圉变的 D 函数. 则 f 在 $[a,b]$ 上连续.

证明 由于 f 在 $[a,b]$ 上圉变,则任取 $x_0 \in [a,b], x_0 < b$, $\lim\limits_{x \to x_0^+} f(x)$ 总是存在的,只需证

$$\lim_{x \to x_0^+} f(x) = f(x_0).$$

因若不然,不妨设
$$\lim_{x \to x_0^+} f(x) > f(x_0),$$
由 f 的介值性知这样总有
$$x_n \downarrow x_0, x'_n \downarrow x_0, x_{n-1} < x'_n < x_n,$$
使
$$f(x_n) > f(x_0) + \frac{2}{3}(\lim_{x \to x_0^+} f(x) - f(x_0)),$$
$$f(x'_n) < f(x_0) + \frac{1}{3}(\lim_{x \to x_0^+} f(x) - f(x_0)),$$
从而
$$f(x_n) - f(x'_n) > \frac{1}{3}(\lim_{x \to x_0^+} f(x) - f(x_0)),$$
得
$$\sum_{n=1}^{\infty} |f(x_n) - f(x'_n)| = \infty,$$
这与 f 在 $[a,b]$ 上面变矛盾.

同理可证 $\lim\limits_{x \to x_0^-} f(x) = f(x_0)$,可知 $f(x)$ 在 (a,b) 中每一点连续,在端点 a,b 分别为右左连续.　　　　　　　　　　证毕.

其实,上述证明中,由
$$\lim_{n \to \infty} f(x_n) \geqslant f(x_0) + \frac{2}{3}(\lim_{x \to x_0^+} f(x) - f(x_0))$$
$$> f(x_0) + \frac{1}{3}(\lim_{x \to x_0^+}(f(x) - f(x_0))$$
$$\geqslant \lim_{n \to \infty} f(x'_n),$$
这与 $\lim\limits_{x \to x_0^+} f(x)$ 存在矛盾,这样可得更一般的定理.

定理 4.2.7　若 $f(x)$ 在 $[a,b]$ 有介值性且每一点有单侧极限,则 $f(x)$ 在 $[a,b]$ 上连续.

§4.3 第1类 Baire 函数中的 Darboux 函数

本节讨论第 1 类 Baire 函数中 Darboux 函数 f,记为 $f \in DB_1$. 这类函数是具有介值性的 B_1 类函数,即在定义区间中不仅有介值性且对区间中任何闭集 E, f 限制于 $Ef|_E$ 在 E 上有连续点.

定义 4.3.1 $f(x)$ 在 $x_0 \in [a,b]$ 的完备道路(perfect road)是指:完备集 $P \subset [a,b]$, x_0 为 P 的双侧凝聚点, $f|_P$ 在 x_0 连续.

注意 当 x_0 为 $[a,b]$ 端点时,所有双侧概念均代以单侧处理,以下同,不赘述.

定理 4.3.2 若 f 定义于 $[a,b]$, $f \in B_1$,则下列条件等价.

(1) $f \in D$;

(2) 对于每 $x \in [a,b]$,存在 $x_n \uparrow x$ 和 $y_n \downarrow x$,使得
$$f(x) = \lim_{n \to \infty} f(x_n) = \lim_{n \to \infty} f(y_n);$$

(3) 对于每 $x \in [a,b]$,
$$f(x) \in [\liminf_{z \to x_-} f(z), \limsup_{z \to x_-} f(z)]$$
$$\bigcap [\liminf_{z \to x_+} f(z), \limsup_{z \to x_+} f(z)]$$

(4) 对每一个实数 A,集
$$\{x \,|\, f(x) \leqslant A\} \text{ 和} \{x \,|\, f(x) \geqslant A\}$$
若含有成分(Component)必为紧的(即若含区间必为闭).

证明 按下列程序 $(1) \Rightarrow (2) \Rightarrow (3) \Rightarrow (4) \Rightarrow (1)$ 进行.

$(1) \Rightarrow (2)$ 若 $x_0 \in [a,b]$, $x_0 \neq a$,当 x_0 是水平集
$$E_0 = \{x \,|\, f(x) = f(x_0)\}$$
的左聚点,这样存在 $x_n \in E_0$, $x_n \uparrow x_0$,从而 $f(x_n) = f(x_0)$,进而
$$\lim_{n \to \infty} f(x_n) = f(x_0).$$

当 x_0 是 E_0 的左孤立点,则必有 $\delta > 0$, $(x_0 - \delta, x_0)$ 中无 E_0 的点,由 $f \in D$,可知 $f(x) - f(x_0)$ 在 $(x_0 - \delta, x_0)$ 上恒为正或负,不妨设为正,必有 x_1,使

$$x_0 - \delta < x_1 < x_0, f(x_0) < f(x_1) < f(x_0) + 1,$$

依此继续,$\cdots$,又有 x_{n+1},使

$$\max\left\{x_0 - \frac{1}{n}, x_n\right\} < x_{n+1} < x_0,$$

$$f(x_0) < f(x_{n+1}) < f(x_0) + \frac{1}{n+1}.$$

从而

$$x_n \uparrow x_0 \quad \text{且} \quad \lim_{n\to\infty} f(x_n) = f(x_0).$$

同理若 $x_0 \neq b, x_0 \in [a,b]$,可证存在 $y_n \downarrow x_0$,使

$$\lim_{n\to\infty} f(y_n) = f(x_0).$$

$(2) \Rightarrow (3)$ 由(2)及

$$\liminf_{z\to x_-} f(z) \leqslant \lim_{x_n \uparrow x} f(x_n) \leqslant \limsup_{z\to x_-} f(z),$$

知

$$f(x) \in \left[\liminf_{z\to x_-} f(z), \limsup_{z\to x_-} f(z)\right],$$

同理

$$f(x) \in \left[\liminf_{z\to x_+} f(z), \limsup_{z\to x_+} f(z)\right],$$

得

$$f(x) \in \left[\liminf_{z\to x_-} f(z), \limsup_{z\to x_-} f(z)\right]$$

$$\bigcap \left[\liminf_{z\to x_+} f(z), \limsup_{z\to x_+} f(z)\right].$$

$(3) \Rightarrow (4)$ 设 (α, β) 为 $\{x \mid f(x) \leqslant A\}$ 的一个不退化区间,则

$$f(\alpha) \leqslant \limsup_{x\to\alpha_+} f(x) \leqslant A,$$

$$f(\beta) \leqslant \limsup_{x\to\beta_-} f(x) \leqslant A,$$

即 $\alpha, \beta \in \{x \mid f(x) \leqslant A\}$,故 $[\alpha, \beta]$ 为 $\{x \mid f(x) \leqslant A\}$ 的紧成分.

$(4) \Rightarrow (1)$

用反证法,若 f 不是 D 函数,则存在区间 $[c,d] \subset [a,b]$ 及实数 ξ 介于 $f(c)$ 与 $f(d)$ 之间,在 $[c,d]$ 上 $f(x)$ 不取 ξ,令

$$A = \{x \mid x \in [c,d], f(x) \geqslant \xi\},$$

$$B = \{x \mid x \in [c,d], f(x) \leqslant \xi\}.$$

设 Γ 与 Λ 分别为 A 与 B 中不退化紧成分全体,而 $\Theta = \Gamma \bigcup \Lambda$,令

$$P = [c,d] \backslash \bigcup \{Q \text{ 的内域 } Q^0 \mid Q \in \Theta\},$$

因 P 为闭集,由于 $f \in B_1$,则 $f|_P$ 必有连续点 x.

若设 $x \in A$,当 $x \neq c$ 和 d,存在开区间 V,使得

$$x \in V \subset [c,d], V \bigcap P \subset A.$$

而 $V \backslash P$ 是由 V 中端点在 P 的开区间 $\triangle$ 所组成,由(4)知所有 $\triangle \subset A$. 因此 $V \subset A$,必有 $Q \in \Gamma$,使

$$V \subset Q, x \in Q^0,$$

这与 $x \in P$ 矛盾.

当 $x = c$(或 d) 时,则同样有 $V = (c,c')$(或 $(d',d)) \subset A$,这样 c 点(或 d)为 P 的孤立点. 今 $P \backslash \{c,d\}$ 同样为闭集,f 限制在这个闭集上有连续点 x,自然,$x \neq c$ 或 d,归结为上述情况.

至于 $x \notin A$,则 $x \in B$,同样可以类似处理,从而得 $f \in D$.

定理 4.3.3 若 f 定义于 $[a,b]$ 且 $f \in B_1$ 则 $f \in D$ 的充要条件为下列条件之一成立.

(1) f 的图象在平面上是连通的.

(2) f 在每一点 $x \in [a,b]$ 有完备道路.

(3) 若 $\{x \mid x \in [a,b], f(x) > A\}$ 与 $\{x \mid x \in [a,b], f(x) < A\}$ 不空,则是双侧 c- 自密集.

(4) 上述(3)中两集是双侧自密的.

证明 证明按程序 $f \in D \Rightarrow (1) \Rightarrow (2) \Rightarrow (3) \Rightarrow (4) \Rightarrow f \in D$ 进行.

$f \in D \Rightarrow (1)$ 反证法 若 f 的图象不连通,则可被平面上两个互不相交的开集 O_1 与 O_2 所分离,令

$$A = \{x \mid (x, f(x)) \in O_1\},$$
$$B = \{x \mid (x, f(x)) \in O_2\},$$

K 为 A 的界点集(也是 B 的界点集).

若 $x_0 \in K$ 且 $x_0 \in A$，即 $(x_0, f(x_0)) \subset O_1$. 由 $f \in D$，必有
$$x_n \uparrow x_0, f(x_n) \to f(x_0),$$
$$y_n \downarrow x_0, f(y_n) \to f(x_0).$$
从而当 n 充分大时，
$$(x_n, f(x_n)) \in O_1, (y_n, f(y_n)) \in O_1,$$
即 $x_n \in A, y_n \in A$，得 x_0 为 A 的双侧聚点. 同理，当 $x_0 \in B$ 时，x_0 为 B 的双侧聚点.

另一方面，界 K 总是闭的，$f \in B_1$ 知 f 限制在 K 上有连续点 x_0，不妨设 $x_0 \in A$. 故有开区间 $V, x_0 \in V$，使
$$\{(x, y) \mid x \in V \cap K, y = f(x)\} \subset O_1,$$
从而 $V \cap K \subset A$.

设 $\{\triangle_n\}$ 为 $V \backslash K$ 的构成区间，则 $\triangle_n$ 再无 A 或 B 的界点，这样只能 $\triangle_n \subset A$ 或 $\triangle_n \subset B$. 但 $V \cap K$ 的每一点均为 A 的双侧聚点，这样所有 $\triangle_n \subset A$，从而 $V \subset A, x_0$ 为 A 的内点，这与 $x_0 \in K \cap V$ 矛盾. 得(1).

(1)$\Rightarrow$(2)　设 $x_0 \in (a, b)$，任给 $\varepsilon, \delta > 0$，令
$$E = \{x \mid |f(x) - f(x_0)| < \varepsilon\} \cap (x_0, x_0 + \delta)\}.$$
可证 E 的势为 c，事实上，对任意 $x \in (x_0, x_0 + \delta)$，令

M_x 是连接 $(x_0, f(x_0) - \varepsilon)$ 与 $(x, f(x_0))$ 的线段，

N_x 是连接 $(x_0, f(x_0) + \varepsilon)$ 与 $(x, f(x_0))$ 的线段，

$P_x = M_x \cup N_x \cup \{(x_0, y) \mid |y - f(x_0)| \geqslant \varepsilon\}$,

即两条线段与两条射线之并. 因 f 的图象是连通的，不可能被 P_x 分离，所以 P_x 与 f 的图象必相交于 M_x 或 N_x 上，交点的横坐标必属于 E.

此外，$(x_0, x_0 + \delta)$ 中不同 x，对应不同的交点，也不会有相同的横坐标属于 E. 可知 E 的势为 c.

另一方面，由于 $f \in B_1$，知 E 为 F_σ 集，再由于 E 的势为 c，知 E 中必有完备集. 有了这些事实为基础，现可证(2).

令 $\varepsilon_1 = \delta_1 = 1$，取完备集 $P_1 \subset (x_0, x_0 + \delta_1)$，使 P_1 上有

$$|f(x) - f(x_0)| < 1,$$

再依此取

$$\varepsilon_n = \frac{1}{n}, \delta_n = \min\{|x - x_0|, x \in P_{n-1}\},$$

必有完备集 $P_n, P_n \subset (x_0, x_0 + \delta_n)$ 且当 $x \in P_n$ 时，

$$|f(x) - f(x_0)| < \frac{1}{n},$$

令

$$Q = \{x_0\} \cup \bigcup_{n=1}^{\infty} P_n,$$

则 Q 为完备集，x_0 为 Q 的右凝聚点，$f|_Q$ 在 x_0 点连续．

同理可构造出 R，以 x_0 为左凝聚点，且 $f|_R$ 在 x_0 点连续，从而 $P = Q \cup R$ 为 f 在 x_0 点的完备道路．(2)⇒(3)　任取 $x_0 \in \{x | x \in [a,b], f(x) > A\}$，由(2)知，$f(x)$ 在 x_0 点有完备道路 P，即 f 在 x_0 限制于 P 上连续，故有 x_0 的邻域 V，使

$$P \cap V \subset \{x | x \in [a,b], f(x) > A\},$$

且 x_0 为 $P \cap V$ 双侧 c- 自密点，自然 x_0 更为

$$\{x | x \in [a,b], f(x) > A\}$$

的双侧 c- 自密点．

(3)⇒(4) 是不言而喻的．

(4)⇒$f \in D$，若 $f \notin D$，则存在$[c,d]$，及 ξ 介于 $f(c)$ 与 $f(d)$ 之间，$[c,d]$ 上没有 x，使 $f(x) = \xi$．由于

$$A = \{x | x \in [c,d], f(x) \geqslant \xi\},$$
$$B = \{x | x \in [c,d], f(x) \leqslant \xi\}$$

不空，也不相交，K 为 A 的界（也是 B 的界），则 K 为闭，由 $f \in B_1$，$f|_K$ 有连续点 x_0，不妨设 $x_0 \in A$，存在开区间 V，使 $V \cap K \subset A$．

设$\{\triangle_n\}$ 为 $V \backslash K$ 的构成区间，$\triangle_n$ 的端点都 $\in K$，$\triangle_n$ 中再没有界点，故 $\triangle_n$ 或含于 A 或含于 B，但后者是不可能的，因若有一个 $\triangle_n = (\alpha, \beta)$ 含于 B，则 α 不是 A 的双侧稠密点，矛盾．从而所有 $\triangle_n$ 含于 A，这样 V 含于 A，这与 $x_0 \in K$ 矛盾，这说明 $f \in D$．　证毕．

关于 DB_1 的特征先介绍到这里,以后还会有一些特征出现.
Ceder 和 Pearson 在 1983 年在[71]给出了比较全面总结,可供读者
参阅.

例 4.3.4 这里给出最简单的 DB_1 类函数几个例子.

(1)任何函数的导函数 f 总是 DB_1 类的,因为 f 是导函数,总
有介值性的,且存在函数 F,使

$$\lim_{h_n \to 0} \frac{F(x + h_n) - F(x)}{h_n} = f(x),$$

因 F 为 f 的原函数,总是连续的. 这样 $\dfrac{F(x + h_n) - F(x)}{h_n}$ 也是连
续函数且极限为 $f(x)$.

(2)上章 4.1.2 中 h,f 是属于 DB_1 的.

(3)设 P 为 $[0,1]$ 中 Cantor 集,$\{(a_n,b_n)\}$ 为其接邻区间. 设

$$f(x) = \begin{cases} 0, & x \in P, \\ c_n \text{ 为任意}, & x = \dfrac{a_n + b_n}{2}, \\ \text{线性}, & x \in \left(a_n, \dfrac{a_n + b_n}{2}\right) \cup \left(\dfrac{a_n + b_n}{2}, b_n\right), \end{cases}$$

则 $f \in DB_1$(并且可以证明,当且仅当 $c_n \to 0$ 时,f 是连续的.)

例 4.3.5 DB_1 类较之 D 类与 B_1 类范围小多了,但它所包含
的函数 $F(x)$ 还是可相当复杂又广泛的(甚至也包含着某些病态函
数).Croft 在文[72]构造了一个函数 $F \in DB_1$,$F(x) \not\equiv 0$,但 $F(x)$
$= 0$ a.e. 成立.

设每 $x \in (0,1)$ 的二进表示为

$$x = 0.a_1 a_2 \cdots a_n \cdots = \sum_{n=1}^{\infty} a_n 2^{-n},$$

则

$$2^i x = \sum_{n=1}^{\infty} a_n 2^{-n+i}.$$

其中 $a_n = 0$ 或 1.

若$\{z\}$表z的小数部分,则
$$\{2^i x\} = \sum_{n=i+1}^{\infty} a_n 2^{-n+i} = 0. a_{i+1}a_{i+2}\cdots,$$
令
$$f(x) = \inf\left\{\{2x\},\{2^2 x\},\cdots,\{2^{2^n} x\},\cdots\right\}.$$
因
$$x = \sum_{n=1}^{\infty} a_n 2^{-n}, 1 - x = \sum_{n=1}^{\infty} b_n 2^{-n},$$
其中$a_n + b_n = 1$.令
$$F(x) = \min\{f(x), f(1-x)\}.$$

注意$f(x)$取值与x表现有关,即当x有两种表示时(以0为循环或以1为循环),$f(x)$取值可以不同的,但$F(x)$却是唯一确定的.例如
$$\frac{1}{2} = 0.10 = 0.0\dot{1},$$
但
$$f(0.1) = 0,\quad f(0.0\dot{1}) = 0.0\dot{1},$$
而
$$f(1 - 0.1) = f(0.0\dot{1}) = 0.0\dot{1},$$
$$f(1 - 0.0\dot{1}) = f(0.1) = 0,$$
$$F(0.1) = F(0.0\dot{1}) = \min\{f(0.0\dot{1}), f(0.1)\} = 0.$$
现证 (1) $F(x) \not\equiv 0$,事实上
$$\frac{1}{3} = 0.\dot{0}\dot{1}, \frac{2}{3} = 0.\dot{1}\dot{0},$$
$$f(0.\dot{0}\dot{1}) = 0.\dot{0}\dot{1} = \frac{1}{3},$$
$$f(0.\dot{1}\dot{0}) = 0.\dot{0}\dot{1} = \frac{1}{3},$$
$$F\left(\frac{1}{3}\right) = \min\left\{f\left(1 - \frac{1}{3}\right), f\left(\frac{1}{3}\right)\right\} = \frac{1}{3} \neq 0.$$

（2）$F(x)$ a.e. $= 0$，因取固定整数 $k > 0$，令

$$S_n = \{x \mid \{2^{2^n}x\} \text{ 表式中前 } k \text{ 项不全为零}, x \in (0,1)\}$$
$$= \{x \mid \{2^{2^n}x\} \geqslant 2^{-k}, x \in (0,1)\},$$
$$mS_n = (1 - 2^{-k})2^{-2^n} \cdot 2^{2^n} = 1 - 2^{-k}$$

与 n 无关，且

$$m\left(\bigcap_{n=M}^{N+1} S_n\right) = (1 - 2^{-k})^{N+1-M},$$

故

$$m\left(\bigcap_{n=1}^{\infty} S_n\right) = 0,$$

且当 $x \not\in \bigcap\limits_{n=1}^{\infty} S_n$ 时，有 $f(x) \leqslant 2^{-k}$.

由于 k 是任意固定的，故几乎处处 $f(x)$ 与 $F(x) = 0$.

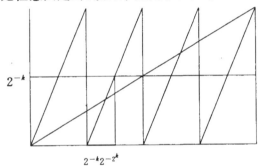

（3）$F \in B_1$，令

$$f_n(x) = \min\{\{2^{2^n}x\}, \{2^{2^n}(1-x)\}\},$$
$$F_n(x) = \min\{f_1(x), \cdots, f_n(x)\}.$$

$f_n(x)$ 与 $F_n(x)$ 显然是连续的，且 $F_n(x) \downarrow F(x)$，即 $F \in B_1$.

（4）$F \in D$，若 $F(x_0) = \alpha > 0$，任 $0 < \beta < \alpha$，总可在 x_0 的任意邻域内的左右两侧都可找到 x'，使

$$x' \in \{x \mid F(x) > \beta\},$$

即 $\{x \mid F(x) > \beta\}$ 是双侧自密集. 设

$$x_0 = 0.\, a_1 a_2 \cdots a_{2^n} a_{(2^n+1)} \cdots$$

$$= \left[a_1 \left(\frac{1}{2} \right)^{2^0} \right] + \left[a_2 \left(\frac{1}{2} \right)^{2^1} \right]$$

$$+ \left[a_3 \left(\frac{1}{2} \right)^{2^1+1} + a_4 \left(\frac{1}{2} \right)^{2^2} \right] + \cdots$$

$$+ \left[a_{2^n+1} \left(\frac{1}{2} \right)^{2^{(2^n+1)}} + \cdots + a_{2^{n+1}} \left(\frac{1}{2} \right)^{2^{2^{n+1}}} \right]$$

$$+ \cdots,$$

上式每对六角括号内容称为单元,一般项称为第 $n+1$ 个单元.

由于 $F(x_0) = \alpha > 0$,设 $\alpha > \left(\frac{1}{2} \right)^N$,任取 $n \geqslant N$,使

$$\left(\frac{1}{2} \right)^{2^n} < \alpha - \beta,$$

这样 x_0 的第 $n+1$ 个单元中的前 N 个 a_i 不能全为 0 也不能全为 1,

令 $x' = x_0 \pm \left(\frac{1}{2} \right)^{2^{n+1}}$,则有

$$\left| \{ 2^{2^n} x_0 \} - \{ 2^{2^n} x' \} \right| \leqslant \left(\frac{1}{2} \right)^{2^n},$$

$$\left| \{ 2^{2^n} (1 - x_0) \} - \{ 2^{2^n} (1 - x') \} \right| \leqslant \left(\frac{1}{2} \right)^{2^n},$$

从而

$$\left| F(x_0) - F(x') \right| \leqslant \left(\frac{1}{2} \right)^{2^n},$$

$$F(x') > \alpha - \left(\frac{1}{2} \right)^{2^n} > \beta.$$

这样证得 $\{ x \mid F(x) > \beta \}$ 是双侧自密集.

同理可得若 $\{ x \mid F(x) < \beta \}$ 不空时,也是双侧自密集. 由定理 4.3.3 中(4),知 $F \in D$.

§4.4　最大可加族与可乘族

本节讨论 DB_1 函数对于代数运算和其他运算的关系.

定义 4.4.1　设在区间 I 上定义的函数族 S,称
$$T = \{f \mid f + g \in S, \text{对所有 } g \in S\}$$
为 S 的最大可加族,而
$$T' = \{f \mid fg \in S, \text{对所有 } g \in S\}$$
为 S 的最大可乘族.

连续函数族是其本身的最大可加族和可乘族.

定理 4.4.2　连续函数类是 DB_1 的最大可加函数族.

证明　首先证明对每一 $f \in B_0$ 及 $g \in DB_1$,必有
$$f + g \in DB_1.$$

事实上,任 $x_0 \in I$,g 必有 x_0 的完备道路 P,这个 P 也是 $f + g$ 在 x_0 的完备道路,可知 $f + g \in DB_1$.

其次证明若 $f \notin B_0$,必有 $g \in DB_1$,使 $f + g \notin DB_1$.

事实上,当 $f \notin DB_1$,只要取 $g \equiv 0$ 即可.

若 $f \in DB_1$,而 $f \notin B_0$. 不妨设 x_0 是 f 的不连续点,且是右不连续点,但由 4.3.2 中(3) 知
$$f(x_0) \in [\liminf_{x \to x_0^+} f(x), \limsup_{x \to x_+^0} f(x)],$$
因区间为不退化区间,取 $y_0 \neq f(x_0)$,
$$y_0 \in [\liminf_{x \to x_+^0} f(x), \limsup_{x \to x_+^0} f(x)].$$

令
$$g(x) = \begin{cases} f(x), & \text{当 } x > x_0, \\ y_0, & \text{当 } x \leqslant x_0. \end{cases}$$
由 4.3.2 中(3) 易知 $g \in DB_1$,但
$$f(x) - g(x) = \begin{cases} 0, & \text{当 } x > x_0, \\ f(x) - y_0, & \text{当 } x \leqslant x_0. \end{cases}$$

在 $[x_0,\infty)$ 没有介值性,因 $f(x_0) - g(x_0) = f(x_0) - y_0 \neq 0$,而 $x > x_0, f(x) - g(x) \equiv 0$. 故 $f - g \notin DB_1$.

这样证明了 B_0 是最大可加族.

定理 4.4.3 连续函数族是 DB_1 的最大可乘族的真子集.

证明 当 $f \in B_0$ 及 $g \in DB_1$ 时,必有 $fg \in DB_1$(其证明如定理 4.4.2). 可知 B_0 为 DB_1 的最大可乘族的子集.

下面给出一个函数 $f \notin B_0$,但对任何 $g \in DB_1$,都有 $fg \in DB_1$,这说明 B_0 仅仅是 DB_1 的最大可乘族的真子集. 令

$$f(x) = \sin \frac{1}{x}, \text{当} x \neq 0, f(0) = 0.$$

可知 $f \in DB_1$,但 f 在 $x = 0$ 点不连续,即 $f \notin B_0$.

另一方面,对任何 $g \in DB_1$,有 $fg \in DB_1$.

因当 $x \neq 0$ 时,由 4.3.2 中(3),存在 $x_n \uparrow x, y_n \downarrow x$,使

$$g(x_n) \to g(x), g(y_n) \to g(y),$$

从而

$$f(x_n)g(x_n) \to f(x)g(x).$$

当 $x = 0$ 时,只要取

$$x_n = -\frac{1}{n\pi} \text{ 及 } y_n = \frac{1}{n\pi},$$

则

$$f\left(\frac{1}{n\pi}\right)g\left(\frac{1}{n\pi}\right) = f\left(-\frac{1}{n\pi}\right)g\left(-\frac{1}{n\pi}\right) = 0 \to f(0)g(0).$$

由 4.3.2 中(2)可知 $fg \in DB_1$.

注 4.4.4 以上对 DB_1 结论不适用于 D,因为我们已知连续函数与 D 函数之和不是 D 函数. 最近有趣的一个结果,由 B. Kirchheim 和 T. Natkaniec[90] 在 1990 年所得到,他们证明存在一个万有坏的 D 函数 f,使得每一个不在任何区间取常数的连续函数 g,f 与 g 的四则运算都不是 D 函数,这可看出 D 与 DB_1 的不同.

注 4.4.5 关于 D 函数的某些函数类的最大可加族与可乘族

的研究可参考 J. Jastrzebski 在 1987 年的文章[86].

定理 4.4.6 设 $\{f_n\}$ 是在区间 I 上的函数列,若 $f_n \in DB_1$ 且 f_n 在区间 I 上一致收敛于 f,则 $f \in DB_1$.

证明 由定理 3.1.5 知 $f_n \in B_1$,f_n 在 I 上一致收敛于 f,则 $f \in B_1$.

再利用定理 4.3.3 中(4),可证 $f \in DB_1$. 只要证明当 x_0 为 I 上的内点,任 $A \in \mathrm{R}$ 且 $x_0 \in \{x \mid f(x) < A\}$,则 x_0 为 $\{x \mid f(x) < A\}$ 的双侧聚点,即对任何 $\delta > 0$,有 $x_1 \in (x_0, x_0 + \delta), f(x_1) < A$,$x_2 \in (x_0 - \delta, x_0), f(x_2) < A$.

由一致收敛性知,对 $\varepsilon = \dfrac{A - f(x_0)}{3}$,有 N,$n \geqslant N$ 时,对所有 $x \in (x_0 - \delta, x_0 + \delta) \subset I$,都有 $|f_n(x) - f(x)| < \varepsilon$.

因 $f_N \in DB_1$,存在 $x_1 \in (x_0, x_0 + \delta)$ 及 $x_2 \in (x_0 - \delta, x_0)$,使得 $|f_N(x_0) - f_N(x_1)| < \varepsilon$,$|f_N(x_0) - f_N(x_2)| < \varepsilon$. 从而
$$|f(x_0) - f(x_1)|$$
$$\leqslant |f(x_0) - f_N(x_0)| + |f_N(x_0) - f_N(x_1)|$$
$$+ |f_N(x_1) - f(x_1)| < 3\varepsilon.$$
即 $f(x_1) < f(x_0) + 3\varepsilon < A$.

同理 $f(x_2) < A$. 得 $f \in DB_1$.

注 4.4.7 本定理对 D 函数并不成立,即任何一致收敛的 D 函数列的极限未必是 D 函数,这个问题讨论可参见 Bruckner 的文章[55].

定理 4.4.8 设在 I 上 $f \in DB_1$,那么

(1) 若 g 在区间 J 上连续,$g(J) \subset I$,则在 J 上
$$f \circ g = f(g) \in DB_1.$$

(2) 若 g 在 $f(I)$ 上连续,则 $g \circ f \in DB_1$.

证明 由于定理 3.1.4 及 4.2.5 知在上述条件下,当 $f \in B_1$ 时,$f \circ g \in B_1$,$g \circ f \in B_1$.

同样当 $f \in D$ 时,$f \circ g \in D$,$g \circ f \in D$. 从而得证.

第五章　近似连续函数

如上所述, DB_1 类的范围还是很广的, 近似连续函数类是 DB_1 的子集, 近似连续函数类有很好的结果, 它与下一章所讨论的导函数类有紧密联系, 本章讨论其基本理论和性质.

§5.1　近似连续函数概念

定义 5.1.1　设 $R = (-\infty, \infty)$, 集 E 为 R 中 (L) 可测子集, $x_0 \in R$. 分别称

$$\limsup_{h \to 0^+} \frac{m(E \bigcap [x_0, x_0 + h])}{h}$$

和

$$\liminf_{h \to 0^+} \frac{m(E \bigcap [x_0, x_0 + h])}{h}$$

为集 E 在 x_0 的右上和右下密度, 记为 $d^+(E, x_0)$ 和 $d_+(E, x_0)$.

同理可定义集 E 在 x_0 的左上和左下密度, 记为 $d^-(E, x_0)$ 和 $d_-(E, x_0)$.

当 $d^+(E, x_0) = d_+(E, x_0)$ 时, 称此值为集 E 在 x_0 的右密度.

同样可定义集 E 在 x_0 的左密度.

当 $d^+(E, x_0) = d_+(E, x_0) = d^-(E, x_0) = d_-(E, x_0)$ 时, 则称此公共值为集 E 在 x_0 的密度, 记为 $d(E, x_0)$.

当 $d(E, x_0) = 1$ 时, 称 x_0 为集 E 的全密点.

若 $d_+(E, x_0) = 1$, 称 x_0 为集 E 的右全密点.

同理, 当 $d_-(E, x_0) = 1$ 时, 称 x_0 为 E 的左全密点.

而当 $d(E, x_0) = 0$ 时, 称 x_0 为 E 的稀薄点, 当 $d(E, x_0) > \frac{1}{2}$

时,称 x_0 为 E 的优密点(preponderant point).

类似地,也可定义集 E 的左,右稀薄点或优密点.

并且显然有下列性质:

(1) 若 x_0 为集 E 的稀薄点,则 x_0 为集 E 的余集 CE 的全密点,反之亦然.

(2) 若 x_0 分别为 E_1 和 E_2 的稀薄点(或全密点),则 x_0 也是其并集 $E_1 \bigcup E_2$ 和其交集 $E_1 \bigcap E_2$ 的稀薄点(或全密点). 特别,对任何 $\delta > 0, x_0$ 是集 $[x_0 - \delta, x_0 + \delta] \bigcap E_1$ 的稀薄点(或全密点).

定理 5.1.2(Lebesgue)　若 E 为可测集,则 E 中几乎处处是 E 的全密点.

证明　不妨设 E 为下方有界的,令

$$f(x) = \begin{cases} 1, & \text{当 } x \in E, \\ 0, & \text{当 } x \in (-\infty, \infty) \backslash E. \end{cases}$$

这样

$$\varphi(x) = \int_{-\infty}^{x} f(t) dt$$

在 $(-\infty, \infty)$ 上为上升函数,由 Lebesgue 微分定理可知 $\varphi(x)$ 在 $(-\infty, \infty)$ 上 a.e. 可微,且 $\varphi'(x) = f(x)$,

$$\begin{aligned} \varphi'(x) &= \lim_{h \to 0} \frac{1}{h} \int_{x}^{x+h} f(t) dt \\ &= \lim_{h \to 0} \frac{m(E \bigcap [x_0, x_0 + h])}{h} \\ &= f(x) \end{aligned}$$

在 E 上也是 a.e. 成立的. 故在 E 中 a.e. 有

$$\lim_{h \to 0} \frac{m(E \bigcap [x_0, x_0 + h])}{h} = 1.$$

定义 5.1.3　若 $f(x)$ 定义于区间 I 上,$x_0 \in I$. 称 $f(x)$ 在 x_0 点是近似连续的,是指存在集 $E \subset I, d(E, x_0) = 1$ 且 $f|_E$ 在 x_0 点连续的.

注意 当 x_0 为区间端点时,x_0 是 E 的左或右的单侧全密点.

若 $f(x)$ 在区间 I 的每一点都是近似连续的,则称 $f(x)$ 在 I 上近似连续.

若 $f(x)$ 在 I 上除了一个零测集以外所有 x 都是近似连续的,则称 $f(x)$ 是在 I 上 a.e. 近似连续的.

不在区间上而在任意数集 E 上定义的函数,也可以用上述同样方法,对数集 E 上函数 f(或限制于 E 上的函数 f)定义近似连续性.

虽然区间上连续函数在其区间上每一点总是近似连续的,但是 E 上(或限制于 E 上)的连续函数未必在 E 上每一点是近似连续的,这是因为 E 中的每一点未必是全密点,不过 E 上(或限制于 E 上)的连续函数在且仅在每一全密点上是近似连续的.

另一方面,若 $f|_E$ 在某一点上近似连续,则对任何 $H \supset E, f|_H$ 在该点是近似连续的.

定理 5.1.4 函数 f 在 I 上可测的充要条件为 f 是 a.e. 近似连续的.

证明 设 f 在 I 上为可测函数,由 Lusin 定理知,对任意给定 $\varepsilon > 0$,存在连续函数 φ,使得

$$E_\varepsilon = \{x | \varphi(x) \neq f(x)\}, \quad mE_\varepsilon < \varepsilon.$$

在 $I \backslash E_\varepsilon$ 上 $\varphi = f$,故 f 是限制在 $I \backslash E_\varepsilon$ 上连续,再由定理 5.1.2 可知,$I \backslash E_\varepsilon$ 上 a.e. 是它的全密点,这样,在这些全密点上 $f|_{I \backslash E_\varepsilon}$ 连续,故 $f | I \backslash E_\varepsilon$ a.e. 是近似连续的,令

$$H = \bigcup_{\varepsilon = \frac{1}{n}, n \text{为自然数}} (I \backslash E_\varepsilon),$$

$H \supset I \backslash E_\varepsilon$,所以 $f|_H$ 在 $I \backslash E_\varepsilon$(从而在 H)上 a.e. 近似连续,因 H 与 I 的测度之差不超过 ε,ε 为任意的,故 f 在 I 上 a.e. 近似连续,必要性证毕.

另一方面,若 f 是 a.e. 近似连续,只要证明若 c 为任意实数,集 $E = \{x | f(x) < c\}$ 为可测集.

设 A 为 f 的近似连续点集,

$$E = (E \cap A) \bigcup (E \backslash A),$$

由假设知 $E \backslash A$ 为零测集,这样只要证 $E \cap A$ 是可测集.

若 $x \in E \cap A$,则存在以 x 为全密点的集 $E(x)$,使 $f|_{E(x)}$ 于 x 连续.

当 $f(x) < c$ 时,总有 $\delta > 0$,$E(x) \cap (x-\delta, x+\delta)$ 仍以 x 为全密点,且其上 $f(x) < c$,这样不妨设在 $E(x)$ 上都有 $f(x) < c$,即 $E(x) \subset E$.

另一方面,由于 $m(E \backslash A) = 0$,不妨设 $E(x) \subset A$,即

$E(x) \subset A \cap E$,这样 $E \cap A = \bigcup\limits_{x \in E \cap A} E(x)$.

若设 $E \cap A$ 不可测,则存在 F_σ 集 K 和 G_δ 集 H,使得

$$K \subset E \cap A \subset H,$$
$$m(K) = m_*(E \cap A)$$
$$< m^*(E \cap A) = m(H).$$

因 $m(H \backslash K) > 0$ 且 $H \backslash K$ 中 a.e. 为 $H \backslash K$ 的全密点,又

$$m^*((E \cap A) \backslash K) \geqslant m^*(E \cap A) - mK$$
$$= mH - mK > 0,$$

因此

$$(E \cap A) \backslash K \subset H \backslash K$$

且 a.e. 为 $H \backslash K$ 的全密点,故存在

$$x_0 \in (E \cap A) \backslash K \subset H \backslash K,$$

使

$$d(H \backslash K, x_0) = 1,$$

即 x_0 是 H 的全密点,而是 K 的稀薄点,再由 $E(x_0)$ 定义知 $d(E(x_0), x_0) = 1$,从而,$d(E(x_0) \backslash K, x_0) = 1$,可知

$$\bigcup\limits_{x \in E \cap A} E(x) \backslash K = (E \cap A) \backslash K$$

包含正测集,所以

$$m_*((E \cap A) \backslash K) > 0,$$

这与 K 的定义矛盾,从而 $E \cap A$ 是可测集,即对任何 c,

$$E = \{x \mid f(x) < c\} \equiv (E \cap A) \cup (E \backslash A)$$

为可测集,即 f 为可测函数.

§5.2 近似连续函数的性质

我们将近似连续函数全体记为 $\mathring{A}$,本节将讨论 $\mathring{A}$ 中运算以及与 DB_1 中函数的关系.

定理 5.2.1 若 f 和 g 在 x_0 近似连续,则

$$f + g, f - g, fg \text{ 和 } \frac{f}{g}(g(x_0) \neq 0)$$

都是在 x_0 点近似连续的.

证明 由 f 和 g 在 x_0 点近似连续,存在以 x_0 为全密点的集 $E_1(x_0)$ 与 $E_2(x_0)$,使 $f|_{E_1(x_0)}$ 与 $g|_{E_2(x_0)}$ 在 x_0 点连续. 显然 x_0 也是集 $E_1(x_0) \cap E_2(x_0)$ 的全密点且 $(f + g)|_{E_1(x_0) \cap E_2(x_0)}$ 在 x_0 是连续的,即 $f + g$ 在 x_0 点近似连续.

同理,$f - g, fg$ 与 $\frac{f}{g}$ 在 x_0 点是近似连续的.

定理 5.2.2 若 f 在 x_0 点近似连续,g 在 $f(x_0)$ 点连续,则复合 $g \circ f$ 在 x_0 点近似连续.

证明 事实上,存在以 x_0 为全密点集 $E(x_0)$,$f|_{E(x_0)}$ 在 x_0 点连续,而 g 在 $f(x_0)$ 点上连续,故 $(g \circ f)|_{E(x_0)}$ 在 x_0 点连续. 从而 $g \circ f$ 在 x_0 点近似连续.

注意 一般讲,若将 g 在 $f(x_0)$ 点连续减弱为近似连续时,结论不真.并且这时甚至把 f 在 x_0 点近似连续加强为连续,其结论亦不成立. 如函数

$$g(x) = \begin{cases} 1, & x = \frac{1}{n}, \\ 0, & \text{其他}. \end{cases}$$

$$f(x) = \begin{cases} \frac{1}{n}, & x \in \left[\frac{1}{2n+1}, \frac{1}{2n}\right], \\ 0, & \text{其他}. \end{cases}$$

$$(g \circ f)(x) = g(f(x)) = \begin{cases} 1, & x \in \left[\dfrac{1}{2n+1}, \dfrac{1}{2n}\right], \\ 0, & \text{其他}, \end{cases}$$

其中 $n = 1, 2, \cdots$.

可见 $g(x)$ 在 $f(0) = 0$ 点近似连续, $f(x)$ 在 $x = 0$ 点连续, 但 $g(f(x))$ 在 $x = 0$ 点不是近似连续的.

定理 5.2.3 若 f 在 I 上为有界近似连续函数, 则 f 必有原函数, 即存在 $F(x)$, 使得当 $x \in I$ 时, 有 $F'(x) = f(x)$.

证明 由定理 5.1.4 知, f 是有界可测函数, 设 $a \in I$, 令

$$F(x) = \int_a^x f(t) dt,$$

现证 $F'(x) = f(x_0)$, 即任 $x_0 \in I$, 有

$$\lim_{h \to 0} \frac{1}{h} \int_{x_0}^{x_0+h} f(t) dt = f(x_0).$$

由 f 在 I 上近似连续, 故存在 $E, d(E, x_0) = 1, f|_E$ 在 x_0 点连续, 设 M 为 $|f|$ 在 I 上的上界, $h > 0$,

$$\left| \frac{1}{h} \int_{x_0}^{x_0+h} f(t) dt - f(x_0) \right|$$

$$\leqslant \frac{1}{h} \int_{x_0}^{x_0+h} |f(t) - f(x_0)| dt$$

$$= \frac{1}{h} \int_{[x_0, x_0+h] \cap E} |f(t) - f(x_0)| dt$$

$$+ \frac{1}{h} \int_{[x_0, x_0+h] \setminus E} |f(t) - f(x_0)| dt.$$

任给 $\varepsilon > 0$, 选 $\delta > 0$, 使得

(i) 当 $t \in E, |t - x_0| < \delta$ 时, 有

$$|f(t) - f(x_0)| < \frac{\varepsilon}{2},$$

(ii) 当 $h < \delta$ 时, 有

$$\frac{m([x_0, x_0 + h]\backslash E)}{h} < \frac{\varepsilon}{4M},$$

因此当 $h < \delta$ 时,

$$\frac{1}{h}\int_{x_0}^{x_0+h} |f(t) - f(x_0)|dt$$

$$\leqslant \frac{\varepsilon}{2h}m([x_0, x_0 + h]\bigcap E)$$

$$+ \frac{2M}{h}m([x_0, x_0 + h]\backslash E)$$

$$\leqslant \frac{\varepsilon}{2h}h + \frac{2M}{h}\frac{\varepsilon}{4M} = \varepsilon.$$

当 $h < 0$ 时,可进行类似计算,同样可得 $F'(x_0) = f(x_0)$.

注 5.2.4   在闭区间 I 上连续函数总是有界的,但在闭区间 I 上近似连续函数未必是有界的. 如下例:

设 $I_n = [a_n, b_n]$ 为 $[0,1]$ 中两两不相交的闭区间列,且 $a_n \downarrow 0$, $b_n \downarrow 0, d(\bigcup I_n, 0) = 1$,令函数

$$f(x) = \begin{cases} 0, & x \in \{0\} \bigcup (\bigcup_n I_n), \\ n, & x = \dfrac{b_{n+1} + a_n}{2}, \\ 线性, & x \in \left(b_{n+1}, \dfrac{b_{n+1} + a_n}{2}\right) \bigcup \left(\dfrac{b_{n+1} + a_n}{2}, a_n\right). \end{cases}$$

f 在 $[0,1]$ 上是无界的,但在 $(0,1]$ 上连续,在 $x = 0$ 点近似连续,所以在 $[0,1]$ 上是近似连续的.

注 5.2.5   上述定理指出,当 f 在闭区间 I 上有界近似连续时,则 f 在 I 上必有原函数.

一般讲,当 f 在闭区间 I 上近似连续时,在 I 上未必有界,f 在 I 上也未必有原函数. 如下例:

设 $I_n = [a_n, b_n]$ 为 $[0,1]$ 中两两不相交的闭区间列,

$$a_n \downarrow 0, b_n \downarrow 0, d(\bigcup_n I_n, 0) = 1, \sum b_n < \infty.$$

f 满足下列条件:

(1) $f(0) = 0$,

(2) f 在 $\bigcup_n I_n$ 上为 0,

(3) f 在 $(0,1]$ 上连续,

(4) $\int_{b_{n+1}}^{a_n} f(t)dt = b_n$.

可知 f 在 0 点近似连续,但它的积分在 0 点的导数不为 $f(0)$,因

$$\frac{1}{b_n}\int_0^{b_n} f(t)dt = \frac{1}{b_n}\sum_{k=n}^{\infty} b_k > 1.$$

故 f 在 I 上不是它积分的导数,因此在 $[0,1]$ 上没有原函数.

注 5.2.6 定理 5.2.3 之逆不真,即有界近似连续是有原函数的充分条件而不是必要条件,即存在有原函数的有界函数,而未必是近似连续的. 如函数

$$f(x) = x^2\sin\frac{1}{x}, \quad x \neq 0, \quad f(0) = 0,$$

$$g(x) = 2x\sin\frac{1}{x} - \cos\frac{1}{x}, \quad x \neq 0, \quad g(0) = 0.$$

$g = f'$ 在区间 $[0,1]$ 上是有界且有原函数,但 g 在 $[0,1]$ 上不是近似连续的,因为在 $x = 0$ 点不是近似连续的.

定理 5.2.7 若 f 在区间 I 上近似连续,则 $f \in DB_1$.

证明 当 f 在区间 I 上有界近似连续时,必有原函数,即存在 F,使得对每一个 $x \in I$ 都有

$$F'(x) = \lim_{h \to 0}\frac{F(x+h) - F(x)}{h} = f(x),$$

即 $f \in B_1$.

再由 Darboux 定理可知,导函数 f 在区间 I 上具有介值性,即 $f \in D$. 得 $f \in DB_1$.

当 f 在 I 无界时,令 h 为 $(-\infty, \infty)$ 到 $(0,1)$ 的同胚映象,这样 $h \circ f$ 在 I 上为有界近似连续,故 $h \circ f \in DB_1$,因 $f = h^{-1} \circ (h \circ f)$,并且复合保持 D 和 B_1 性质,故 $f \in DB_1$.

综合上述定理与注,可以总结得出简明表式:

(1) $b\mathring{A} \subset b\triangle$;

(2) $b\triangle \not\subset b\mathring{A}$;

(3) $\mathring{A} \not\subset \triangle$;

(4) $\mathring{A} \subset DB_1$;

(5) $\triangle \subset DB_1$ ($\triangle$ 的详细讨论留在下一章).

其中 b 表示有界函数类，$\triangle$ 表示有原函数（即导函数）类.

§5.3　近似连续函数的准则

定理5.3.1　$I = [a,b]$ 上函数 f 是近似连续的充要条件为对任意 $\alpha \in \mathrm{R}$，集

$$E^\alpha = \{x \mid f(x) < \alpha\} \text{ 与 } E_\alpha = \{x \mid f(x) > \alpha\}$$

是 F_σ 集，且每一 $x_0 \in E^\alpha$（或 E_α）,x_0 是 E^α（或 E_α）的全密点.

证明　必要性　设 $f \in \mathring{A}$，故 $f \in DB_1$，这样对任意 $\alpha \in \mathrm{R}$，E_α 与 E^α 均为 F_σ 集，且当 $x_0 \in E^\alpha$（或 E_α），必有集 E 以 x_0 为全密点，$f|_E$ 在 x_0 点连续，从而有 $\delta > 0$，使 $E \bigcap [x_0 - \delta, x_0 + \delta] \subset E^\alpha$（或 E_α），因 $E \bigcap [x_0 - \delta, x_0 + \delta]$ 以 x_0 为全密点，所以 x_0 也更为 E^α（或 E_α）的全密点.

充分性　设 $x_0 \in I$，不妨设 $x_0 \neq a,b$，对每个 $n = 1,2,\cdots,x_0$ 是集 $\left\{x \mid f(x) < f(x_0) + \dfrac{1}{n}\right\}$ 和 $\left\{x \mid f(x) > f(x_0) - \dfrac{1}{n}\right\}$ 的全密点，它自然是集

$$E_n = \left\{x \mid |f(x) - f(x_0)| < \frac{1}{n}\right\}$$

的全密点，故对每一个 n，存在 $\delta_n > 0$，使得 $\delta \leqslant \delta_n, \delta_n \to 0$，且有下列性质：

$$\frac{\mathrm{m}(E_n \bigcap [x_0, x_0 + \delta])}{\delta} > 1 - \frac{1}{n}.$$

因

$$\frac{\mathrm{m}(E_n \bigcap [x_0, x_0 + \delta_n])}{\delta_n}$$

$$= \lim_{\delta \to 0} \frac{\mathrm{m}(E_n \bigcap [x_0 - \delta, x_0 + \delta_n])}{\delta_n - \delta},$$

故有 δ_{n+1},

$$\frac{\mathrm{m}(E_n \bigcap [x_0 - \delta_{n+1}, x_0 + \delta_n])}{|I_n|} > 1 - \frac{1}{n},$$

其中

$$I_n = [x_0 + \delta_{n+1}, x_0 + \delta_n], \quad n = 1, 2, \cdots,$$

且当 $\delta \leqslant \delta_{n+1}$ 时,

$$\frac{m(E_{n+1} \bigcap [x_0, x_0 + \delta])}{\delta} > 1 - \frac{1}{n+1},$$

则

$$\frac{\mathrm{m}(E_n \bigcap I_n)}{|I_n|} > 1 - \frac{1}{n}, \quad n = 1, 2, \cdots.$$

令

$$H_j = E_j \bigcap I_j, \text{且} H^* = \bigcup_{j=1}^{\infty} H_j \quad .$$

下证 $d_+(H^*, x_0) = 1$ 且 $f|_{H^*}$ 在 x_0 连续.

对任意给定 $\varepsilon > 0$, 取 $N > \frac{1}{\varepsilon}, n > N$, 当 $0 < \delta \leqslant \delta_n$ 时,

$$d_+(H^*, x_0) = \lim_{\delta \to 0} \frac{\mathrm{m}(H^* \bigcap [x_0, x_0 + \delta])}{\delta},$$

而

$$\frac{\mathrm{m}(H^* \bigcap [x_0, x_0 + \delta])}{\delta}$$

$$= \frac{\mathrm{m}(\bigcup_{j=1}^{\infty} E_j \bigcap I_j \bigcap [x_0, x_0 + \delta])}{\delta}$$

$$= \frac{\mathrm{m}(\bigcup_{j=n+1}^{\infty} (E_j \bigcap I_j) \bigcup (E_{n+1} \bigcap [x_0 + \delta_{n+1}, x_0 + \delta]))}{\delta}$$

$$\geqslant \frac{\sum\limits_{j=n+1}^{\infty} \mathrm{m}(E_j \bigcap I_j) + \mathrm{m}(E_n \bigcap I_n)}{\sum\limits_{j=n+1}^{\infty} |I_j| + \delta - \delta n + 1}$$

$$> \frac{1}{n} > 1 - \varepsilon.$$

另一方面

$$H^* = \bigcup_{j=1}^{\infty} E_j \bigcap I_j,$$

对上述 ε 与 N，当 $0 < \delta \leqslant \delta_n$ 时，$H^* \bigcap [x_0, x_0 + \delta] \subset E_n$，得

$$|f(x) - f(x_0)| < \frac{1}{n}.$$

同理可以在 x_0 的左侧确定 H^{**}，且令 $H = H^* \bigcup H^{**}$，则 $d(H, x_0) = 1$，且 $f|_H$ 在 x_0 点连续，可知 f 在 x_0 近似连续. 当 x_0 是 I 的端点时，只讨论单侧的近似连续性，故 $f(x)$ 在 I 上是近似连续的.

注意充分性中证明并未用到 E^{α}, E_{α} 是 F_{σ} 集的条件. 可知全密点集蕴含属于 F_{σ} 的条件.

利用本定理可易证下列结果:

定理 5.3.2 设 $\{f_n\}$ 是一列定义于 I 上的近似连续函数列，若在 I 上 f_n 一致收敛于 f，则 f 是近似连续的.

证明 由上述定理及其注意，只要证明对任意的 $\alpha \in \mathbf{R}, f$ 的水平集 E^{α} 和 E_{α} 中每一点分别为其全密点.

若 E^{α} 不空，设 $x_0 \in E^{\alpha}$，故 $f(x_0) < \alpha$，取 N，使对所有 $x \in I$，有

$$|f_N(x) - f(x)| < \frac{\alpha - f(x_0)}{3}.$$

令

$$E_N = \left\{ x \mid |f_N(x) - f_N(x_0)| < \frac{\alpha - f(x_0)}{3} \right\},$$

显然 $x_0 \in E_N$，又因 f_N 是近似连续，故 E_N 是全密 F_{σ} 集，当 $x \in E_N$

时,

$$\alpha > f(x_0) + \frac{2}{3} \frac{\alpha - f(x_0)}{3}$$

$$> f_N(x_0) + \frac{1}{3} \frac{\alpha - f(x_0)}{3} > f(x),$$

得 $E_N \subset E^{\alpha}$,因 $d(E_N, x_0) = 1$,则自然 $d(E^{\alpha}, x_0) = 1$.

同理可证 E_{α} 中每一点也是 E_{α} 的全密点,故 $f \in \mathring{A}$.

我们已知 $b\mathring{A} \subset b\triangle$,但 $b\triangle \not\subset b\mathring{A}$,不过在 f 是半连续的情况下,这两类是一致的.

定理5.3.3 若 f 在 x_0 的邻域 I 上有界,且是下(上)半连续,则 f 在 x_0 点是近似连续的充分且必要条件为 f 是它的积分在 x_0 点的导数.

证明 为确定起见,考虑下半连续的情形,由于定理 5.2.3,只需证明充分性,即若

$$F(x) = \int_{x_0}^{x} f(t)dt, F'(x_0) = f(x_0),$$

则 f 在 x_0 上是近似连续的.

反证法 若设 f 在 x_0 上不近似连续,则存在 $\varepsilon > 0$,使得集

$$A = \{x \mid |f(x) - f(x_0)| \geqslant \varepsilon\}$$
$$= \{x \mid f(x) \geqslant f(x_0) + \varepsilon \text{ 或 } f(x) \leqslant f(x_0) - \varepsilon\},$$

且有

$$\bar{d}(A, x_0) = \max\{d^+(A, x_0), d^-(A, x_0)\} = \eta > 0,$$

因 f 在 x_0 为下半连续,即

$$\lim_{x \to x_0} \inf f(x) \geqslant f(x_0).$$

故集

$$B = \{x \mid f(x) \geqslant f(x_0) + \varepsilon\}$$

必有 $\bar{d}(B, x_0) = \eta > 0$,不妨设 $d^+(B, x_0) = \imath > 0$,这样存在 $\{h_n\}$,$h_n \to 0$,使

$$\lim_{n\to\infty}\frac{m(B\bigcap[x_0,x_0+h_n])}{h_n}=\eta,$$

且 $x\in(x_0,x_0+h_n)$ 时,

$$f(x)\geqslant f(x_0)-\frac{1}{n}\liminf_{n\to\infty}\frac{1}{h_n}\int_{x_0}^{x_0+h_n}f(t)dt$$

$$\geqslant\liminf_{n\to\infty}\frac{1}{h_n}\Big(\int_{B\cap[x_0,x_0+h_n]}(f(x_0)+\varepsilon)dt$$

$$+\int_{[x_0,x_0+h_n]\backslash B}f(t)dt\Big)$$

$$\geqslant\lim_{n\to\infty}\Big[\frac{m(B\bigcap[x_0,x_0+h_n])}{h_n}(f(x_0)+\varepsilon)$$

$$+\Big(f(x_0)-\frac{1}{n}\Big)\frac{m([x_0,x_0+h_n]\backslash B)}{h_n}\Big]$$

$$=\eta(f(x_0)+\varepsilon)+f(x_0)(1-\eta)$$

$$=f(x_0)+\varepsilon\eta>f(x_0).$$

但这与 f 是它的积分在 x_0 点的导数矛盾.

这个定理是局部性的,下面给出有界半连续函数是导函数的一个特征和性质.

1. 若 $\mathfrak{L}$ 记为下半连续函数类. 则 $b\mathfrak{L}\triangle=b\mathfrak{L}\mathring{A}$.

2. 若 I 上 $f\in b\mathfrak{L}\triangle$, g 在 $f(I)$ 上连续,则 I 上 $g\circ f\in\triangle$.

因为 $f\in b\mathfrak{L}\triangle$,则 $f\in b\mathfrak{L}\mathring{A}$,因此由定理 5.2.2 知 $g\circ f\in b\mathring{A}$,从而由定理 5.2.3 表式知 $g\circ f\in\triangle$.

§5.4 近似连续函数的构造

为进一步讨论近似连续函数与其他各类函数的关系,先引进一个名称与记号.

设 A,B 为两个实数集,若 $x\in A$ 且为 A 的全密点,则称 x 全密属于 A,或 A 全密含有 x,记为 $x\overset{*}{\in}A$.

若 $A\subset B$ 且对每一 $x\in A$,有 $d(B,x)=1$,则称 A 全密包含

在 B 中或 B 全密包含 A，记为 $A \overset{*}{\subset} B$.

引理 5.4.1　若 B 为可测集，$x \overset{*}{\in} B$，即 x 全密属于 B 的，则存在完备集 P，使 $x \in P \subset B$.

证明　由 $x \overset{*}{\in} B$，知存在两两不相交下述的区间列
$$\{I_n\} = \{[a_n, b_n]\}, \text{且 } I_n \to x, m(I_n \bigcap B) > 0.$$

设 K_n 为 $I_n \bigcap B$ 中完备子集，则 $P = \{x\} \bigcup (\bigcup K_n)$ 即为所求的完备集.

引理 5.4.2　若 B 为可测集，C 为 B 中可列子集，C 的闭包 $\bar{C} \overset{*}{\subset} B$，则存在完备集 K，使得 $C \subset K \subset B$.

证明　将 C 写为数列 $x_1, x_2, \cdots$，对每一个 x_i，由上引理知，有 K_i 是完备集，使
$$x_i \in K_i \subset B \text{ 且 } \delta(K_i) < \frac{1}{i},$$

其中 $\delta(K_i)$ 为 K_i 的直径，令
$$K = \bar{C} \bigcup (\bigcup_i K_i),$$

则 K 是自密的，现证 K 为闭的.

若 $s_n \in K, s_n \to s$，并且有无限个 s_n 属于 $\bar{C}$ 或某一个 K_i，这时 $s \in K$. 不然，总有 s_{n_j}，使得 $s_{n_j} \in K_{m_j}$.

不妨设 $n_j = m_j$，且 $i \neq j$ 时，$n_i \neq n_j$，由于 $\delta(K_{n_j}) \to 0$ 且 $s_{n_j} - x_{n_j} \to 0$，故 $x_{n_j} \to s$，知 $s \in \bar{C}$，即 $s \in K$. 可知 K 为闭集，从而 P 为满足本引理要求的完备集.

引理 5.4.3　若 E 为可测集，F 为 E 的闭子集，且 $F \overset{*}{\subset} E$，则存在完备集 P，使得 $F \subset P \subset E$.

证明　将闭集 F 写为 $F = M \bigcup C$，其中 M 为完备集，C 为可列集，$\bar{C} \subset F$，由上述引理知，存在完备集 $K, C \subset K \subset E$，则 $P = M \bigcup K$ 即为所求.

定理 5.4.4(Lusin-Menchoff)　若 E 为可测集，X 为 E 的闭子集且 $X \overset{*}{\subset} E$，则存在完备集 P，使得 $X \overset{*}{\subset} P \overset{*}{\subset} E$.

证明 由 Lebesgue 定理,不妨设 $E \overset{*}{\subset} E$,而由引理 5.4.1 和讨论方便,不妨设 X 为完备集且 $E \subset [0,1]$ 令

$$S_n = \left\{ x \in E \,\middle|\, \frac{1}{n+1} < \mathrm{dist}(x, X) \leqslant \frac{1}{n} \right\},$$

则

$$E = X \bigcup \left(\bigcup S_n \right).$$

取 P_n 为 S_n 中的完备集,且 $mP_n > mS_n - \dfrac{1}{2^n}$. 令 $P = X \bigcup$ $\left(\bigcup\limits_{n} P_n \right)$,因 $P \subset E \overset{*}{\subset} E$,自然有 $P \overset{*}{\subset} E$.

易证 P 满足下列性质:

(i) P 是完备集(仿引理 5.4.3 的证明),且显然 $X \subset P \subset E$.

(ii) $X \overset{*}{\subset} P$.

事实上,每一 $x \in X$ 和每一如下区间列 $\{I_j\}$,即

$$\{x\} = \bigcap I_j, \delta(I_j) = \frac{1}{j},$$

若对某一个 j,对所有 n,都有 $I_j \bigcap S_n = \varnothing$,则

$$m(P \bigcap I_j) = m(X \bigcap I_j) = m(E \bigcap I_j), \qquad (5.1)$$

否则,存在 n_j,使得

$$I_j \bigcap S_{n_j} \neq \varnothing, \text{但} I_j \bigcap S_n = \varnothing, (n < n_j),$$

这样有 $x_0 \in I_j \bigcap S_{n_j}$,

$$\frac{1}{j} \geqslant \rho(x_0, x) \geqslant \rho(S_{n_j}, x) \geqslant \rho(S_{n_j}, X) \geqslant \frac{1}{n_j + 1}.$$

因此对于 $j \leqslant n_j$,有

$$m(P \bigcap I_j) \geqslant m(X \bigcap I_j) + \sum_{n \geqslant n_j} m(P_n \bigcap I_j)$$

$$\geqslant m(X \bigcap I_j) + \sum_{n \geqslant n_j} \left[m(S_n \bigcap I_j) - \frac{1}{2^n} \right]$$

$$= m(E \bigcap I_j) - \frac{1}{2^{n_j - 1}},$$

而 $|I_j| \geqslant \dfrac{1}{n_j + 1}$,故

$$\frac{m(P \cap I_j)}{|I_j|} \geqslant \frac{m(E \cap I_j)}{|I_j|} - \frac{n_j + 1}{2^{n_j - 1}},$$

因此都有

$$\lim_{j \to \infty} \frac{m(P \cap I_j)}{|I_j|} = \lim_{j \to \infty} \frac{m(E \cap I_j)}{|I_j|} = 1.$$

这样得(ii) $X \stackrel{*}{\subset} P$. 证毕.

定理 5.4.5(Zahorski) 设 E 是 F_σ 集, $E \stackrel{*}{\subset} E$,, 则存在一个近似连续函数 f, 使得当 $x \in E, 0 < f(x) \leqslant 1, x \notin E, f(x) = 0$.

证明 若 $E = \varnothing$, 令 $f \equiv 0$. 若不然 $E = \bigcup_{n=1}^{\infty} F_n$, 其中对每一个 F_n 是非空闭集. 首先反复应用上述定理 5.4.4 去构造闭集族 $\{P_\lambda | \lambda \geqslant 1\}$, 使 $P_{\lambda_1} \stackrel{*}{\subset} P_{\lambda_2} (\lambda_1 < \lambda_2)$.

令 $P_1 = F_1$, 因 $E \stackrel{*}{\subset} E$, 自然 $P_1 \stackrel{*}{\subset} E$. 从而由定理 5.4.4 知, 存在完备集 K_2, 使 $P_1 \stackrel{*}{\subset} K_2 \stackrel{*}{\subset} E$.

令 $P_2 = F_2 \cup K_2$, 则 $P_1 \stackrel{*}{\subset} P_2 \stackrel{*}{\subset} E$, 同理存在闭集 K_3, 使 $P_2 \stackrel{*}{\subset} K_3 \stackrel{*}{\subset} E$.

令 $P_3 = K_3 \cup F_3$, 知 $P_2 \stackrel{*}{\subset} P_3 \stackrel{*}{\subset} E$.

依此继续 $\cdots$, 得闭集列 $\{P_n\}$, 使 $P_{n-1} \stackrel{*}{\subset} P_n \stackrel{*}{\subset} E$ 且 $F_n \subset P_n$, 从而 $E = \bigcup_{n=1}^{\infty} P_n$.

再对每一个 $m = 0, 1, 2, \cdots$, 且 $n \geqslant 2^m$ 时, 定义 $P_{\frac{n}{2^m}}$.

当 $m = 0$ 时, 规定 $P_{\frac{n}{2^m}} = P_n$. 这样

$$P_{\frac{n}{2^m}} \stackrel{*}{\subset} P_{\frac{n+1}{2^m}}.$$

用归纳法, 设 m 为非负整数, $n \geqslant 2^m$ 时已经定义了 $P_{\frac{n}{2^m}}$, 有

$$P_{\frac{n}{2^m}} \stackrel{*}{\subset} P_{\frac{n+1}{2^m}},$$

再令

$$P_{\frac{2n}{2^{m+1}}} = P_{\frac{n}{2^m}},$$

据定理 5.4.4, 存在完备集, 记为 $P_{\frac{2n+1}{2^{m+1}}}$, 使

$$P_{\frac{n}{2^m}} \overset{*}{\subset} P_{\frac{2n+1}{2^{m+1}}} \overset{*}{\subset} P_{\frac{n+1}{2^m}}.$$

这样定义了所有 $P_{\frac{n}{2^{m+1}}}$, $(n \geqslant 2^{m+1})$, 并有

$$P_{\frac{n}{2^{m+1}}} \overset{*}{\subset} P_{\frac{n+1}{2^{m+1}}}.$$

现对每一个实数 $\lambda \geqslant 1$, 定义

$$P_\lambda = \bigcap_{\frac{n}{2^m} \geqslant \lambda} P_{\frac{n}{2^m}}.$$

则此集族 $\{P_\lambda | \lambda \geqslant 1\}$ 有性质: 当 $\lambda_1 < \lambda_2$ 时, $P_{\lambda_1} \overset{*}{\subset} P_{\lambda_2}$.

事实上, 因任何 $\lambda_1 \leqslant \lambda_2$ 时,

$$P_{\lambda_1} = \bigcap_{\frac{n}{2^m} \geqslant \lambda_1} P_{\frac{n}{2^m}} \overset{*}{\subset} \bigcap_{\frac{n}{2^m} \geqslant \lambda_2} P_{\frac{n}{2^m}} = P_{\lambda_2}.$$

当 $\lambda_1 < \lambda_2$ 时, 有 m, n, 使

$$\lambda_1 < \frac{n}{2^m} < \frac{n+1}{2^m} < \lambda_2,$$

那么

$$P_{\lambda_1} \subset P_{\frac{n}{2^m}} \overset{*}{\subset} P_{\frac{n+1}{2^m}} \subset P_{\lambda_2}.$$

从而 $P_{\lambda_1} \overset{*}{\subset} P_{\lambda_2}$.

现在定义 f 为如下

$$f(x) = \begin{cases} \dfrac{1}{\inf\{\lambda \mid x \in P_\lambda\}}, & \text{当 } x \in E, \\ 0, & \text{当 } x \not\in E \text{ 时.} \end{cases}$$

则对所有 x, f 都有了定义, 并且 f 满足本定理所要求结论.

事实上, 对所有 x, $0 \leqslant f(x) \leqslant 1$, 又当 $x_0 \in E$ 时, 总有 P_{n_0}, 使 $x_0 \in P_{n_0}$, 从而

$$\inf\{\lambda \mid x_0 \in P_\lambda\} \leqslant n_0,$$

$$\text{故 } f(x_0) \geqslant \frac{1}{n_0} > 0.$$

下面只要证明 $f \in \mathring{A}$.

先证 f 在 $x_0 \bar{\in} E$ 是连续的.事实上,任给 $\varepsilon > 0$,有自然数 N,使得 $\dfrac{1}{N} < \varepsilon$,因 $x_0 \bar{\in} E$,则 $x_0 \bar{\in} P_N$,P_N 为闭集,必有 $\delta > 0$,使

$$(x_0 - \delta, x_0 + \delta) \bigcap P_N = \varnothing,$$

自然

$$(x_0 - \delta, x_0 + \delta) \bigcap P_\lambda = \varnothing \, (\lambda \leqslant N).$$

这样 $(x_0 - \delta, x_0 + \delta)$ 与 P_λ 相交的只能是 $\lambda > N$,从而

$$\inf\{\lambda \,|\, x \in P_\lambda\} \geqslant N,$$

对 $(x_0 - \delta, x_0 + \delta)$ 中所有 x,有

$$f(x) \leqslant \dfrac{1}{N} < \varepsilon,$$

ε 是任意的,且 $f(x_0) = 0$.故 $f(x)$ 在 x_0 点连续.

而对 $x_0 \in E$,f 首先是上半连续的,因 $f(x_0) = \dfrac{1}{l}$;

当 $l = 1$,自然 f 在 x_0 是上半连续的;

当 $l > 1$,取 $l - 1 > \varepsilon > 0$,这样 $x_0 \bar{\in} P_{l-\varepsilon}$,总有 $\delta > 0$,使 $(x_0 - \delta, x_0 + \delta)$ 上的所有 x,都有 $x \bar{\in} P_{l-\varepsilon}$,因此对 $(x_0 - \delta, x_0 + \delta)$ 上所有 x,或 $x \bar{\in} E$ 或 $x \in P_\lambda (\lambda \geqslant l - \varepsilon)$,故

$$f(x) \leqslant \dfrac{1}{l - \varepsilon} < \dfrac{1}{l} + \varepsilon,$$

得 f 在 x_0 上是半连续.

下证 f 在 x_0 是下半近似连续.

由 $f(x)$ 定义及 P_λ 的性质知 $x_0 \in P_{l+\frac{\varepsilon}{2}}$,那么 x_0 是 $P_{l+\varepsilon}$ 的全密点,并且在 $P_{l+\varepsilon}$ 上所有 x 都有

$$f(x) \geqslant \dfrac{1}{l + \varepsilon}.$$

所以 x_0 是集

$$\left\{ x \,\middle|\, f(x) \geqslant \dfrac{1}{l + \varepsilon} \right\}$$

的全密点,故 f 在 x_0 点是下半近似连续的.从而知 f 在 E 上是近似连续的.

由这个定理,我们可以给出一个非常有趣的应用,此外还给出了我们在第二章中所讨论问题的一个解答.

定理 5.4.6 在 $[0,1]$ 上存在一个可微函数是无处单调.

证明 设 A 是 $[0,1]$ 中处处非满正测集,即对 $[0,1]$ 中每一个子区间 I,都有 $m(I \bigcap A) > 0$ 且 $m(I \backslash A) > 0$(这个集的构造可参见本定理后的注 5.4.7).

设 $A^* = \{x \mid x \in A, d(A,x) = 1\}$,设 E_1 为含于 A^* 中的 F_σ 集且 $mE_1 = mA^*$,故 $m(I \bigcap E_1) > 0$,这样 E_1 的每一点必为 E_1 的全密点. 类似地有 E_2 含于 $[0,1] \backslash A$ 中的 F_σ 集,且 E_2 的每一点为 E_2 的全密点,$m(I \bigcap E_2) > 0$.

由上述定理,存在近似连续函数 $f_i (i = 1,2)$:

当 $x \in E_i$ 时,$0 < f_i(x) \leqslant 1$,当 $x \bar{\in} E_i$ 时 $f_i(x) = 0$.

令 $f = f_1 - f_2$,那么 f 是有界近似连续函数,因此它有原函数 F,$F'(x) = f(x)$,且因 $E_1 \bigcap E_2 = \varnothing$,$E_1$ 与 E_2 都在 $[0,1]$ 中稠密. 从而可知对任何区间 I,有

$$当 x \in I \bigcap E_1 \text{ 时,} F' = f_1 - f_2 > 0,$$
$$当 x \in I \bigcap E_2 \text{ 时,} F' = f_1 - f_2 < 0.$$

故 F 在 I 都不单调.

注 5.4.7 处处非满正测集的构造.

设 $0 < t_1 \leqslant t_2 \leqslant \cdots \leqslant t_n \leqslant \cdots \leqslant \dfrac{1}{3}$,记 $|\Delta|$ 为区间 Δ 的长度

第一步,将区间 $[0,1]$ 分为三个区间 $\Delta_0, \Delta_1, \Delta_2$,其中

$$|\Delta_1| = t_1, \quad |\Delta_0| = |\Delta_2| = \frac{1}{2}(1 - t_1).$$

第二步,将每一个 $\Delta_{\varepsilon_i} (\varepsilon_i = 0,1,2)$ 分为三个区间

$$\Delta_{\varepsilon_i 0}, \Delta_{\varepsilon_i 1}, \Delta_{\varepsilon_i 2},$$

其中 $|\Delta_{\varepsilon_i 1}| = t_1 t_2$,$|\Delta_{\varepsilon_i 0}| = |\Delta_{\varepsilon_i 2}|$,具体而言,有

$$|\Delta_{01}| = |\Delta_{11}| = |\Delta_{21}| = t_1 t_2,$$

$$|\Delta_{10}| = |\Delta_{12}| = \frac{1}{2} t_1 (1 - t_2),$$

$$|\Delta_{00}| = |\Delta_{02}| = |\Delta_{20}| = |\Delta_{20}|$$
$$= \frac{1}{4}(1 - t_1 - 2t_1t_2), \cdots.$$

第 n 步,将每一个 $\Delta_{\epsilon_1\epsilon_2\cdots\epsilon_n}(\epsilon_k = 0,1,2; k = 1,2,\cdots,n)$ 分为三个区间

$$\Delta_{\epsilon_1\cdots\epsilon_n 0}, \quad \Delta_{\epsilon_1\cdots\epsilon_n 1}, \quad \Delta_{\epsilon_1\cdots\epsilon_n 2},$$

其中区间 $\Delta_{\epsilon_1\cdots\epsilon_n 1}$ 位于区间 $\Delta_{\epsilon_1\cdots\epsilon_n}$ 的中间,长度为 $t_1 t_2 \cdots t_n$,而区间 $\Delta_{\epsilon_1\cdots\epsilon_n 0}$ 与 $\Delta_{\epsilon_1\cdots\epsilon_n 2}$ 的长度相等.

依此继续,$\cdots$,得区间列 $\Delta_{\epsilon_1\cdots\epsilon_n}$,并且对任何 $x \in [0,1]$,总有

$$\Delta_{\epsilon_1}, \Delta_{\epsilon_1\epsilon_2}, \cdots, \Delta_{\epsilon_1\cdots\epsilon_n}, \cdots,$$

使

$$x = \Delta_{\epsilon_1} \bigcap \Delta_{\epsilon_1\epsilon_2} \bigcap \cdots \bigcap \Delta_{\epsilon_1\cdots\epsilon_n} \bigcap \cdots,$$

记为

$$x = x_{\epsilon_1\epsilon_2\cdots\epsilon_n\cdots}.$$

注意区间端点可能有两种表示,如

$$\frac{1-t_1}{2} = x_{022\cdots} = x_{100\cdots}.$$

设 $W_N = \{x \mid x = x_{\epsilon_1\epsilon_2\cdots\epsilon_n\cdots}, i > N, \epsilon_i \neq 1\}$,$U_N = [0,1] \backslash W_N$,则

$$W_1 \subset W_2 \subset \cdots \subset W_n \subset \cdots,$$
$$U_1 \supset U_2 \supset \cdots \supset U_n \supset \cdots,$$
$$W_\infty = \bigcup_{n=1}^{\infty} W_n, U_\infty = \bigcap_{n=1}^{\infty} U_n,$$
$$m(U_N) = 3^N(t_1\cdots t_N t_{tN+1} + 2t_1\cdots t_{N+1}t_{N+2}$$
$$+ \cdots + 2^{n-N-1}t_1\cdots t_n + \cdots),$$
$$m(W_N) = 1 - 3^N(t_1\cdots t_N t_{tN+1} + 2t_1\cdots t_{N+1}t_{N+2}$$
$$+ \cdots + 2^{n-N-1}t_1\cdots t_n + \cdots).$$

当 $t_n = 3^{-1}$ 时,

$$\mathrm{m}(U_N) = 3^N(t_1\cdots t_N t_{N+1} + 2t_1\cdots t_{N+1}t_{N+2}$$
$$+ \cdots + 2^{n-N-1}t_1\cdots t_n + \cdots)$$
$$= 3^N(3^{-N-1} + 2\cdot 3^{-N-2} + \cdots + 2^{n-N-1}3^{-n} + \cdots)$$
$$= 3^{-1}(1 + 2\cdot 3^{-1} + \cdots + 2^n 3^{-n} + \cdots) = 1,$$

即得 $\mathrm{m}(W_N) = 0, \mathrm{m}(W_\infty) = 0, \mathrm{m}(U_\infty) = 1$.

当 $t_n \leqslant t < 3^{-1}$ 时,
$$\mathrm{m}(U_N) \leqslant 3^{-1}(3t)^N + 3^{-1}(3t)^{N+1} + \cdots$$
$$+ 3^{-1}(3t)^{n-N-1} + \cdots$$
$$= 3^{-1}(3t)^N(1 - 3t)^{-1},$$

即得 $\mathrm{m}(W_\infty) = 1, \mathrm{m}(U_\infty) = 0$.

设 $0 < q < 1$, 当 $t_n = 3^{-1}q^{n^{-2}}$ 时,
$$\mathrm{m}(U_N) = 3^N(t_1\cdots t_N t_{N+1} + 2t_1\cdots t_{N+1}t_{N+2}$$
$$+ \cdots + 2^{n-N-1}t_1\cdots t_n + \cdots)$$
$$= 3^{-1}q^{1+2^{-2}+\cdots+(N+1)^{-1}}[1 + 2(3)^{-1}q^{(N+2)^{-2}}$$
$$+ \cdots + (2(3)^{-1})^{n-N+1}q^{(N+2)^{-2}+\cdots+n^{-2}}].$$

由于
$$1 + 2(3)^{-1} + \cdots + (2(3)^{-1})^n + \cdots = 3$$

和
$$1 + 2^{-2} + \cdots + n^{-2} + \cdots = \frac{\pi^2}{6},$$

可知 $\lim\limits_{n\to\infty}\mathrm{m}U_n$ 存在且
$$\frac{1}{3}q^{\frac{\pi^2}{6}} \leqslant \lim_{n\to\infty}\mathrm{m}U_n = \mathrm{m}U_\infty \leqslant q^{\frac{\pi^2}{6}},$$
$$0 < \mathrm{m}U_\infty < 1, 0 < \mathrm{m}W_\infty < 1, \mathrm{m}W_\infty = 1 - \mathrm{m}U_\infty.$$

即得所求的处处非满正测集.

例 5.4.8 可微的 Cantor 型函数.

我们已经知道 Cantor 函数在 Cantor 集 P 上每一点没有有限导数,是否存在 Cantor 型函数 g(所谓 Cantor 型函数 g 是指 g 在无

处稠密完备集 P 的接邻区间中为常数,而在任何含 P 点的区间中都不为常数的连续函数)是处处可微的?回答是肯定的.

设 P 为 $[0,1]$ 中无处稠密完备集, $mP > 0$ 且任何开区间 I ,或 $I \cap P = \varnothing$ 或 $m(I \cap P) > 0$.

设 $A \overset{*}{\subset} P$ 且 $mA = mP$,则存在 F_σ 集 $E \subset A, mE = mA$ 且 $E \overset{*}{\subset} E$,由 Zahorski 定理 5.4.5,存在近似连续函数 f ,使得当 $x \in E$ 时, $0 < f(x) \leqslant 1$,而当 $x \notin E$ 时, $f(x) = 0$.由于 $b\text{Å} \subset b\triangle$,必有

$$g(x) = \int_0^x f(t)dt, 0 \leqslant x \leqslant 1, g'(x) = f(x)$$

对所有 x 成立,而在 P 的接邻区间 $\triangle_n$ 上, $g'(x) = f(x) = 0$.故 $g(x)$ 在 $\triangle_n$ 上取常数,而在其他含 P 区间 I 上, $m(I \cap P) > 0$,故 $g(x)$ 不恒为常数.由于可知 g 为 $[0,1]$ 上 Cantor 型函数.

若存在区间 $I, I \cap P \neq \varnothing$,且 $m(I \cap P) = 0$,这样 g 在 I 为常数,这不是 Cantor 型函数.从而可得如下结论:

定理 5.4.9 设 P 为无处稠密的完备集.则存在可微的 Cantor 型函数的充要条件为,对任何区间 I ,或 $I \cap P = \varnothing$ 或 $m(I \cap P) > 0$.

第六章　导函数类

导函数是指有原函数的函数,它曾在数学分析讨论过却又留下了许多问题,如一个函数有原函数与有定积分(不论是(R) 积分还是(L) 积分) 的关系.

§6.1　导函数概念及其简单性质

定义 6.1.1　区间 I 上函数 f 称为导函数,记为 $f \in \triangle$,是指存在 $F(x)$,使 $F'(x) = f(x)$ 于 $x \in I$ 都成立.

下面列举导函数的一些简单性质和有关例子.

定理 6.1.2　(1) 若 f,g 在 I 上是导函数,即 $f,g \in \triangle,\alpha,\beta$ 为常数,则 $\alpha f + \beta g$ 在 I 上也是导函数,即 $\alpha f + \beta g \in \triangle$.

(2) 若 f 在 I 上连续,则 $f \in \triangle$.

(3) 若 $f \in \triangle$,则 $f \in D$ 且 $f \in B_1$,即 $\triangle \subset DB_1$.

定理 6.1.3　若 $f_n \in \triangle, n = 1, 2, \cdots, f_n$ 在 I 上一致收敛于 f,则 $f \in \triangle$.

证明　设 F_n 是 f_n 的原函数,即 $F'_n = f_n$,并且设 $a \in I$,使 $F_n(a) = 0$. 对 $x \in I$,不妨设 I 为有限区间,(如 I 为无限区间,则可选有限区间 J,使 $a, x \in J$),

$$
\begin{aligned}
|F_n(x) - F_m(x)| &= |F_n(x) - F_m(x) - F_n(a) + F_m(a)| \\
&= |F'_n(\xi) - F'_m(\xi)||x - a| \\
&= |f_n(\xi) - f_m(\xi)||x - a|,
\end{aligned}
$$

由于 f_n 在 I 上一致收敛,知 F_n 在有限区间 I 上也一致收敛,不妨设收敛于 F.

现证 $F'(x) = f(x)$.事实上,任 $x, x + h \in I$,且

$$\left| \frac{F_n(x+h) - F_n(x)}{h} - \frac{F_m(x+h) - F_m(x)}{h} \right|$$

$$= \left| \frac{1}{h} [F_n(x+h) - F_m(x+h) - (F_n(x) - F_m(x))] \right|$$

$$= |f_n(\xi) - f_m(\xi)| \to 0 \text{ (当 } n,m \to \infty \text{ 时)},$$

由 此 可 知 $\dfrac{F_n(x+h) - F_n(x)}{h}$ 是 一 致 收 敛 的, 且 收 敛 于

$\dfrac{F(x+h) - F(x)}{h}$. 此外

$$\left| \frac{F(x+h) - F(x)}{h} - f(x) \right|$$

$$\leqslant \left| \frac{F(x+h) - F(x)}{h} - \frac{F_n(x+h) - F_n(x)}{h} \right|$$

$$+ \left| \frac{F_n(x+h) - F_n(x)}{h} - f_n(x) \right|$$

$$+ |f_n(x) - f(x)|.$$

对任给 $\varepsilon > 0$, 总有 N, 当 $n \geqslant N$ 时, 对所有 $x, x+h \in I$, 使

$$|f_n(x) - f(x)| < \frac{\varepsilon}{3}.$$

$$\left| \frac{F_n(x+h) - F_n(x)}{h} - \frac{F(x+h) - F(x)}{h} \right| < \frac{\varepsilon}{3}.$$

取 $n = N$, $F'_N(x) = f_N(x)$, 故有 $\delta > 0$, 当 $|h| < \delta$ 时,

$$\left| \frac{F_N(x+h) - F_N(x)}{h} - f_N(x) \right| < \frac{\varepsilon}{3}.$$

这样一来, 当 $|h| < \delta$ 时,

$$\left| \frac{F(x+h) - F(x)}{h} - f(x) \right| < \varepsilon.$$

从而得 $F'(x) = f(x)$, 即 $f \in \triangle$.

例 6.1.4 本例说明导函数类 $\triangle$ 对乘法不封闭.

设 $\varphi(x) = \cos \dfrac{1}{x}, x \neq 0, \quad \varphi(0) = 0.$

$\psi(x) = x\sin \dfrac{1}{x}, x \neq 0, \quad \psi(0) = 0.$

φ 仅在 $x = 0$ 点不连续, ψ 处处 (包括在 $x = 0$ 点) 连续. $x\psi(x)$ 为处处可微函数, 且 $(x\psi(x))' = 2\psi - \varphi \in \triangle$. 从而

$$\varphi = 2\psi - (2\psi - \varphi) \in \triangle.$$

设 $f' = \varphi$, 现证 $\varphi^2 \notin \triangle$.

事实上, 若 $\varphi^2 \in \triangle$, 这样存在 $h, h' = \varphi^2$. 因为 $f' = \varphi$, 则

$$\left(h(x) - f\left(\frac{x}{2}\right)\right)'$$

$$= \varphi^2(x) - \frac{1}{2}\varphi\left(\frac{x}{2}\right)$$

$$= \begin{cases} \cos^2 \frac{1}{x} - \frac{1}{2}\cos \frac{2}{x} = \frac{1}{2}, & x \neq 0, \\ 0, & x = 0. \end{cases}$$

$\left(h(x) - f\left(\frac{x}{2}\right)\right)'$ 没有介值性, 这不可能. 得 $\varphi^2 \notin \triangle$.

由此可得存在函数 φ, 使得

(i) $\varphi \in \triangle$, $\varphi^2 = \varphi \cdot \varphi \notin \triangle$, 即 $\triangle$ 中对乘法运算不封闭.

(ii) 若 $f(u) = u^2, u = \varphi(x), f, \varphi \in \triangle$, 但复合 $f \circ \varphi = f(\varphi) = \varphi^2 \notin \triangle$. (即 $\triangle$ 中的复合, 也未必属于 $\triangle$).

此外, 由定理 5.2.3 及注 5.2.5 知, 当 f 连续, 或 f 是有界近似连续时, $f \in \triangle$, 但反之不真.

一般讲, f 是无界近似连续函数时, f 也未必 $\in \triangle$ (定理 5.2.3 注 2 例).

例 6.1.5(Volterra)　1881 年由 Volterra 给出一个有界导函数 f, 其不连续点集是正测集. 这例说明存在函数 f 有原函数, 但却没有 Riemann 积分.

设 P 是 $[0, 1]$ 中无处稠密完备集, 且 $mP > 0$, (a_n, b_n) 为 P 在 $[0, 1]$ 的接邻区间族, 设 $c_n = \dfrac{a_n + b_n}{2}$, 　取 $x_n \in (a_n, c_n)$, 使

$$2(x_n - a_n)\cos \frac{1}{x_n - a_n} + \sin \frac{1}{x_n - a_n} = 0.$$

令

$$y_n = c_n + (c_n - x_n), \text{即} \ c_n = \frac{x_n + y_n}{2},$$

$$F(x) = \begin{cases} 0, & x \in P, \\ (x - a_n)^2 \cos\dfrac{1}{x - a_n}, & x \in (a_n, x_n), \\ (x_n - a_n)^2 \cos\dfrac{1}{x_n - a_n}, & x \in [x_n, y_n], \\ (x - b_n)^2 \cos\dfrac{1}{x - b_n}, & x \in (y_n, b_n). \end{cases}$$

F 在 $[0,1]$ 中每一点都是连续且可导的,而 $f = F'$ 在 P 的每一点均不连续,事实上

$$F'(x) = \begin{cases} 0, & x \in P, \\ 2(x - a_n)\cos\dfrac{1}{x - a_n} + \sin\dfrac{1}{x - a_n}, & x \in (a_n, x_n], \\ 0, & x \in [x_n, y_n], \\ 2(x - b_n)\cos\dfrac{1}{x - b_n} + \sin\dfrac{1}{x - b_n}, & x \in [y_n, b_n). \end{cases}$$

在 P 的附近无限振动. 但 f 在 $[0,1]$ 上是有界的.

其实 Volterra 例可以在每一个无处稠密的闭集上去构造,不管这个闭集是否完备或是否有正测集.

例 6.1.6 1906 年 Pompeiu 构造了一个在稠密集上为零的,又不恒为零的导函数.

设 $\{d_n\}$ 为 $[0,1]$ 中稠密点集,A_n 为正数列,且 $\sum A_n < \infty$. 则

$$F(x) = \sum A_n (x - d_n)^{\frac{1}{3}}$$

为在 $[0,1]$ 上一致收敛并且严格上升连续函数,$F'(x)$ 在

$$x \in E = \left\{ x \mid \sum \frac{1}{3} A_n (x - d_n)^{\frac{-2}{3}} < \infty \right\}$$

上有限,而在其他点 $x \in [0,1] \backslash E$(包括 d_n)上为 ∞,$F^{-1}(x)$ 为严格上升可微函数,并且 $F^{-1}(x)$ 的导函数在一个包含 $F(d_n)$ 稠密集上为 0,但不恒为 0. 并在不为零的点上均不连续的.

§6.2 原函数的积分表示

在数学分析中知道,若函数 $f(x)$ 在 $[a,b]$ 上 (R) 可积,且有原函数 $F(x)$,就有

$$\int_a^x f(t)dt = F(x) - F(a).$$

这时,$f(x)$ 在 $[a,b]$ 上的原函数可表达为 $\int_a^x f(t)dt.$

上述例 6.1.5 中的 $f(x)$ 在 $[a,b]$ 上有原函数,却不是 (R) 可积,自然它的原函数谈不上用 (R) 积分表示. 一般地讨论这个结果,若 $f(x)$ 在 $[a,b]$ 上 (R) 不可积,则它的原函数自然不能用 (R) 积分表示,能否用其他积分表示?

定理 6.2.1 若 $f \in b\triangle$ 且 f 在 $[a,b]$ 上 (L) 可积的,则 f 在 $[a,b]$ 上原函数 F 可表为

$$F(x) = \int_a^x f(t)dt + F(a).$$

证明 取 $a < b' < b, \frac{1}{N} < b - b'$,当 $x \in [a,b'], n \geqslant N$ 时

$$\left| n\left[F\left(x + \frac{1}{n} \right) - F(x) \right] \right| = \left| f\left(x + \frac{\theta}{n} \right) \right| \leqslant M,$$

其中 $0 < \theta < 1$. 此外

$$\lim_{n \to \infty} n\left[F\left(x + \frac{1}{n} \right) - F(x) \right] = f(x),$$

由

$$\int_a^{b'} n\left[F\left(x + \frac{1}{n} \right) - F(x) \right] dx$$

$$= n\int_a^{b'} F\left(x + \frac{1}{n} \right) dx - n\int_a^{b'} F(x)dx$$

$$= n\int_{a+\frac{1}{n}}^{b'+\frac{1}{n}} F(x)dx - n\int_a^{b'} F(x)dx$$

$$=n\int_{b'}^{b'+\frac{1}{n}}F(x)dx-n\int_{a}^{a+\frac{1}{n}}F(x)dx$$

$$\to F(b')-F(a).$$

$$F(b')-F(a)=\lim_{n\to\infty}\int_{a}^{b'}n\Big[F\Big(x+\frac{1}{n}\Big)-F(x)\Big]dx$$

$$=\int_{a}^{b'}\lim_{h\to\infty}n\Big[F\Big(x+\frac{1}{n}\Big)-F(x)\Big]dx$$

$$=\int_{a}^{b'}f(x)dx.$$

当 $b'\to b$ 时,由 $F(b')$ 与 $\int_{a}^{b'}fdx$ 对 b' 连续性. 知

$$F(b)-F(a)=\int_{a}^{b}fdx.$$

从而 $\int_{a}^{x}fdt$ 是 f 在 $[a,b]$ 上原函数.

引理 6.2.2 若在 $[a,b]$ 上 $f\geqslant 0$, F 为 f 的原函数,则 F 在 $[a,b]$ 上为不减.

证明 显然故从略.

引理 6.2.3 若 $F(x)$ 在 $[a,b]$ 上 $F'(x)\geqslant 0$. 则 $F(x)$ 在 $[a,b]$ 上单调不减.

(本引理与上一引理区别在于 $F'(x)$ 可以取 $+\infty$).

证明 任取 $a',b'\in[a,b]$, 及任 $\varepsilon>0$, 令

$$\Phi(x)=F(x)+\varepsilon x,$$

在 $[a',b']$ 上 $\Phi'(x)\geqslant\varepsilon>0$, 得 $\Phi(x)$ 在 $[a',b']$ 上每一点为局部单调上升,从而 $\Phi(x)$ 在 $[a',b']$ 上单调上升,即

$$\Phi(b')>\Phi'(a'),$$

从而

$$F(b')-F(a')>-\varepsilon(b'-a'),$$

由 ε 的任意性,知 $F(b')\geqslant F(a')$.

引理 6.2.4 若 $E\subset[a,b]$, E 为零测集,则对任给 $\varepsilon>0$, 存在单调不减函数 $\Phi(x)$, 使

$$\Phi(a) = 0, \Phi(b) < \varepsilon, \quad \Phi'(x) = \infty, x \in E.$$

证明　对任给 $\varepsilon > 0$，及自然数 n，有开集 G_n，

$$E \subset G_n, |G_n| < \varepsilon \cdot 4^{-n}.$$

令

$$\varphi_n(x) = \begin{cases} 2^n, & \text{当 } x \in G_n, \\ 0, & \text{当 } x \notin G_n. \end{cases}$$

$$\Phi_n(x) = \int_a^x \varphi_n(t)dt, \text{和 } \Phi(x) = \sum \Phi_n(x).$$

这样

$$\Phi_n(a) = 0, \quad \Phi_n(b) \leqslant 2^n \cdot \varepsilon \cdot 4^{-n} = \varepsilon \cdot 2^{-n},$$

故 $\Phi_n(x)$ 单调不减. 且

$$\Phi(a) = 0, \Phi(x) \leqslant \Phi(b) \leqslant \varepsilon,$$
$$\Phi'(x) = \infty, x \in E.$$

引理 6.2.5　若 $f \in \triangle$，在 $[a,b]$ 上几乎处处 $f(x) \geqslant 0$，则 f 的原函数 $F(x)$ 单调不减.

（本引理也可叙述为 $F'(x) \geqslant 0$ a.e. 于 $[a,b]$，且在 $[a,b]$ 上 $F'(x) \neq -\infty$ 则 F 不减.）

证明　令 $E = \{x \mid f(x) < 0\}$，则 E 为零测集，由以上引理知，对任 $\varepsilon > 0$. 存在不减函数 $\Phi(x)$，使 $\Phi(a) = 0, \Phi(b) < \varepsilon$，当 $x \in E$ 时，$\Phi'(x) = \infty, (F + \Phi)' \geqslant 0, x \in [a,b]$.

由引理 6.2.3 知，$\Phi + F$ 不减，从而 F 不减.

定理 6.2.6　若在 $[a,b]$ 上 $f \in \triangle$，f 是 (L) 可积的，设 F 是 f 在 $[a,b]$ 上原函数，则

$$\int_a^b f(t)dt = F(b) - F(a).$$

证明　令

$$f_n(x) = \begin{cases} f(x), & x \in [a,b] \bigcap \{x \mid f(x) \leqslant n\}, \\ 0, & x \in [a,b] \bigcap \{x \mid f(x) > n\}. \end{cases}$$

则 $f_n(x)$ 在 $[a,b]$ 上是 (L) 可积的，且

$$\frac{1}{h}\int_x^{x+h} f_n(t)dt \leqslant n,$$

$$\frac{F(x+h)-F(x)}{h} - \frac{1}{h}\int_x^{x+h} f_n(t)dt$$

$$\geqslant \frac{F(x+h)-F(x)}{h} - n,$$

$$\left(F(x) - \int_a^x f_n(t)dt\right)'$$

$$= f(x) - f_n(x) \geqslant 0 \text{ a. e. } \mp[a,b],$$

且在$[a,b]$上处处 $\neq -\infty$. 故 $F(x) - \int_a^x f_n(t)dt$ 在$[a,b]$上单调不

减,得 $F(b) - F(a) \geqslant \int_a^b f_n(t)dt$. 从而

$$F(b) - F(a) \geqslant \lim_{n\to\infty}\int_a^b f_n(t)dt$$

$$= \int_a^b \lim_{n\to\infty} f_n(t)dt = \int_a^b f(t)dt.$$

同样对 $-f(x)$ 进行考虑,可得

$$F(b) - F(a) \leqslant \int_a^b f dt.$$

即得

$$F(b) - F(a) = \int_a^b f dt.$$

例 6.1.5 中 $f(x)$ 在$[0,1]$中不是(R) 可积的,但是(L) 可积

的,并且 $f(x)$ 在$[0,1]$中是有界的,故 $F(x)$ 可以用 f 的活动上限

(L) 积分所表示(由定理 6.2.1).但

$$F(x) = \begin{cases} x^{\frac{3}{2}}\sin\frac{1}{x}, & x > 0, \\ 0, & x = 0, \end{cases}$$

$$F'(x) = \begin{cases} \frac{3}{2}x^{\frac{1}{2}}\sin\frac{1}{x} - x^{-\frac{1}{2}}\cos\frac{1}{x}, & x > 0, \\ 0, & x = 0. \end{cases}$$

由

$$|f(x)| = |F'(x)| \leqslant \frac{3}{2} + \frac{1}{\sqrt{x}},$$

可知, $f(x)$ 虽在 $[0,1]$ 上无界的, 但是 (L) 可积的, $f \in \triangle$, 由定理 6.2.6 保证, $F(x)$ 也可以用 f 的活动上限的 (L) 积分表示.

另一方面, 当 f 不是 (L) 可积时, 而 $f \in \triangle$, 如

$$F(x) = \begin{cases} x^2 \cos \dfrac{\pi}{x^2}, & x > 0, \\ 0, & x = 0, \end{cases}$$

$$f(x) = F'(x) = 2x \cos \frac{\pi}{x^2} + \frac{2\pi}{x} \sin \frac{\pi}{x^2}, \quad x > 0,$$

$$f(0) = F'(0) = 0.$$

这时 f 在 $[0,1]$ 上不是 (L) 可积的, F 也不能用 f 的 (L) 积分表示. 这说明积分需要进一步推广. 当积分考虑为广义黎曼积分时, F 才可以用 f 的广义黎曼积分来表示参看[1].

定理 6.2.7 若 $f \in \triangle$, f 在 $[a,b]$ 上是 (H) 可积的, $F(x)$ 是 $f(x)$ 在 $[a,b]$ 上原函数. 则

$$(H) \int_a^b f dx = F(b) - F(a).$$

证明 $f \in \triangle$, 可知 f 在 $[a,b]$ 上是 (N) 可积的, 故为 (H) 可积, 且两个积分相同. 从而

$$\int_a^b f(t) dt = F(b) - F(a).$$

至此, 彻底完成了原函数的积分表示及 N-L 公式的结论.

§6.3 $\triangle$ 与 B_0、$\mathring{A}$、DB_1 的比较,

我们在上述几章介绍了 B_1、DB_1、$\mathring{A}$ 以及 $\triangle$ 有关的联系, 本节将比较它们的积分.

定义 6.3.1 若 f 在 $[0,1]$ 上 (L) 可积, $x_0 \in [0,1]$, 所谓 $f(x_0)$ 是它的积分 $F(x) = \int_0^x f(t) dt$ 在 x_0 点导数, 是指

$$F'(x_0) = \lim_{h \to 0} \frac{F(x_0 + h) - F(x_0)}{h} = f(x_0).$$

若对每一个可测集 $E \subset [0,1]$，记 $\sigma(E) = \int_E f(t)dt$. 这样

$$F'(x_0) = \lim_{h \to 0} \frac{1}{h} \int_{x_0}^{x_0+h} f(t)dt = \lim_{h \to 0} \frac{\sigma([x_0, x_0 + h])}{h}.$$

当 $F'(x_0)$ 存在且为 $f(x_0)$ 时，容易验证，当 $h > 0, k > 0$ 时

$$\lim_{h+k \to 0} \frac{F(x_0 + h) - F(x_0 - k)}{h + k} = f(x_0).$$

设 $\{I_n\} = \{[x_0 - k_n, x_0 + h_n]\}$ 是任一区间叙列，$k_n \to 0^+$，$h_n \to 0^+, h_n + k_n \neq 0$. 则称 I_n 收缩于 x_0，记为 $I_n \Rightarrow x_0$，这时，$\lim_{n \to \infty} \frac{\sigma(I_n)}{|I_n|}$ 可写为 $\lim_{I_n \Rightarrow x_0} \frac{\sigma(I_n)}{|I_n|}$，并且可总结为下列定理.

定理 6.3.2 设 f 在 x_0 附近可积，则 $f(x_0)$ 是 f 的积分在 x_0 的导数当且仅当对每一个收缩于 x_0 的区间叙列，有

$$\lim_{I_n \Rightarrow x_0} \frac{\sigma(I_n)}{|I_n|} = f(x_0).$$

为了比较这个结果，再引进一个概念.

定义 6.3.3 设 $\{E_n\}$ 为非空有界可测集列，对每一个 n, I_n 为包含 E_n 的最小闭区间，称 E_n 为收缩于 x_0 是指：

(i) 对所有 $n, x_0 \in E_n$.

(ii) $I_n \Rightarrow x_0$，记为 $E_n \Rightarrow x_0$.

而所谓 E_n 规则收缩于 x_0 是指：上述 (i), (ii) 以及

(iii) 存在 $\alpha > 0$，使得 $\frac{mE_n}{|I_n|} \geqslant \alpha$. 都成立.

定理 6.3.4(Rosenthal) 若 f 在 x_0 的邻域中有界可积，则 f 在 x_0 点是近似连续当且仅当对每一个集列 $\{E_n\}$ 规则收缩于 x_0 时，有

$$\lim_{E_n \Rightarrow x_0} \frac{\sigma(E_n)}{mE_n} = f(x_0).$$

证明 必要性 f 在 x_0 点近似连续，则存在 $E, d(E, x_0) =$

1 且 $f|_E$ 在 x_0 是连续的, 又 E_n 规则地 $\Rightarrow x_0$, 故对任给 $\varepsilon > 0$, 存在 n_0, 当 $n \geqslant n_0$ 时, 有

(i) 对 $x \in E \cap E_n, |f(x) - f(x_0)| < \dfrac{\varepsilon}{2}$.

(ii) 若 I_n 为包含 E_n 的最小区间, 则
$$\frac{m(I_n \backslash E)}{|I_n|} < \frac{\varepsilon \alpha}{4M},$$

其中 M 为 $|f|$ 在 I 上的上界, 且 α 可选为使所有 n, 有 $\dfrac{mE_n}{|I_n|} \geqslant \alpha$. 那么当 $n \geqslant n_0$ 时,

$$\left| \frac{\sigma(E_n)}{mE_n} - f(x_0) \right| \leqslant \frac{1}{mE_n} \int_{E_n} |f(t) - f(x_0)| \, dt$$

$$\leqslant \frac{1}{mE} \int_{E_n \cap E} |f(t) - f(x_0)| \, dt$$

$$+ \frac{1}{mE} \int_{E_n \backslash E} |f(t) - f(x_0)| \, dt$$

$$\leqslant \frac{\varepsilon}{2} \frac{m(E_n \cap E)}{mE_n} + 2M \frac{m(E_n \backslash E)}{mE_n}$$

$$\leqslant \frac{\varepsilon}{2} + 2M \cdot \frac{m(E_n \backslash E)}{|I_n|} \cdot \frac{|I_n|}{mE_n}$$

$$\leqslant \frac{\varepsilon}{2} + \frac{2M}{\alpha} \cdot \frac{m(I_n \backslash E)}{|I_n|} < \varepsilon.$$

充分性 若 f 在 x_0 不是近似连续的, 则存在 $\varepsilon > 0$,
$$A = \{x \mid f(x) > f(x_0) + \varepsilon\},$$
$$B = \{x \mid f(x) < f(x_0) - \varepsilon\},$$

就有 $\bar{d}(A, x_0) > 0$ 或 $\bar{d}(B, x_0) > 0$, 不妨设 $\bar{d}(A, x_0) = 2\eta > 0$, 取 $I_n \Rightarrow x_0$, 使 $\dfrac{m(A \cap I_n)}{|I_n|} > \eta$.

令 $E_n = A \cap I_n$, 则 E_n 规则地 $\Rightarrow x_0$ (取 $\alpha = \eta$), 且对每个 n,
$$\frac{\sigma(E_n)}{mE_n} \geqslant f(x_0) + \varepsilon,$$

故

$$\limsup_{E_n \Rightarrow x_0} \frac{\sigma(E_n)}{mE_n} \geqslant f(x_0) + \varepsilon > f(x_0).$$

这与条件矛盾.

定理 6.3.5 若 f 在 I 上可积则 f 在 I 上连续的充要条件为每 $x_0 \in I$, 任何正测集 $E_n, E_n \Rightarrow x_0$ 时

$$\lim_{E_n \Rightarrow x_0} \frac{\sigma(E_n)}{mE_n} = f(x_0). \tag{6.1}$$

证明 **必要性** f 在 x_0 点连续, 对任给 $\varepsilon > 0$, 存在 $\delta > 0$, 使得 $(x_0 - \delta, x_0 + \delta)$ 上有

$$|f(x) - f(x_0)| < \varepsilon.$$

这样对任何正测集 $E_n, E_n \Rightarrow x_0$, 总有 N, 当 $n \geqslant N$ 时,

$$E_n \subset (x_0 - \delta, x_0 + \delta),$$

在 E_n 上, 更有

$$f(x_0) - \varepsilon < f(x) < f(x_0) + \varepsilon.$$

从而

$$(f(x_0) - \varepsilon)mE_n \leqslant \int_{E_n} f(x)dx \leqslant (f(x_0) + \varepsilon)mE_n,$$

$$\left| \frac{\sigma(E_n)}{mE_n} - f(x_0) \right| < \varepsilon.$$

充分性 若 f 在 x_0 点不连续. 那么存在 $\varepsilon > 0, x_0$ 必为集

$$\{x \mid f(x) \leqslant f(x_0) - \varepsilon\}$$

$$A = \{x \mid f(x) \geqslant f(x_0) + \varepsilon\}$$

的聚点, 为确定起见, 不妨设存在

$$x_n \downarrow x_0, f(x_n) > f(x_0) + \varepsilon.$$

若对每一个 $n, m(A \cap [x_0, x_n]) > 0$, 取 $E_n = A \cap [x_0, x_n]$, 这样 $\sigma(E_n) > f(x_0 + \varepsilon)mE_n$, 从而与 (6.1) 矛盾.

若对某个 $k, m(A \cap [x_0, x_k]) = 0$, 在 $[x_0, x_k]$ 中 a.e. 有

$$f(x) < f(x_0) + \varepsilon < f(x_{k+1}).$$

令

$$E_n = \left[x_{k+1} - \frac{1}{n}, x_{k+1} + \frac{1}{n} \right],$$

E_n 上自然也是 a. e. 有

$$f(x) < f(x_0) + \varepsilon < f(x_{k+1}),$$

这样

$$\limsup_{E_n \Rightarrow x_{k+1}} \frac{\sigma(E_n)}{mE_n} \leqslant f(x_0) + \varepsilon < f(x_{k+1}),$$

这与 x_0 取 x_{k+1} 时,也应有(6.1)式相矛盾. 从而定理得证.

以上定理 6.3.2 与 6.3.4 是局部方法,而定理 6.3.5 却是整体性的,没有局部性的结论,这里只要举一个很简单例子就可以看出.

设 $f(x)$ 为 Dirichlet 函数,若 x_0 为无理数点,则对任何正测集

$$E_n \Rightarrow x_0, \sigma(E_n) = 0, \frac{\sigma(E_n)}{mE_n} = 0 = f(x_0).$$

但 f 在 x_0 不连续.

把这三个定理以整体性描述可得一个比较定理.

定理 6.3.6 若 f 在区间 I 上是有界可测函数,则在 I 上 $f \in \triangle$(或 $\mathring{A}$,或 B_0)的充要条件为每一个 $x_0 \in I$,对任何 x_0 的收缩区间叙列(或规则收缩集列,或收缩正测集列){E_k},都有

$$\lim_{E_k \Rightarrow x_0} \frac{\sigma(E_k)}{mE_k} = f(x_0).$$

为进一步讨论与 DB_1 类的关系,还得引用 Maximoff 定理. 而这里不给出证明.

定理 6.3.7 设 f 定义在[0,1]上,$f \in DB_1$ 则

(i) 存在映[0,1]为自身的同胚映象 h,使得 $f \circ h \in \mathring{A}$.

(ii) 存在映[0,1]为自身的同胚映象 h,使得 $f \circ h \in \triangle$.

利用这个结果可得 B_0 与 DB_1 的一个有趣的差别.

定理 6.3.8 设 f 是[0,1]上有界函数,则

(1) $f \in DB_1$ 当且仅当存在作用于[0,1]的同胚 h,使 $f \circ h \in$

△.

(2) $f \in B_0$ 当且仅当每一个作用于$[0,1]$的同胚h,使$f \circ h \in$ △.

证明 第一部分必要性就是定理 6.3.7.

充分性 因$f \circ h \in △ \subset DB_1$,而$DB_1$对同胚变换是不变的,故

$$f = f \circ h \circ h^{-1} \in DB_1.$$

现证明第二部分.

必要性 若$f \in B_0$,则对于任何同胚h,$f \circ h \in B_0$,因$B_0 \subset b△$,自然$f \circ h \in b△$.

充分性 若$f \notin B_0$,若f在某一点x_0不连续,只要证明必存在同胚h,使$f \circ h \notin △$.

若$f \notin DB_1$时,自然$f \notin △$.取h恒等同胚$f \circ h \notin △$.

若$f \in DB_1$,f在x_0不连续.这样存在$\varepsilon > 0$及数列$\{b_n\}$,且$0 \leqslant b_n \leqslant 1, b_n \to x_0$,使$|f(b_n) - f(x_0)| > \varepsilon$.

不妨设$b_n \downarrow x_0$,且$f(b_n) > f(x_0) + \varepsilon$,设$\{I_n\}$是在区间$(x_0, 1)$中互不相交子区间叙列,使$b_n \in I_n$,由定理4.3.3知,$f$在$b_n$上有完备道路$P_n$,我们可以取$P_n$为$I_n$中无处稠密完备集且$x \in \bigcup_{n=1}^{\infty} P_n$时,$f(x) > f(x_0) + \varepsilon$.令$P = \{x_0\} \cup \bigcup_{n=1}^{\infty} P_n$.则$P$为$[x_0, 1]$中无处稠密完备子集.

设K为$[x_0, 1]$的另一个无处稠密完备集且$d_+(K, x_0) = 1$,必有h映$[0,1]$为自身的同胚使

$$h(0) = 0, h(x_0) = x_0, h(1) = 1,$$

且$h(K) = P$(参见[87]).

现证$f \circ h \notin △$.

因不然,若$f \circ h \in △$.则$f \circ h$在$[0,1]$是有界可测的的,由定理6.2.1知,$f \circ h$的原函数$G(x)$可表为$\int_0^x f \circ h dt$.且

$$\frac{G(x_0 + u) - G(x_0)}{u}$$

$$= \frac{1}{u} \int_{x_0}^{x_0+u} f \circ h dt$$

$$= \frac{1}{u} \int_{[x_0, x_0+u] \cap K} f \circ h dt + \frac{1}{u} \int_{[x_0, x_0+u] \setminus K} f \circ h dt$$

$$\geqslant (f(x_0) + \varepsilon) \frac{m([x_0, x_0 + u] \cap K)}{u}$$

$$- M \frac{m([x_0, x_0 + u] \setminus K)}{u},$$

其中 M 是 $|f|$ 的上界,因 $d_+(K, x_0) = 1$.

$$\limsup_{u \to 0} \frac{G(x_0 + u) - G(x_0)}{u}$$

$$\geqslant f(x_0) + \varepsilon > f(x_0) = f(h(x_0)).$$

那么 $f \circ h$ 不是它的积分在 x_0 点导数. 这是矛盾的,充分性得证.

Lipinski 证明本定理无需有界条件. 而只需函数是可和的. 但证明比较复杂.

§6.4　导函数的不连续点

导函数的不连续点有很多复杂的情形. Volterra 型函数在无处稠密的闭集上不连续;Pompeiu 函数在任何导数不为 0 的点集(处处稠密集)上不连续;无处单调的可微函数的导函数也在不取 0 值的点集(也是处处稠密集)上不连续;定理 5.4.5 所构造的函数也是导函数,但无论如何它们的不连续点总构成 F_σ 集,因任何函数 f 有不连续点 x,则 f 在 x 点的振动量 $\omega(f, x) > 0$,而

$$\{x \,|\, \omega(f, x) > 0\} = \bigcup_{n=1}^{\infty} \left\{ x \,\bigg|\, \omega(f, x) \geqslant \frac{1}{n} \right\},$$

因 $\left\{ x \,\bigg|\, \omega(f, x) \geqslant \frac{1}{n} \right\}$ 成闭集,因此导函数的不连续点总是构成 F_σ

集,从而连续点总是构成 G_δ 集,另外由于导函数类 $\triangle$ 总是属于 B_1 类,这样它们的连续点又构成稠密集. 由这些基本事实能得出导函数的连续点集的特征.

定理 6.4.1 设 A 是区间 I 的稠密 G_δ 集,则存在一个导函数 F,使得 F 在 $A \subset I$ 上连续,而在 $I \backslash A$ 中不连续.

证明 设 $E = I \backslash A$,这样 E 为 F_σ 集,且为第一纲集.

设 $E = \bigcup_{n=1}^{\infty} E_n$,其中 E_n 为闭集,并且 E_n 必为无处稠密的闭集,不妨假定对每一个 n,$E_n \subset E_{n+1}$. 对于每一个 E_n,构造 Volterra 型函数 F_n,使得 $x \in E_n$,F'_n 在 x 的每一邻域中振动于 -1 与 I 之间,令

$$F(x) = \sum_{n=1}^{\infty} 3^{-n} F_n(x),$$

其逐项微分级数 $\sum_{n=1}^{\infty} 3^{-n} F'_n(x)$ 是 I 上一致收敛的,从而 $F(x)$ 是可微的. 且

$$F'(x) = \sum_{n=1}^{\infty} 3^{-n} F'_n(x).$$

下面直接证明 F' 在 A 上连续,在 E 上不连续.

事实上,当 $x_0 \in A$ 时,逐项微分级数的每一项在 x_0 点是连续的,故一致收敛的,其和 F' 在 x_0 点也是连续的;

当 $x_0 \in A$ 时,令 $n_0 = \min\{n | x_0 \in E_n\}$ 则 $F_1' + \cdots + F'_{n_0-1}$ 在 x_0 点连续,其振幅为 0,而 $\frac{1}{3^{n_0}} F_{n_0}'$ 在 x_0 振幅为 $\frac{2}{3^{n_0}}$ 且 $\sum_{n=n_0+1}^{\infty} \frac{1}{3^n} F_n'$ 在 x_0 振幅为至多是 $\frac{1}{3^{n_0}}$,这样 F' 在 x_0 的振幅至少是 $\frac{1}{3^{n_0}}$,从而在 x_0 点不连续. 证毕.

根据上述讨论和定理 6.4.1,我们得到了导函数的连续点集的特征.

定理 6.4.2 集 $A \subset [a,b]$ 为导函数的连续点集的充要条件

为 A 在$[a,b]$ 中稠密且为 G_δ 集.

顺便我们给出一个定理,以比较一般函数与导函数的不连续点集的差异.

定理 6.4.3 集 $A \subset [a,b]$ 为某一函数的连续点全体的充要条件为 A 是 G_δ 集.

证明 必要性已在本节引语中指出了.

充分性 若 A 为 G_δ 集. 这样$[a,b]\backslash A$ 为 F_σ 集,$[a,b]\backslash A = \bigcup_{n=1}^{\infty} E_n$,其中 E_n 为闭集且 $E_n \subset E_{n+1}$. 令

$$f_n(x) = \begin{cases} 2^{-n}, & x \text{ 为 } E_n \backslash E_{n-1} \text{ 的有理数}, \\ -2^{-n}, & x \text{ 为 } E_n \backslash E_{n-1} \text{ 的无理数}, \\ 0, & x \in A, \end{cases}$$

则 $f(x) = \sum_{n=1}^{\infty} f_n(x)$. 即为所求.

事实上,当 $x_0 \in A$ 时,对任给 $\varepsilon > 0$,总有 N,使 $2^{-N} < \varepsilon$,而 $x_0 \notin E_N$,总有 $\delta > 0$,使 $(x_0 - \delta, x_0 + \delta) \bigcap E_N = \varnothing$. 因此 $x \in (x_0 - \delta, x_0 + \delta)$ 时,有 $|f(x) - f(x_0)| < 2^{-N} < \varepsilon$,即 f 在 x_0 点连续,而当 $x_0 \in [a,b]\backslash A$. f 在 x_0 点不连续是显然的,因为 $x_0 \in E_n \backslash E_{n-1}$ 时,无论 x_0 是 $E_k \backslash E_{k-1}$ 内点或是 A 的聚点,f 在 x_0 点是不连续的. 特别由于$[a,b]$ 中有理数点集是 F_σ 集,无理数点集是 G_δ 集. 因此总可构造函数,使在无理数点集上是连续的,而在有理数点集上不连续.

但因无理数点集不是 F_σ 集. 有理数点集也不是 G_δ 集. 因此不可能构造一个函数,使在无理点上不连续而在有理数点上连续.

注 6.4.4 有趣的是$[a,b]$ 中的无理数点集,选定一个 F_σ 集 E,使 $E \subset \{$无理数$\} \bigcap [a,b]$,且 $mE = b - a$. 按定理 6.4.2 存在一个导函数 f,使得 f 在 E 上不连续,而在$[a,b]\backslash E$ 上连续,即有导函数 f 在$[a,b]$ 上 a.e. 不连续.

上面已经看到一般函数与导函数不连续点集是有差异的,但

是应该提到近似连续函数与导函数的不连续点结构相同.

定理 6.4.5 集 $A \subset [a,b]$ 是近似连续函数 f 的连续点集的充要条件为 A 是在 $[a,b]$ 中稠密的 G_δ 集.

证明 必要性 因 $f \in \mathring{A}$,必有 $f \in DB_1$ 知 f 的连续点集 A 是稠密 G_δ 集.

充分性 只要对定理 6.4.1 证明中对 E_n 上构造的 Volterra 型函数 F_n 的导函数 F'_n 改为近似连续函数 G_n ,使 G_n 在 $x \in E_n$ 的每一邻域中振动于 -1 与 1 之间. 这样 $G = \sum\limits_{n=1}^{\infty} \dfrac{G_n}{3^n}$ 是一致近似连续函数之和故仍为近似连续函数,且在 $E = [a,b] \backslash A$ 上不连续, A 上连续.

第七章 函数的 Dini 导数

导函数只能是由可微函数所导来的,而上下导数则是任何函数都可以产生的,因此它具有与导函数相同与不同的性质.

§7.1 上下导数的定义及其性质

定义 7.1.1 在第一章已定义了函数 F 在某一点 x 的右上,右下,左上,左下 Dini 导数,即 $D^+ F, D_+ F, D^- F, D_- F$,此外,上,下导数定义为:

$$\overline{D}F = \max\{D^+ F, D^- F\},$$
$$\underline{D}F = \min\{D_+ F, D_- F\}.$$

当 $D^+ F = D_+ F$ 时,称 F 在 x 点有右导数,记为 F'_+.

当 $D^- F = D_- F$ 时,称 F 在 x 点有左导数,记为 F'_-.

当 $F'_+(x) = F'_-(x)$ 时,称为 F 在 x 点有导数 $F'(x)$,若导数为有限时,则称 F 在 x 点可导或可微.

显然,若 F 定义于 x_0 的邻域内,则 $F'(x_0)$ 存在的充要条件为四个 Dini 导数在 x_0 点相等.

一般讲函数 F 在某些点上的四个 Dini 导数是不相等,但当 F 是区间上的连续函数时,则它们在这个区间上有共同的上,下界.并且只要一个 Dini 导数在某点连续,则四个 Dini 导数在该点都连续.

定理 7.1.2 若 F 在 $[a,b]$ 上连续,则 F 的每一个 Dini 导数在 $[a,b]$ 上的界与差商 $\dfrac{F(x) - F(y)}{x - y}$ 在 $x, y \in [a,b]$ 时的界相等.

证明 设某 $x_0 \in [a,b), D^+ F(x_0) > M$,则有 $x_1 > x_0$,使

$$\frac{F(x_1) - F(x_0)}{x_1 - x_0} > M, \tag{7.1}$$

从而$[a,b]$上差商(7.1)的上界必为$D^+ F$(更是$D_+ F$)的上界. 同理, 也是 Dini 左上, 下导数的上界.

反之, 若 $x_1, x_2 \in [a,b]$, 令

$$M = \frac{F(x_1) - F(x_2)}{x_1 - x_2},$$

且

$$G(x) = F(x) - Mx, x \in [a,b],$$

则由 $G(x)$ 的连续性及 $G(x_1) = G(x_2)$, 必有 $x_3 \in [x_1, x_2]$ 取 G 的最小值, 即 $G(x_3) = \min G(x)$.

此时若 $x_3 = x_2$, 即 $G(x_1) = G(x_2) = \min G(x)$, 则 $D_+ G(x_1)$ $\geqslant 0$, 从而 $D_+ F(x_1) \geqslant M$. 若不然, 即 $x_3 \neq x_2$, 则 $x_3 \in (\dot{x}_1, x_2)$, 自然 $D_+ G(x_3) \geqslant 0$, 这样有 $D_+ F(x_3) \geqslant M$, 从而 $D_+ F$ 和 $D^- F$ 在 $[a, b]$ 的上界必为差商的上界.

同理对 $D_- F$ 与 $D^- F$ 可得相同结论以及有关下界的结论.

定理 7.1.3 若连续函数 F 的四个 Dini 导数之一在点 x_0 是连续的, 则其他三个在 x_0 点连续, 这时所有四个 Dini 导数相等且有限, 即 F 在 x_0 点是可微.

证明 若设 $D^+ F(x)$ 在 x_0 点连续, 对任何 $\varepsilon > 0$, 有 x_0 的邻域 $U(x_0)$, 当 $x \in U(x_0)$ 时,

$$D^+ F(x_0) - \varepsilon < D^+ F(x) < D^+ F(x_0) + \varepsilon,$$

由定理 7.1.2 知, $x_1, x_2 \in U(x_0)$,

$$\frac{F(x_1) - F(x_2)}{x_1 - x_2} \in [D^+ F(x_0) - \varepsilon, D^+ F(x_0) + \varepsilon],$$

从而 $D_+ F(x_0), D^- F(x_0), D_- F(x_0)$ 都属于

$$[D^+ F(x_0) - \varepsilon, D^+ F(x_0) + \varepsilon],$$

由 ε 的任意性知 $D_+ F(x_0), D^- F(x_0), D_- F(x_0)$ 都等于 $D^+ F(x_0)$, 且 $D_+ F(x), D^- F(x), D_- F(x)$ 在 x_0 点连续的.

但当 F 为不连续时, 这些结论不成立. 如函数 F 为 $(0,1]$ 上的

特征函数,则在 $x=1$ 的每一个邻域内,$D_- F(x) \equiv 0$,但 $D_+ F(1)$ $=-\infty,F_+ (0)=\infty$,而当 $x\neq 1$ 和 0 时,$D_+ F(x)=0$.

§7.2　Dini 导数的可测性及 Baire 类属

导函数是 B_1 类函数,Dini 导数不总是 B_1 类的,但它仍继承它的"原函数"的某些性质.

定理7.2.1　设 F 是 $[a,b]$ 上有限可测函数,它的四个 Dini 导数也是可测函数.

证明　只需考虑 $D^+ F$,其他情形类似.

对于每对自然数 $n,m,n>m$,设 $D_{nm}(F;x)$ 为

$$\sup_{t\in [a,b]} \left\{ \frac{F(t)-F(x)}{t-x} \,\middle|\, x+\frac{1}{n}<t<x+\frac{1}{m} \right\},$$

对固定 x,则有

$$D^+ F(x) = \lim_{m\to\infty} \lim_{n\to\infty} D_{nm}(F;x).$$

对任何 $\alpha \in \mathbf{R}$,讨论集 $A_{nm} = \{x\,|\,D_{nm}(F;x)>\alpha\}$.

当 F 在集 E 取常数时,且 $x_0 \in E \cap A_{nm}$,总有 $t_0 \in \left(x_0+\frac{1}{n},x_0+\frac{1}{m} \right)$,使

$$\frac{F(t_0)-F(x_0)}{t_0-x_0}>\alpha,$$

从而取充分小 $\delta>0$,使得对任 $x\in (x_0-\delta,x_0+\delta) \cap E$,有:$t_0 \in \left(x+\frac{1}{n},x+\frac{1}{m} \right)$,且 $\dfrac{F(t_0)-F(x_0)}{t_0-x_0+(x_0-x)} > \alpha$,从而 $\dfrac{F(t_0)-F(x)}{t_0-x}>\alpha$,自然 $D_{nm}(F;x)>\alpha$,即 $x\in A_{nm}$,可知 $E \cap A_{nm}$ 在 E 中(相对)为开集,这样当 E 为可测集时,$E \cap A_{nm}$ 也为可测集.

当 F_k 为 $[a,b]$ 上简单函数(即 $[a,b]$ 可分为两两不交有限个可测集 E_i 之并,且 F_k 在每一个可测集 E_i 上取常数),设

$$A_{nm}^{(k)} = \{x\,|\,D_{nm}(F_k;x)>\alpha\},$$

则 $E_i \bigcap A_{nm}^{(k)}$ 为可测集,从而 $A_{nm}^{(k)} = \bigcup_i (E_i \bigcap A_{nm}^{(k)})$ 是可测集,即 $D_{nm}(F_k;x)$ 为可测函数,由于 F 是可测函数总有一列简单函数 F_k 的极限,知

$$D_{nm}(F;x) = \lim_{k \to \infty} D_{nm}(F_k;x)$$

为可测函数,得知 $D^+ F$ 为可测函数.

定理 7.2.2 设 F 是在 $[a,b]$ 上连续函数,则每一个 Dini 导数是 $B_2 \bigcup B_1 \bigcup B_0$ 类函数.

证明 考虑 $D^+ F$,其他类似,$D_{nm}(F;x)$ 如上定理所规定.

$$D^+ F(x) = \limsup_{t \to x_+} \frac{F(t) - F(x)}{t - x}$$
$$= \lim_{m \to \infty} \lim_{n \to \infty} D_{nm}(F;x).$$

当 F 连续时,$D_{nm}(F;x)$ 是连续函数,故 $D^+ F(x)$ 为类属不超过 2 的 Baire 函数

注意连续函数的 Dini 导数在典型情况是 B_2 类的,当 F 是无处可导处处连续函数时,则 $D^+ F \in B_2$,因若不然,$D^+ F \in B_1 \bigcup B_0$,$D^+ F$ 必在 $[0,1]$ 中一个主剩集上连续,由定理 7.1.3 可知在此主剩集上,F 必可导,这与 F 的假设矛盾,可知典型连续函数的 Dini 导数是 B_2 类的.

定理 7.2.3(Hajek) 设 F 为定义在区间 I 上任意函数,则 $\overline{D} F$ 是 $B_0 \bigcup B_1 \bigcup B_2$ 类的.

证明 首先注意下列事实:若 A 是不退化区间的并集(开或闭均可,也可以是任意多个并),则 A 是 F_σ 集,且 A 的补 $\mathscr{C} A$ 为闭集与可列集之差.

事实上,A 至多是可列个互不相交的不退化成分(区间)之并,设 $A = \bigcup_k J_k$,J_k^0 为 J_k 的内点集,即 J_k 去掉端点的开区间,

$$\bigcap_k (\mathscr{C} J_k^0) = \bigcap_k (\mathscr{C} J_k) \bigcup C = (\mathscr{C} A) \bigcup C,$$

其中 C 为 $\bigcup_k (J_k \backslash J_k^0)$ 的子集,故为可列集,而 $(\mathscr{C} A) \bigcup C$ 是闭集

现在只要证明对任何 $\alpha \in \mathrm{R}$, 集
$$\{x \mid \overline{D}F(x) \geqslant \alpha\} \text{ 和 } \quad \{x \mid \overline{D}F(x) < \alpha\}$$
分别是 $F_{\sigma\delta}$ 和 $G_{\delta\sigma}$ 集.

不妨先考虑 $\{x \mid \overline{D}F(x) \geqslant \alpha\}$, 令
$$S_n = \left\{ [a,b] \subset I \,\middle|\, b-a < \frac{1}{n}, \frac{F(b)-F(a)}{b-a} \geqslant \alpha - \frac{1}{n} \right\},$$
$$A = \bigcap_n (\bigcup_{J \in S_n} J),$$
由上述事实可知, $\bigcup_{J \in S_n} J$ 为 F_σ 集, A 就为 $F_{\sigma\delta}$ 集.

现证 $A = \{x \mid \overline{D}F(x) \geqslant \alpha\}$.

因为若 $x_0 \in \{x \mid \overline{D}F(x) \geqslant \alpha\}$, 总有 $x_n \to x_0$, 使得
$$\frac{F(x_n)-F(x_0)}{x_n-x_0} \geqslant \alpha - \frac{1}{n} \text{ 且 } |x_n - x_0| < \frac{1}{n},$$
即 $[x_n, x_0]$ 或 $[x_0, x_n] \in S_n$, 从而对所有 n, $x_0 \in \bigcup_{J \in S_n} J$, 得 $x_0 \in A$.

反之, 若 $x_0 \in A$, 对任何 n, 有 $[a,b]$, $x_0 \in [a,b]$,
$$b-a < \frac{1}{n}, \frac{F(b)-F(a)}{b-a} \geqslant \alpha - \frac{1}{n},$$
这样 $\dfrac{F(b)-F(x_0)}{b-x_0}$ 和 $\dfrac{F(x_0)-F(a)}{x_0-a}$ 之一必大于 $\alpha - \dfrac{1}{n}$, 从而
$x_0 \in \{x \mid \overline{D}F(x) \geqslant \alpha\}$, 得 $\{x \mid \overline{D}F(x) \geqslant \alpha\} = A$ 是 $F_{\sigma\delta}$ 集, 而
$$\{x \mid \overline{D}F(x) < \alpha\} = \bigcup_n (\mathscr{C}(\bigcup_{J \in S_n} J)),$$
由上述事实知 $(\mathscr{C}(\bigcup_{J \in S_n} J)) \cup C_n = F_n$ 为闭, 且 C_n 为可列集, 设
$$\bigcup_n (\mathscr{C}(\bigcup_{J \in S_n} J) \cup C) = M,$$
其中 C 为与 $\bigcup_n (\mathscr{C}(\bigcup_{J \in S_n} J))$ 不相交的可列集 C_n 之并, M 是 F_σ 型
的, 且 $\{x \mid \overline{D}F(x) < \alpha\} = M \backslash C$ 故同为 $F_{\sigma\delta}$ 与 $G_{\delta\sigma}$ 集.

§7.3 Dini 导数的准 Darboux 性质

容易构造一个函数, 它的 Dini 导数没有介值性, 如 $|x|$, 本节

将讨论 Dini 导数的准介值性.

引理 7.3.1 若 C 是 R 中无处稠密的有界闭集, F 是在 C 上连续且严格单调函数, 则 $F(C)$ 也是 R 中无处稠密的有界闭集.

证明 任取 $y_n \in F(C), y_n \to y_0$, 必有 $x_n \in C$, 使 $y_n = F(x_n)$, 不妨设 $x_n \to x_0 \in C$, 故 $y_n = F(x_n) \to F(x_0)$, 从而 $y_0 = F(x_0) \in F(C)$, 故 $F(C)$ 为闭集.

再若 $x_1, x_2 \in C, x_1 < x_2, (x_1, x_2) \bigcap C = \varnothing$, 不妨设 F 为上升, 则 $F(x_1) < F(x_2)$ 且 $(F(x_1), F(x_2)) \bigcap F(C) = \varnothing$, 知 C 为无处稠密闭集时, $F(C)$ 为无处稠密闭集.

引理 7.3.2 若 F 是 R 上的连续函数, 集 $\{x \mid D^+ F(x) \geqslant 0\}$ 是稠密的, 对每一个正整数 n, 令

$$C_n = \left\{ x \left| \frac{F(x+h) - F(x)}{h} \leqslant -\frac{1}{2^n}, \text{当 } 0 < h \leqslant \frac{1}{2^n} \right. \right\},$$

则 $C_n \bigcup F(C_n)$ 是第一纲集.

证明 设 J 是长度为 $\frac{1}{2^n}$ 的闭区间, 由 F 为连续函数, 则 $C_n \bigcap J$ 是有界闭集, 事实上, 若 $x_k \in C_n \bigcap J, x_k \to x_0$,

$$\frac{F(x_k + h) - F(x_k)}{h} \leqslant -\frac{1}{2^n},$$

可知

$$\frac{F(x_0 + h) - F(x_0)}{h} \leqslant -\frac{1}{2^n},$$

得 $x_0 \in C_n \bigcap J$, 即 $C_n \bigcap J$ 为闭集.

另一方面, 由 $\{x \mid D^+ F(x) \geqslant 0\}$ 是稠密的,

$$C_n \bigcap J \subset \left\{ x \left| D^+ F(x) \leqslant -\frac{1}{2^n} \right. \right\},$$

可知闭集 $C_n \bigcap J$ 又必是无处稠密的闭集.

再者, 由于 F 在 $C_n \bigcap J$ 是严格下降的, 因此由上述引理知 $(C_n \bigcap J) \bigcup F(C_n \bigcap J)$ 都是无处稠密的闭集, 设 $R = \bigcup_1^{\infty} J_k$, 其中

J_k 是长度为 $\frac{1}{2^n}$ 的闭区间,我们可写为

$$C_n \bigcup F(C_n) = \overset{\infty}{\underset{k=1}{\bigcup}} \{(C_n \bigcap J_k) \bigcup F(C_n \bigcap J_k)\}.$$

因此 $C_n \bigcup F(C_n)$ 是可列个无处稠密集之并,所以是第一纲集.

引理 7.3.3 设 F 在 R 上连续,集 $\{x \mid D^+ F(x) \geqslant 0\}$ 是稠密的,令 $N = \{x \mid D^+ F(x) < 0\}$,则 $N \bigcup F(N)$ 是第一纲集.

证明 由上述引理及下列关系,即得

$$N \bigcup F(N) = \overset{\infty}{\underset{n=1}{\bigcup}} [C_n \bigcup F(C_n)].$$

引理 7.3.4 设 F 在 R 上连续,若集 $\{x \mid D^+ F(x) \geqslant 0\}$ 是稠密的,若 $a < b$ 时,$F(a) > F(b)$,则 F 映集

$$\{x \mid D^+ F(x) = 0\} \bigcap (a, b)$$

入区间 $(F(b), F(a))$ 中的第二纲子集(主剩集).

证明 对每一 $y, F(b) < y < F(a)$,取

$$M(y) = \sup\{x \in (a, b) \mid F(x) = y\}.$$

设 $x = M(y)$,则 $D^+ F(x) \leqslant 0$,知 F 映 $\{x \mid D^+ F(x) \geqslant 0\}$ 为 $[F(b), F(a)]$ 由上述引理 7.3.3 知,集 $N = \{x \mid D^+ F(x) < 0\}$ 与 $F(N)$ 为第一纲集,故 F 将

$$\{x \mid D^+ F(x) = 0\} \bigcap (a, b)$$

映为 $(F(b), F(a))$ 中第二纲子集.

引理 7.3.5 若 F 是在 R 中连续且 $\{x \mid D^+ F(x) \geqslant 0\}$ 是稠密的,则或 F 是不减的,或集 $\{x \mid D^+ F(x) = 0\}$ 的势为 c.

证明 若 F 不减不真,必有 $a < b, F(a) > F(b)$,由引理 7.3.4,$\{x \mid D^+ F(x) = 0\} \bigcap (a, b)$ 映入主剩集,故其势为 c.

定理 7.3.6(Morse[107]) 若 F 是 R 上的连续函数,α 为实数,集 $\{x \mid D^+ F(x) \geqslant \alpha\}$ 在 R 中稠密,且存在 $x_0 \in$ R,使 $D^+ F(x_0) < \alpha$,则集 $\{x \mid D^+ F(x) = \alpha\}$ 的势为 c.

证明 只要对 $G(x) = F(x) - \alpha x$ 应用引理 7.3.5 即得.

这个定理给了某些连续函数的 Dini 导数所具有的准介值性.

定理 7.3.7　若 F 在区间 I 上连续,它的 Dini 导数(如 $D^+ F$)在 I 的每一个子区间上是上,下无界的,则 $D^+ F$ 在每一个区间上取一切值且对任何实数 α,集 $\{x \mid D^+ F(x) = \alpha\}$ 的势为 c.

证明　$D^+ F$ 在每一个区间上,下无界,则对任何实数 α,集 $\{x \mid D^+ F(x) \geqslant \alpha\}$ 为稠密集,并且有 x,使 $D^+ F(x) < \alpha$ 集,由定理 7.3.6 得出集 $\{x \mid D^+ F(x) = \alpha\}$ 的势为 c.

定理 7.3.8　若 F 在 I 上是连续且无处可微,则 $D^+ F$ 在 I 中每一个子区间上取一切实数且对每一个 α,集 $\{x \mid D^+ F(x) = \alpha\}$ 的势为 c.

证明　任取 $[a,b] \subset I$,则 F 的 Dini 导数必上,下无界. 因为不然,不妨设 $D^+ F(x) \geqslant - M$ 在 $[a,b]$ 上成立,由定理 7.1.2 四个 Dini 导数都以 $- M$ 为下界,这样 $G(x) = F(x) + Mx$ 是单调,从而在 $[a,b]$ 上 a.e. 可微,这与 F 处处不可微矛盾,因此,由定理 7.3.7 可得,对每一个实数 α,集 $\{x \mid D^+ F(x) = \alpha\}$ 的势为 c.

注意 由于处处连续无处可导函数是典型连续函数,可见典型连续函数的 Dini 导数是 Darboux 函数(甚至是 D^* 和 D^{**} 函数).

例 7.3.9　设 F 是 Cantor 函数,则在 Cantor 集的接邻区间上,$D^+ F(x) = 0$,存在 $x_0 \in [0,1]$,使 $F'(x_0) = \infty$(因为 $F'(0) = \infty$),则每 $\alpha > 0$,$\{x \mid D^+ F(x) = \alpha\}$ 的势为 c.

本例说明 Cantor 函数的 Dini 导数也具有强介值性.

例 7.3.10　设 E 为 $[0,1]$ 中可测子集,$[0,1]$ 中任何区间 I,$m(I \bigcap E) > 0$,且 $m(I \backslash E) > 0$.

设 $F(x) = \int_0^x \chi_E(t) dt$,其中 $\chi_E(t)$ 为 E 上特征函数. 则 $F' = \chi_E(t)$ a.e. 成立,特别它在 E 的全密集上,$F'(x) = 1$,这样 $D^+ F$ 在该全密集上也为 1. 另一方面,在 $I \backslash E$ 的全密集上 $F'(x) = 0$,同样 $D^+ F = 0$,由定理 7.3.6 知 $D^+ F$ 在 c — 稠密集上取 0 与 1 之间每个值.

这样不仅上述函数外,并且 F 是一个绝对连续函数,它的 Dini 导数也具有 Darboux 性质(并且有 D^*, D^{**} 性质),这比第三章所人为构造 Darboux 函数自然得多,普遍得多.

§7.4　Dini 导数间的关系

容易构造一个函数在某一点 x_0 点四个 Dini 导数是不同的,然而,每个函数的四个 Dini 导数也并非处处可以自行其事的,Dini 导数之间有着某些的关系.例如定理 5.1.2 证明对于连续函数,四个 Dini 导数在每一个区间中有相同的界等等.

定理 7.4.1　若 F 定义于 R,则集
$$A = \{x \mid D^+ F(x) < D_- F(x)\},$$
$$B = \{x \mid D^- F(x) < D_+ F(x)\}$$
至多是可列集.

证明　只要证明 A 为可列集,B 是类似的.若 $x \in A$,取 h, k 是有理数,使
$$D^+ F(x) < h < k < D_- F(x),$$
总有自然数 n,令
$$A_{hkn} = \left\{ x \,\middle|\, \text{当}\ 0 < t - x < \frac{1}{n}, \frac{f(t) - f(x)}{t - x} < h, \right.$$
$$\left. \text{当}\ 0 < x - t < \frac{1}{n}, \frac{f(t) - f(x)}{t - x} > k \right\},$$
对于 $x \in A_{hkn}$,即 $t \in \left[x, x + \dfrac{1}{n}\right]$ 时,$f(t) - ht < f(x) - hx$,
$t \in \left[x - \dfrac{1}{n}, x\right]$ 时,$f(t) - kt > f(x) - kx$.

容易看出,$\left[x - \dfrac{1}{n}, x + \dfrac{1}{n}\right]$ 中除了 x 以外再无 A_{hkn} 中点,并且任何长度为 $\dfrac{1}{n}$ 的开区间至多包含集 A_{hkn} 的一个点,而集 A_{hkn} 至多是可列个,因此 $\bigcup\limits_{n,k,n} A_{hkn}$ 是可列集,但由于 $A \subset \bigcup\limits_{h,k,n} A_{hkn}$ 这样本定理获证.

定理 7.4.2　若 F 定义于 $(-\infty, \infty)$,则
$$E = \{x \mid \text{右,左导数}\ F'_+ \text{与}\ F'_- \text{存在但不相等}\}$$

是可列集.

证明 若 $F'_-(x) > F'_+(x)$,则 $D_- F(x) > D^+ F(x)$,由上定理知,至多在可列集上成立,即 $F'_- \leqslant F'_+$ 除了可列集以外均成立,同样 $F'_+ \leqslant F'_-$ 也除了可列集以外是成立的,得 $F'_+ = F'_-$ 除了可列集是成立的.

但这切不可理解为"单侧导数之一存在而导数不存在的点集是可列集". 甚至对于连续函数也没有这个结论.

例 7.4.3 构造一个函数 F,使集
$$\{x \,|\, F'_+(x) \text{ 存在}, \text{而 } F'_-(x) \text{ 不存在}\}$$
是不可列集.

首先在 $[0,1]$ 中构造类似 Cantor 集的无处稠密的完备集 P,具体过程如下:

对 $[0,1]$,第一次去掉正中间的长度为 $(1 - 2^{-1})$ 的开区间,留下的两个闭区间,每个长度为 2^{-2};第二次对留下的每一个闭区间,去掉正中间长度为全长的 $(1 - 2^{-2})$ 的开区间,留下四个区间,长度为 2^{-5},总长为 2^{-3};依以继续 $\cdots$;第 n 次对所留下的 2^{n-1} 个闭区间的每一个去掉中间长度为全长的 $(1 - 2^{-n})$ 开区间,留下 2^n 个闭区间总长度 $2^{-\frac{n(n+1)}{2}}$,每一个区间长为 $2^{-n}2^{-\frac{n(n+1)}{2}}$,$\cdots$,最后留下的集记为 P.

现在来定义函数 F,设 H 为 P 的双侧极限点集,令 F 在 H 上取值为 0,若 (a,b) 为 P 的第 n 次去掉的接邻区间,$F(a) = 0$,F 在 $[a,b]$ 为线性,斜率为 n^{-1},那么 F 被确定并且除了在 P 的接邻区间右端点以外均为连续的.

现证在 H 上 $F'_+ \equiv 0$.

设 $x_0 \in H, x > x_0$,则当 $x \in H$ 时,
$$\frac{F(x) - F(x_0)}{x - x_0} = 0,$$
而当 $x \notin H, x \in [a,b]$,(a,b) 为第 n 次去掉 P 的接邻区间,则
$$0 \leqslant \frac{F(x) - F(x_0)}{x - x_0} \leqslant \frac{F(b) - F(x_0)}{b - x_0}$$

$$= \frac{1}{n} \frac{b-a}{b-x_0} < \frac{1}{n},$$

当 $x \to x_0^+, x \not\in H$, 必有 $n \to \infty$, 故 $F'_+(x_0) = 0$.

而再考虑 x_0 的左边, 在第 n 次去掉的, 在 x_0 左边与 x_0 最靠近的区间设为 $(a,b), b \leqslant x_0$, 必有

$$x_0 - b \leqslant 2^{-n} \cdot 2^{-\frac{n(n+1)}{2}}$$

$$\leqslant 2^{-n-1} 2^{-\frac{n(n-1)}{2}} \cdot 2 \cdot 2^{-n} \leqslant \frac{b-a}{2^n},$$

则

$$\frac{F(b) - F(x_0)}{b - x_0} = -\frac{1}{n} \frac{b-a}{x_0 - b} < -\frac{2^n}{n},$$

这对任意大 n, 都可选这种区间 (a,b), 从而 $D_- F(x_0) = -\infty$.

另一方面 $\dfrac{F(a) - F(x_0)}{a - x_0} = 0$, 故 $D^- F(x_0) = 0$, 可知 F 满足所要求: 在 H 上 F'_+ 存在, F'_- 不存在, 而 H 为不可列.

上述 F 在 P 的接邻区间 (a,b) 的右端点是不连续的, 我们不难将 F 稍作改变构造 G, 使 G 在 $[0,1]$ 上连续, 并且在 H 上具有同样性质.

Dini 导数的最主要结果是 Denjoy-Young-Saks 定理. 在 1915 年 Denjoy 对连续函数, 1916 年 Young 对可测函数, 1924 年 Saks 对任意函数给出了证明, 这个证明参考 [114], [117].

定理 7.4.4 F 定义于区间 I, 则除了一个零测集外, I 可分解为下列四种集合:

$A_1 = \{x \mid F$ 有有限导数$\}$;

$A_2 = \{x \mid D^+ F = D_- F($有限$),$ 又 $D^- F = \infty$

且 $D_+ F = -\infty\}$;

$A_3 = \{x \mid D^+ F = \infty,$ 又 $D_- F = -\infty,$

且 $D^- F = D_+ F($有限$)\}$;

$A_4 = \{x \mid D^+ F = D^- F = \infty,$ 又 $D_+ F = D_- F = -\infty\}$.

注意 本定理对于定义于任何集 E 也是有效的,只要按自然方法定义 Dini 导数,(即差商只在所讨论的 E 上考虑),可以举例说明存在函数使其每一个 A_1, A_2, A_3, A_4 有可能出现正测度.

由定理 7.4.4 可推论:

(i) 单调(不减)函数是 a.e. 可微的(因为集 A_2, A_3 和 A_4 在这时是空的);

(ii) 有界变差函数是 a.e. 可微的(因为这种函数可以分解为两个不减函数之差);

(iii) F 的每一个 Dini 导数是 a.e. 有限的,则 F 是 a.e. 可微的,(因为 A_2, A_3 和 A_4 是零测集);

(iv) 任何有限函数 F,其上左右单侧导数之一是存在且无限的点集为零测集,即

$$\{x \mid F'_+(x) = \pm\infty\} \bigcup \{x \mid F'_-(x) = \pm\infty\}$$

是零测集,(因为这个集合与 A_1, A_2, A_3 或 A_4 均不相交).

可以看出 (iii) 改善了重要结果:有有界 Dini 导数的函数是 a.e. 可微的,而现在有界性可用 a.e. 有限性代替(甚至不要求 F 是连续的).

注意 (iii) 要求函数的每一个 Dini 导数都是 a.e. 有限,如函数仅仅一个 Dini 导数之一是 a.e. 有限,这个函数仍可能不可微(例:无理数集上特征函数).

与 (iv) 对比,注意存在函数有一个 Dini 导数是处处为 $+\infty$.

例 7.4.5 每 $x \in [0,1)$,用三进制表为 $x = 0.a_1 a_2 a_3 \cdots$,其中 a_k 是 $0, 1$ 或 2,当 x 有两种表示时,不以 2 为循环,令

$$F(x) = 0.b_1 b_2 b_3 \cdots (\text{二进制数}),$$

其中当 $a_k = 2$ 时,$b_k = 1$,当 $a_k = 0, 1$ 时,$b_k = 0$.

可以验证:(1) $D^+ F \equiv \infty$;(2) F 在无尽三进小数点是连续的;(3) F 是处处右连续的.

因若 $x = 0.a_1 a_2 \cdots a_n \cdots$ 为三进制小数,不以 2 循环. 总有

$$n_1 < n_2 < \cdots < n_k < \cdots, a_{n_k} \neq 2,$$

设

$$h_k = \left(\frac{1}{3}\right)^{n_k} \text{ 或 } 2\left(\frac{1}{3}\right)^{n_k}, (\text{当 } a_{n_k} = 1 \text{ 或 } 0),$$

$$\frac{F(x+h_k)-F(x)}{h_k} = \frac{\left(\frac{1}{2}\right)^{n_k}}{\left(\frac{1}{3}\right)^{n_k}} \text{ 或 } \frac{\left(\frac{1}{2}\right)^{n_k}}{2\left(\frac{1}{3}\right)^{n_k}} \to \infty,$$

即 $D^+ F(x) \equiv \infty$, 得(1). 再者, 当 $0 < h < \left(\frac{1}{3}\right)^{n_k}$ 时,

$$|F(x+h) - F(x)| < \left(\frac{1}{2}\right)^{n_k},$$

故得(3). 最后, 当 x 为无尽三进小数时, 即从任一位以后不可能都为 0, 也不可能都为 2, 总有

$$n_1 < n_2 < \cdots < n_k < \cdots,$$
$$a_{n_1} \neq 0, a_{n_2} \neq 2, a_{n_3} \neq 0, a_{n_4} \neq 2, \cdots,$$

这样, 当 $|h| \leqslant \left(\frac{1}{3}\right)^{n_k}$ 时,

$$F(x+h) - F(x)| \leqslant \left(\frac{1}{2}\right)^{n_{k-1}},$$

故得(2).

但不可能构造例子, 使 $F(x)$ 在 $[0,1]$ 上连续且 $D^+ F(x) \equiv \infty$, 因为 $F(x)$ 不可能在某一区间上单调, 不然 $F'(x)$ a.e. 存在与 $D^+ F(x) \equiv \infty$ 相悖, 若 F 在 $[0,1)$ 上无处单调, 总有 $x_0 \in (0,1)$ 取 $F(x)$ 的极大值, 这又得 $D^+ F(x_0) \leqslant 0$, 与 $D^+ F(x) \equiv \infty$ 相矛盾.

另一方面如在第一章所指出可以构造连续函数 F, 使在每一点 x 都有

$$\limsup_{h \to 0_+} \left| \frac{F(x+h) - F(x)}{h} \right| = \infty,$$

(也就是在每一点 x, 或 $D^+ F(x) = \infty$ 或 $D_- F(x) = -\infty$).

第八章　同胚创造和破坏的性质

由于作用于区间 $I=[a,b]$ 上同胚变换总是单调的, 令 $\mathscr{H}$ 为作用于 I 的全体上升同胚类, 设 $\mathscr{F}$ 为定义于区间 I 上函数类, $\mathscr{F}\circ\mathscr{H}$ 记为所有函数 $f\circ h$ 全体, 称为 $\mathscr{F}$ 的内同胚, 其中 $f\in\mathscr{F}$, $h\in\mathscr{H}$, $\circ$ 为复合运算.

同样可考虑外同胚 $\mathscr{H}\circ\mathscr{F}$, 不过这时 h 为作用于实数轴 $\mathbb{R}$ 到 $\mathbb{R}$ 的上升同胚. 很多函数类同胚(或内或外)是封闭的, 如连续函数空间, 囿变函数类, Baire 函数类, Darboux 函数类等. 即若 $\mathscr{F}$ 为上述函数类时, 则 $\mathscr{F}\circ\mathscr{H}=\mathscr{F}$; $\mathscr{H}\circ\mathscr{F}=\mathscr{F}$. 但是有的函数类则不然, 如可微函数类和导函数类. 同胚变换下, 可使可微函数成为不可微函数, 也可使导函数成为非导函数(这两种情形的反之亦然).

本章讨论在同胚变换下, 如何使某些不可微的函数创新成为可微函数? 讨论创新可微函数的条件, 和如何使导函数(有原函数的函数) 破坏成为非导函数(没有原函数的函数)?

若 $\mathscr{G}=\mathscr{F}\circ\mathscr{H}$, 则对每一个 $g\in\mathscr{G}$, 存在 $h\in\mathscr{H}$, $f\in\mathscr{F}$, 使 $g=f\circ h$. 因 $h^{-1}\in\mathscr{H}$, $f=g\circ h^{-1}\in\mathscr{F}$, 即 $\mathscr{G}$ 为函数类, 其中每一函数可以通过自变量同胚变换为 $\mathscr{F}$ 中函数. 例如 $\mathscr{F}$ 是可微函数类, 则 $\mathscr{G}$ 是可用同胚变换为可微函数的函数类, 若 $\mathscr{F}$ 为导函数类 Δ, 则 $\mathscr{G}$ 是可用同胚可变换为有原函数的函数. 本章对这两类函数分别讨论内外同胚的变化.

§8.1 内同胚创造微分的条件

大家知道函数 $F(x) = |x|$ 和 $G(x) = x\sin\dfrac{1}{x}$ $(G(0) = 0)$ 在 $[-1,1]$ 上除了原点以外都是可导的,将函数 $h(x) = x^3$(作用于 $[-1,1]$ 上的同胚)与 F 或 G 复合,即得

$$(F \circ h)(x) = F(h(x)) = |x^3| = |x|^3,$$

$$(G \circ h)(x) = G(h(x)) = x^3\sin\frac{1}{x^3}G(h(0)) = 0),$$

都成为处处可导函数.

稍为复杂一点,设 K 为标准 Cantor 函数,这个函数是不减的,并且在 Cantor 集 C 上的每一个接邻区间上是常数,它映 Cantor 集 C 为 $[0,1]$,是否也存在适当同胚变换,将 K 变换为可微函数?下面对这个问题的回答是肯定的,这样一来,由于 K 与同胚的复合仍是 Cantor 型函数,因此再次证明了可微的 Cantor 型函数的存在性.

对上述三个函数 $F(x)$、$G(x)$、$K(x)$ 都分别肯定了有相应同胚变换,使其复合能成为可微函数,那么是否存在否定的情形?以及肯定有这种同胚的条件是什么?

再则,由于 $(F \circ h)(x)$ 不仅可导并且导数是有界的,甚至是连续的. 这样进一步再问,是否存在适当的同胚 h,使 $(G \circ h)(x)$ 或 $(K \circ h)(x)$ 也同样有有界(甚至连续)导函数?

因为有些性质在同胚变换下是不变的,如连续性、囿变性,有些却不然,如可导性、有原函数性等. 下面就根据不同情况来加以讨论.

引理 8.1.1 若 $Z \subset [0,1]$ 为 G_δ 型的零测集,则在 $[0,1]$ 上存在绝对连续函数 G,使得所有对 $x \in Z$,$G'(x) = \infty$,而对 $x \in [0,1]\backslash Z$,$G'(x) \geqslant 1$.

证明 如定理 5.4.5 中证明,对 $E = [0,1]\backslash Z$,可构造族 P_λ,

$\lambda \geqslant 1$,使得 $\lambda_1 < \lambda_2$ 时,$P_{\lambda_1} \stackrel{\cdot}{\subset} P_{\lambda_2}$ 且 $E = \bigcup_{\lambda \geqslant 1} P_\lambda$. 并且在归纳过程中,确定了 P_n 以后,保证 P_{n+1} 是几乎充满 P_n 的每一个接邻区间,确切地说,若 I 是 P_n 的接邻区间,则

$$\frac{m(P_{n+1} \bigcap I)}{|I|} > 1 - |I|,$$

令 g 为定理 5.4.5 中函数 f 的倒数,即

$$g(x) = \begin{cases} \infty, & \text{若 } x \in Z, \\ \inf\{\lambda \mid x \in P_\lambda\}, & \text{若 } x \in E, \end{cases}$$

那末与 f 类似处理,可知 g 是 $[0,1]$ 上的下半连续又上半近似连续函数且在 Z 上是广义连续的(指当 $x \in Z, \lim_{y \to x} g(y) = \infty$).

若 m_n 表示为 $[0,1] \backslash P_n$ 的测度,I 为 P_n 的接邻区间集,则

$$m_{n+1} = \sum_I m(I \backslash P_{n+1}) \leqslant \sum_I |I|^2$$
$$\leqslant (m(\bigcup_I I)^2 = m_n{}^2,$$

由此可知,g 为 (L) 可积的,因为

$$\int_E g = \sum_{n=1}^{\infty} (n+1) m(P_{n+1} \backslash P_n)$$
$$\leqslant \sum_{n=1}^{\infty} (n+1) m(I \backslash P_n) \leqslant \sum_{n=1}^{\infty} (n+1) m_n$$
$$\leqslant \sum_{n=1}^{\infty} (n+1) m_1{}^{2^n} < \infty,$$

令 $G(x) = \int_0^x g dt$,则 G 是绝对连续的,再用 g 的近似连续性,可得 $x \in E, G'(x) = g(x) \geqslant 1, x \in Z, G'(x) = \infty$.

引理 8.1.2 若 f 在 $[0,1]$ 上连续且囿变,则存在作用于 $[0,1]$ 上的同胚 h,使 $f \circ h$ 满足 Lipschitz 条件.

证明 对每 $x \in [0,1]$,$A(x)$ 记为在 $[0,x]$ 上函数 f 的图象的弧长,$L = A(1)$ 是图象的全长,$\frac{A(x)}{L}$ 为作用于 $[0,1]$ 同胚,令 $h^{-1}(x) = \frac{A(x)}{L}$,则 h 即为所求的函数. 事实上,h 自然是 $[0,1]$ 上

的同胚,且 $0 \leqslant x_1 < x_2 \leqslant 1$ 时,设 $t_1 = h(x_1), t_2 = h(x_2)$,则

$$
\left| \frac{f(h(x_2)) - f(h(x_1))}{x_2 - x_1} \right| = \left| \frac{f(t_2) - f(t_1)}{h^{-1}(t_2) - h^{-1}(t_1)} \right|
$$

$$
= L \left| \frac{f(t_2) - f(t_1)}{A(t_2) - A(t_1)} \right| \leqslant L.
$$

可知 $f \circ h$ 是 Lipschitz 函数且常数为 L.

定理8.1.3 f 定义于 $[0,1]$,则存在作用于 $[0,1]$ 上同胚映象 h,使 $f \circ h$ 可导且导数有界的充分且必要条件为 f 是连续且囿变的.

证明 必要性是显然的,因当 $f \circ h$ 导数有界必连续囿变,故 $f = f \circ h \circ h^{-1}$ 也是连续囿变的.

充分性 f 是连续且囿变时,由引理8.1.2可以不妨设 f 是满足 Lipschitz 条件并且常数为 L,令 $W = \{x \mid f$ 在 x 点是不可微的$\}$ 则 $m(W) = 0$.

设 Z 是测度为 0 的 G_δ 集,且 $W \subset Z$,由引理8.1.1知,$[0,1]$ 上存在连续严格上升函数 G,使在 Z 上,$G'(x) = \infty$,而在 $[0,1] \backslash Z$ 上,$G'(x) \geqslant 1$. 令

$$
h^{-1}(x) = \frac{G(x) - G(0)}{G(1) - G(0)},
$$

它构成 $[0,1]$ 上的同胚变换,且存在 $\alpha > 0$,若 $x \in Z$,有 $(h^{-1})'(x) = \infty$;若 $x \in [0,1] \backslash Z$,有 $(h^{-1})'(x) > \alpha$.

这样当 $x \in h^{-1}(Z)$ 时,$h'(x) = 0$,而 $x \in [0,1] \backslash h^{-1}(Z)$ 时,$h'(x) < \frac{1}{\alpha}$. 对此 h,当 $x, y \in [0,1]$ 时,

$$
\frac{(f \circ h)(y) - (f \circ h)(x)}{y - x}
$$

$$
= \frac{f(h(y)) - f(h(x))}{h(y) - h(x)} \cdot \frac{h(y) - h(x)}{y - x}.
$$

若当 $h(x) \in Z$,则 $h'(x) = 0$,因此,当 $y \to x$ 时,上述等式的第二个因子 $\to 0$,而第一个因子由于 f 满足 Lipschitz 条件因子是有界的,则 $(f \circ h)'(x) = 0$.

若当 $h(x) \in [0,1] \backslash Z$ 时, f 在 $h(x)$ 点上可微,故

$$(f \circ h)'(x) = f'(h(x))h'(x) \text{ 且 } |(f \circ h)'(x)| \leqslant \frac{L}{\alpha},$$

可知 $f \circ h$ 是可微的,它的导数有界为 $\frac{L}{\alpha}$.

由于我们上述三个例子都具有连续围变性,可知它们都存在各自适当的同胚使其复合为可微函数,但由于每个函数性质不同,其所得的结果也不同,如 G 不围变,而围变性对同胚是不变的,因此对任何同胚 h,都不能使 $(G \circ h)(x)$ 围变,更不可能有有界导数,而对 K 却存在同胚 h,可使 $(K \circ h)(x)$ 有有界导数,但仍然不能(象 $(F \circ h)(x)$ 一样)存在同胚 h,使 $(K \circ h)(x)$ 有有界连续导数. 因若不然,$(K \circ h)(x)$ 有连续导函数且在处处稠密集上导数为零,则导函数必恒为零. 从而 $(K \circ h)(x)$ 为常数,这是不可能的.

顺便作为本定理的应用,给出下列定理:

定理 8.1.4 设 γ 为平面上可求长曲线,那么存在 γ 的参数表示,其坐标函数可导且导数有界的.

证明 由于 γ 为平面上可求长曲线,那么 γ 的参数表示为

$$\begin{cases} x = x(t), \\ y = y(t), \end{cases}$$

其中坐标函数 $x(t), y(t)$ 为连续围变函数,由定理 8.1.3 知,存在同胚 h,使 $x(h(t)), y(h(t))$ 成为可微函数. 那么 γ 的参数又可表示为

$$\begin{cases} x = x(h(t)), \\ y = y(h(t)). \end{cases}$$

§8.2 外同胚的可微性

下面来讨论通过函数值域的同胚变换构造可微函数,究竟是怎样一类函数可以通过值域同胚变换使其成为可微函数呢?

首先再次考虑 Cantor 函数 K,它将 Cantor 集映为区间 $[0,1]$,

因此，若 h 是作用于 $[0,1]$ 上的同胚的话，那么 $h \circ K$ 将映测度为零的 Cantor 集为一个区间，这样它不可能满足 Лузин(N) 条件的，所以也不可能是可微的. 所以对 K 不可能用值域同胚变换（外同胚）而 获得可微函数. 这个论断对于任何映零测集为区间的函数都是正确的，但并不是对于任何不满足 лузин(N) 条件的函数都是正确的. 例如，若 f 是严格单调连续函数，则令 $h = f^{-1}$，可知 $h \circ f \equiv x$，同胚 h 立即解除由 f 造成的不可微情形.

定义 8.2.1 称 f 是满足 Banach 条件 S，是指对每个 $r > 0$，存在相应 $\varepsilon > 0$， 当 $m(E) < \varepsilon$ 时， $m(f(E)) < r$.

称 F 是满足条件 S' 的，是指对 f 值域中每一个区间 J，相应有 $\varepsilon > 0$，使得任何可测集 $E, f(E) \supset J$，有 $mE \geqslant \varepsilon$.

定理 8.2.2 若 f 在 $[0,1]$ 上连续，下列条件是等价的.

（1） 存在 R 上的同胚 h，使得 $h \circ f$ 有有界导数.

（2） 存在 R 上的同胚 h，使得 $h \circ f$ 是可微的.

（3） f 满足条件 S'.

证明 （1）$\Rightarrow$（2）是显然的.

（2）$\Rightarrow$（3）由于条件 S' 是对外同胚不变的，所以只要证明可微函数满足 S'，由于 f 是可微的，那么 F 是 ACG_*（参看第九章第 9.3.17）从而 f 满足条件 S，也就满足条件 S'.

（3）$\Rightarrow$（1）不妨设 f 是定义于 $[0,1]$ 且取值于 $[0,1]$ 的函数，下面分两步证明，先证(i) 有作用于 $[0,1]$ 上的同胚 g，使 $g \circ f$ 是满足 Lipschitz 条件，再证(ii) 存在作用于 $[0,1]$ 上的同胚 h，使 $h \circ g \circ f$ 是有有界导数的.

设 $g_0(0) = 0$. 对每一个 $y \in (0,1]$，

$g_0(y) = \inf\{\varepsilon |$ 存在 $E \subset [0,1], mE = \varepsilon$，且 $[0,y] \subset f(E)\}$，

因 f 满足条件 S', g_0 是严格上升的连续函数.

下证 $g \circ f$ 是满足 Lipschitz 条件. 设 $0 \leqslant x_1 < x_2 \leqslant 1$，由 $g_0(f(x_1))$ 与 $g_0(f(x_2))$ 所确定的区间是 $g_0(f[x_1, x_2])$ 的子集，由 g_0 的定义可得不等式

$$|g_0(f(x_1)) - g_0(f(x_2))| \leqslant |x_1 - x_2|.$$

设 $g(y) = \dfrac{g_0(y)}{g_0(1)}$，知 g 是作用于 $[0,1]$ 的同胚，即得

$$|g(f(x_1)) - g(f(x_2))| \leqslant \frac{1}{g_0(1)} |x_1 - x_2|.$$

设 $f_1 = g \circ f$，则 f_1 是 a.e. 可导的，它的所有 Dini 导数绝对有界，其界为 $\dfrac{1}{g_0(1)}$.

令 Z 为 f_1 不可微的点集，Z 为零测集，则 $m(f_1(Z)) = 0$，设 H 为包含 $f_1(Z)$ 的 G_δ 型集，且 $mH = 0$，由定理 5.4.5，存在可微函数 h_0，使 $h_0(0) = 0$，且 $x \in H$ 时，$h'_0(x) = 0$，而 $x \in [0,1] \backslash H$ 时 $0 < h'_0(x) \leqslant 1$.

令 $h(x) = \dfrac{h_0(x)}{h_0(1)}$，则 h 是作用于 $[0,1]$ 的同胚. 如同定理 8.1.3 证明一样，考虑 $\dfrac{h(f_1(x_0)) - h(f_1(x))}{x_0 - x}$ 时，可知 $h \circ f_1$ 是可微的，并且对所有 $x \in [0,1]$，有

$$|(h \circ f_1)'(x)| \leqslant \frac{1}{g_0(1)h_0(1)},$$

这样 $h \circ g$ 就是所要求的同胚，并且使 $(3) \Rightarrow (1)$，成立.

§8.3　导函数的不可扭曲性

如前所知，导函数类 Δ 甚至对于自乘不封闭，表明与连续函数复合是不封闭的，但当 h 为线性函数时，则对任何的导函数 f，$(h \circ f)(x) = h(f(x))$ 仍是导函数，而对于任意非线性 h，$h \circ f$ 是否为导函数？这是本节试图来讨论的一个问题.

定义 8.3.1　设 R 为实数集，连续函数 h 称为在 $r \in \mathrm{R}$ 上局部线性是指对充分小正数 s，有

$$h(r - s) + h(r + s) = 2h(r),$$

这样 h 为在 $r \in \mathrm{R}$ 上非局部线性函数是指存在充分小正数 s，使

$$h(r-s)+h(r+s)\neq 2h(r),$$

记为 $h\in H_r$.

设 $H=\bigcup\limits_{r\in\mathbf{R}}H_r$, H 为在实数集 R 上的局部非线性连续函数全体, 由于 h 的连续性可知, 若在某一点上是非局部线性时, 必在该点附近有理数点也是非局部线性的, 因此对所有有理数 r, 也有

$$H=\bigcup\limits_{r\text{为有理数}}H_r,$$

因此以后不妨采用后式.

设在区间 $[0,1]$ 上有数列 $\alpha_n,\beta_n,\gamma_n,\delta_n$,

0	$\dfrac{1}{n+1}$	α_n	β_n	$\dfrac{2n+1}{2n(n+1)}$	γ_n	δ_n	$\dfrac{1}{n}$	1

其中 $n=1,2,\cdots$, 且

$$\alpha_n=\frac{1}{n+1}+\frac{1}{n(n+1)(n+2)(n+3)},$$

$$\beta_n=\frac{2n+1}{2n(n+1)}-\frac{1}{n(n+1)(n+2)(n+3)},$$

$$\gamma_n=\frac{2n+1}{2n(n+1)}+\frac{1}{n(n+1)(n+2)(n+3)},$$

$$\delta_n=\frac{1}{n}-\frac{1}{n(n+1)(n+2)(n+3)}.$$

令

$$A=\bigcup\limits_{n+1}^{\infty}[\alpha_n,\beta_n], B=\bigcup\limits_{n+1}^{\infty}[\gamma_n,\delta_n], C=[0,1]\backslash(A\bigcup B),$$

$$\beta_n-\alpha_n=\delta_n-\gamma_n$$

$$=\frac{1}{2n(n+1)}-\frac{2}{n(n+1)(n+2)(n+3)},$$

$$\alpha_n-\frac{1}{n+1}+\gamma_n-\beta_n+\frac{1}{n}-\delta_n$$

$$=\frac{4}{n(n+1)(n+2)(n+3)}.$$

当 $x=\dfrac{1}{k}$ 时,

$$\frac{1}{x}m([0,x]\bigcap C)$$

$$=k\sum_{n=k}^{\infty}\left(\alpha_n-\frac{1}{n+1}+\gamma_n-\beta_n+\frac{1}{n}-\delta_n\right)$$

$$=\frac{4}{(k+1)(k+2)(k+3)}\rightarrow 0.$$

当 $\frac{1}{k+1}\leqslant x\leqslant\frac{1}{k}$ 时,

$$\frac{1}{x}m([0,x]\bigcap C)$$

$$\leqslant(k+1)\frac{4}{k(k+1)(k+2)(k+3)}\rightarrow 0.$$

可知 0 为集 C 的稀薄点,同理可知 0 对集 A 或集 B 的密度都为 $\frac{1}{2}$,0 为 $A\bigcup B$ 的全密点.

定义 8.3.2 设 r 为实数,s 为正实数,所谓积木块函数是指

$$f(x;r,s)$$

$$=\begin{cases} r-s, & x\in[\alpha_n,\beta_n], \\ r+s, & x\in[\gamma_n,\delta_n], \\ r, & x=1,\frac{1}{n},\frac{2n+1}{2n(n+1)},\frac{1}{n+1},0\ \text{时}, \\ \text{线性}, & x\in\left[\frac{1}{n+1},\frac{1}{n}\right]\backslash([\alpha_n,\beta_n]\bigcup[\gamma_n,\delta_n]). \end{cases}$$

显然 $f(x;r,s)$ 在 $(0,1]$ 是连续的,在 $x=0$ 点不连续,甚至不近似连续的,但可验证在 $[0,1]$ 上是导函数,并有原函数

$$F(x;r,s)=\int_0^x f(t;r,s)dt.$$

事实上,由于 $f(x)$ 在 $x\neq 0$ 处为连续,因此 $F'(x;r,s)=f(x)$,现只证 $F'(0;r,s)=f(0)=r$ 即可.

因为

$$F(x;r,s) = \int_0^x f(t;r,s)dt$$

$$= \int_{[0,x]\cap A} f(t;r,s)dt + \int_{[0,x]\cap B} f(t;r,s)dt$$

$$+ \int_{[0,x]\cap C} f(t;r,s)dt$$

$$= (r+s)m([0,x]\cap A) + (r-s)m([0,x]\cap B)$$

$$+ \int_{[0,x]\cap C} f(t;r,s)dt$$

$$= rm([0,x]\cap(A\cup B)) + \int_{[0,x]\cap C} f(t;r,s)dt.$$

由 f 的有界性及 0 对于 C 的稀薄性, 得

$$\frac{1}{x}\int_{[0,x]\cap C} f(t;r,s)dt \to 0,$$

由 0 对于 $A\cup B$ 的全密性, 知

$$\frac{rm([0,x]\cap(A\cup B))}{x} \to r,$$

得

$$\frac{1}{x}\int_0^x f(t;r,s)dt \to r = f(0).$$

另一方面, 当 $h\in H_r$, 则可证 $(h\circ f)(x) = h(f(x;r,s)\notin\Delta.$ 因为这时

$$\int_0^x h(f(t;r,s))dt$$

$$= \int_{[0,x]\cap A} h(f(t;r,s))dt + \int_{[0,x]\cap B} h(f(t;r,s))dt$$

$$+ \int_{[0,x]\cap C} h(f(t;r,s))dt$$

$$= h(r+s)m([0,x]\cap A) + h(r-s)m([0,x]\cap B)$$

$$+ \int_{[0,x]\cap C} h(f(t;r,s))dt$$

$$= \frac{h(r+s)+h(r-s)}{2}m\{[0,x]\cap(A\cup B)\}$$

$$+ \int_{[0,x] \cap C} h(f(t;r,s))dt.$$

由 $h \circ f$ 的有界性及 0 是 C 的稀薄点,得

$$\frac{1}{x} \int_{[0,x] \cap C} h(f(t;r,s))dt \to 0,$$

由 0 是 $A \cup B$ 的全密点,知

$$\frac{\{h(r+s) + h(r-s)\}m([0,x] \cap (A \cup B))}{2x}$$

$$\to \frac{h(r+s) + h(r-s)}{2} \neq h(f(0)) = h(r),$$

得 $(h \circ f) \notin \Delta$. 综上所说可得下列定理:

定义 8.3.3 对于每一个局部非线性连续函数 h,总有一个积木块函数 $f \in \Delta$,而 $(h \circ f) \notin \Delta$.

还可深化这个结果,将区间 $[0,1]$ 上的 $f(t;r,s)$,线性收缩于区间 $[\alpha, \beta]$ 上的函数,即

$$f(t;[\alpha, \beta], r, s) = f\left(\frac{t-\alpha}{\beta-\alpha}, r, s\right).$$

同样可证 $f(t;[\alpha, \beta], r, s)$ 在 $[\alpha, \beta]$ 上是导函数,但在 $[\alpha, \beta]$ 上,当 $h \in H_r$,则

$$(h \circ f)(x) = h(f(x;r,s) \notin \Delta.$$

设 r_i, s_j 为区间 $[0,1]$ 上有理数全体的两个数列,有序对 (r_i, s_j) 重排为可列集,不妨记为 (r_n, s_n)(注:这时 r_n 和 s_n 都可以有无限次重复),再在 $[\alpha_n, \beta_n]$ 和 $[\gamma_n, \delta_n]$ 上作函数 $f(t;[\alpha_n, \beta_n], r_n, s_n)$ 和 $f(t; [\gamma_n, \delta_n], -r_n, s_n)$,这样对这些 $[\alpha_n, \beta_n], [\gamma_n, \delta_n]$ 上函数拼作 $[0,1]$ 上函数

$$f_0(t) = \begin{cases} f(t;[\alpha_n, \beta_n], r_n, s_n), & \text{当 } t \in [\alpha_n, \beta_n] \text{ 时,} \\ f(t;[\gamma_n, \delta_n], -r_n, s_n), & \text{当 } t \in [\gamma_n, \delta_n] \text{ 时,} \\ 0, & x = \frac{1}{n}, \quad \frac{2n+1}{2n(n+1)}, \quad \frac{1}{n+1} \text{ 时,} \\ \text{线性,} & \text{当 } x \in \left[\frac{1}{n+1}, \frac{1}{n}\right] \backslash ([\alpha_n, \beta_n] \cup [\gamma_n, \delta_n]) \text{ 时,} \end{cases}$$

与上述一样,可证 $f_0(t) \in \Delta$,但对于每一个局部非线性连续函数 h,都有 $(h \circ f) \in \Delta$.

事实上,对每一个 h,总有 $r_n, s_n, h \in H_{r_n s_n}$,这样 $(h \circ f)$ 在 $[\alpha_n, \beta_n]$ 上 $\notin \Delta$ 的. 现可得下列定理:

定理 8.3.4 存在一个积木块函数 $f \in \Delta$,对于每一个局部非线性连续函数 h,都有 $(h \circ f) \notin \Delta$.

§8.4 内同胚下导函数不变性的条件

Maximoff 定理表明对 $B_1 D$ 类中每一个函数 f,相应存在自变量同胚 h,使 $(f \circ h)(x) = f(h(x))$ 成为导函数,这个事实蕴含了自变量同胚变换下导函数性质可能被破坏. 下面再举一例:若 f 是有界导函数,构造同胚 h,而 $f \circ h$ 不是导函数.

例 8.4.1 设 f 为 $[0,1]$ 上折线函数(如图),且满足

$$f\left(\frac{1}{n}\right) = 0, \quad f\left(\frac{2n+1}{2n(n+1)}\right) = (-1)^{n+1}, \quad f(0) = 0.$$

由于

$$\left| \int_0^{\frac{1}{n}} f(t) dt \right| \leqslant \frac{1}{2n(n+1)},$$

当 $\dfrac{1}{n+1} \leqslant x \leqslant \dfrac{1}{n}$ 时,

$$\left| \int_0^x f(t) dt \right| \leqslant \frac{1}{2n(n+1)},$$

当 $x \to 0$ 时,

$$\frac{\int_0^x f(t) dt}{x} \to 0 = f(0).$$

可知 $f \in \Delta$.

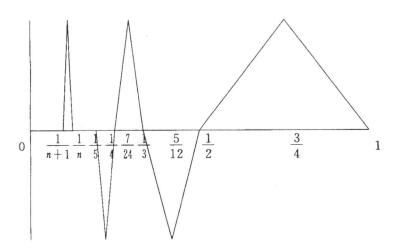

现构造同胚 $h(x)$：当 $x = \dfrac{1}{n}, n = 1, 2, \cdots$ 时，令 $h\left(\dfrac{1}{n}\right) = 2^{-n+1}, h(0) = 0$，又 $h(x)$ 将 $\left[\dfrac{1}{n+1}, \dfrac{1}{n}\right]$ 线性映射为 $\left[2^{-n}, 2^{-n+1}\right]$，这样 $h(x)$ 为作用于 $[0,1]$ 上一个同胚，但 $f(h(x))$ 不是导函数，因为

$$\int_{2^{-i}}^{2^{-i+1}} f(h(t))dt = (-1)^{-i-1} 2^{-i-1},$$

$$\int_{0}^{2^{-n+1}} f(h(t))dt = \sum_{\infty}^{i=n} (-1)^{-i-1} 2^{-i-1}$$

$$= \frac{(-1)^{-n-1} 2^{-n}}{3} = (-1)\frac{(-2)^{-n}}{3},$$

当 $n \to \infty$ 时，

$$\frac{\displaystyle\int_{0}^{2^{-n+1}} f(h(t))dt}{2^{-n+1}} = \frac{(-1)^{-n-1}}{6} \nrightarrow f(h(0)) = 0.$$

可知 $f \circ h \notin \Delta$.

为了使导函数性质保持，只能对 Δ 的一个子类或同胚的子类，如下述的一些定理：

定理 8.4.2 若 f 在 $[0,1]$ 为导函数,则对每一个在 $[0,1]$ 上同胚 h, $f \circ h \in \Delta$ 的充分且必要条件是 f 为连续函数. 即当且仅当连续函数(Δ 中的子类)与任何的同胚的有意义复合是 Δ 类的. 换言之,不是连续的导函数不可能对所有同胚变换在 Δ 中封闭.

证明 充分性因为连续函数与同胚的复合仍是连续函数.

现证必要性,若在 x_0 不连续,不妨设 $x_0 = 0$,因 f 有介值性,则 f 在 x_0 的闭包集 $J = \bigcap_{\delta > 0} \{f(x) \mid x \in [0, 0 + \delta]\}$ 不可能是单元素,而为一区间,取 $y \in J$, $y \neq f(0)$,作 $g(x) = f(x)$,当 $x \neq 0$ 时,又 $g(0) = y$,这样 g 与 f 只在 0 点上有所区别且 $g(0) = y$,因此,f, g 都是 DB_1 类函数,由 Maximoff 定理,存在 $[0,1]$ 上同胚 h,(不妨设单调上升,故 $h(0) = 0$),使 $g \circ h \in \Delta$,而 $f \circ h = g \circ h$ 只在 0 点例外,因 $(g \circ h)(0) = y \neq (f \circ h)(0) = f(0)$,从而 $(f \circ h) \in \Delta$,这与假设矛盾. 知 f 在所有点上连续.

为进一步获得结果,考虑 Δ 的子类 $\Delta_2 = \{f \mid f \in \Delta, f^2 \in \Delta\}$.

定理 8.4.3 若 f 定义于 $[a,b]$, $f \in \Delta_2$,(即 f 和 f^2 都 $\in \Delta$),则 $[a,b]$ 上每一点都是 f 的 Lebesgue 点,即 $x_0 \in [a,b]$

$$\lim_{\eta \to 0} \frac{1}{\eta} \int_{x_0}^{x_0 + \eta} f(t) dt = f(x_0).$$

证明 因 f^2 是非负的导函数,因此它的原函数为不减函数,从而 f^2 和 f 都是 (L) 可积的,由定理 6.2.6 可知,它们分别是各自的活动上限积分的导数,因此 $x_0 \in [a,b]$ 是 f 的 Lebesgue 点.

定理 8.4.4 若 f 定义于 $[0,1]$,则 $f \in \Delta_2$,当且仅当可积且每 $x_1 \in [0,1]$

$$\lim_{x_2 \to x_1} \frac{1}{x_2 - x_1} \int_{x_1}^{x_2} [f(x_1) - f(t)]^2 dt = 0. \tag{8.1}$$

证明 由恒等式

$$\frac{1}{x_2 - x_1} \int_{x_1}^{x_2} [-f^2(x_1) + f^2(t)] dt$$

$$= \frac{2}{x_2 - x_1} f(x_1) \int_{x_1}^{x_2} [-f(x_1) + f(t)] dt$$

$$+ \frac{1}{x_2 - x_1} \int_{x_1}^{x_2} [f(x_1) - f(t)]^2 dt \qquad (8.2)$$

和由 Cauchy 不等式

$$\int_{x_1}^{x_2} |f(x_1) - f(t)| dt$$

$$\leqslant \sqrt{|x_2 - x_1|} \sqrt{\int_{x_1}^{x_2} [f(x_1) - f(t)]^2 dt},$$

从而当(8.1)成立时,对所有 x_1 有

$$\lim_{x_2 \to x_1} \frac{1}{x_2 - x_1} \int_{x_1}^{x_2} [f(x_1) - f(t)] dt = 0, \qquad (8.3)$$

进而,对每一 x_1,

$$\lim_{x_2 \to x_1} \frac{1}{x_2 - x_1} \int_{x_1}^{x_2} [f^2(x_1) - f^2(t)] dt = 0,$$

那么 $f \in \Delta, f^2 \in \Delta$, 充分性证毕.

必要性,当 $f \in \Delta_2$ 时,即 $f \in \Delta, f^2 \in \Delta$, 由(8.2)即可得
(8.1).

定理 8.4.5　若 f 定义在 $[a,b]$ 上,$f \in \Delta_2$,且 h 是作用于 $[a,b]$ 上的同胚,h 和 h^{-1} 满足 Lipschitz 条件,则 $f \circ h \in \Delta_2$,即 $f \circ h$ 与 $(f \circ h)^2$ 都是导函数.

证明　设 $t_0 \in [a,b]$,设同胚 $x = h(t)$ 是不减的,且 $x_0 = h(t_0)$ 和存在 M,使得 $[a,b]$ 中所有 t,都有

$$M^{-1} |t - t_0| \leqslant |h(t) - h(t_0)| \leqslant M |t - t_0|.$$

我们先证明 t_0 是 $f \circ h$ 的 Lebesgue 点,设 t_1 是 $[a,b]$ 中不同于 t_0 的点,$x_1 = h(t_1)$,则

$$\left| \frac{1}{t_1 - t_0} \int_{t_0}^{t_1} |f(h(t)) - f(h(t_0))| dt \right|$$

$$= \left| \frac{1}{h^{-1}(x_1) - h^{-1}(x_0)} \int_{x_0}^{x_1} |f(x) - f(x_0)| |(h^{-1})'(x)| dx \right|$$

$$\leqslant \left| \frac{M^2}{x_1 - x_0} \int_{x_0}^{x_1} |f(x) - f(x_0)| dx \right|.$$

因为每一点是 f 的 Lebesgue 点,故 $x_1 \to x_0$ 时,上式最后一项趋于 0. 如上还有

$$\left| \frac{1}{t_1 - t_0} \int_{t_0}^{t_1} |f(h(t)) - f(h(t_0))|^2 dt \right|$$

$$\leqslant \left| \frac{M^2}{x_1 - x_0} \int_{x_0}^{x_1} |f(x) - f(x_0)|^2 dx \right|,$$

因为 f 和 f^2 是导函数,当 $x_1 \to x_0$,后者趋于 0.   证毕.

第九章 $VBG\ VBG_*\ ACG\ ACG_*$

为下一章开展积分理论做准备,本章讨论若干与囿变有关的函数类.

§9.1 近似极限与近似导数

定义9.1.1 函数 f 定义于 E,x_0 为 E 的聚点,A 为实数,若对任给 $\varepsilon > 0$. 存在 $\delta > 0$,使得当 $x \in E, 0 < |x - x_0| < \delta$ 时,有 $|f(x) - A| < \varepsilon$,则称 $f(x)$ 在 x_0 点沿 E 有极限为 A,记为 $A = \lim\limits_{x \to x_0} E f(x)$.

定义9.1.2 函数 f 定义于 E,x_0 为 E 的聚点,分别称

$$\lim_{h \to 0} \sup_{x \in [x_0 - h, x_0 + h] \cap E \setminus \{x_0\}} f(x),$$

$$\lim_{h \to 0} \inf_{x \in [x_0 - h, x_0 + h] \cap E \setminus \{x_0\}} f(x)$$

为 f 在 x_0 点沿 E 的上的上极限与下极限,记为

$$\lim_{x \to x_0} \sup_E f(x) \quad \text{和} \quad \lim_{x \to x_0} \inf_E f(x).$$

明显有下列关系:

(1) $\lim\limits_{x \to x_0} \inf_E f(x) \leqslant \lim\limits_{x \to x_0} \sup_E f(x)$;

(2) 若 $E_1 \subset E_2$,有

$$\lim_{x \to x_0} \inf_{E_2} f(x) \leqslant \lim_{x \to x_0} \inf_{E_1} f(x) \leqslant \lim_{x \to x_0} \sup_{E_1} f(x) \leqslant \lim_{x \to x_0} \sup_{E_2} f(x).$$

(3) $\lim\limits_{x \to x_0} E f(x)$ 存在的充要条件为

$$\lim_{x \to x_0} \sup_E f(x) = \lim_{x \to x_0} \sup_E f(x) < \infty.$$

定义9.1.3 对一切以 x_0 为全密点的集合 E,下,上确界值

$$\inf \lim_{x \to x_0} \sup_{E} f(x) \quad \text{与} \quad \sup \lim_{x \to x_0} \inf_{E} f(x),$$

分别称为 $f(x)$ 在 x_0 点的近似上，下极限，且分别记为

$$ap \lim_{x \to x_0} \sup f(x), ap \lim_{x \to x_0} \inf f(x).$$

当 x_0 为 E_1, E_2 的全密点时，x_0 为 $E_1 \cap E_2$ 的全密点，故有

$$\lim_{x \to x_0} \inf_{E_1} f(x) \leqslant \lim_{x \to x_0} \inf_{E_1 \cap E_2} f(x)$$
$$\leqslant \lim_{x \to x_0} \sup_{E_1 \cap E_2} f(x) \leqslant \lim_{x \to x_0} \sup_{E_2} f(x),$$

从而

$$\sup_{\substack{\text{以}x_0\text{为全密} \\ \text{点的一切}E}} (\lim_{x \to x_0} \inf_{E} f(x)) \leqslant \inf_{\substack{\text{以}x_0\text{为全密} \\ \text{点的一切}E}} (\lim_{x \to x_0} \sup_{E} f(x)),$$

即得

$$ap \lim_{x \to x_0} \inf f(x) \leqslant ap \lim_{x \to x_0} \sup f(x).$$

此外，当 x_0 为 E 的全密点时，还有性质：

(1) $\quad \lim_{x \to x_0} \inf_{E} f(x) \leqslant ap \lim_{x \to x_0} \inf f(x)$
$$\leqslant ap \lim_{x \to x_0} \sup f(x) \leqslant \lim_{x \to x_0} \sup_{E} f(x),$$

(2) $\quad$ 若 $\lim_{x \to x_0} \inf_{E} f(x) = \lim_{x \to x_0} \sup_{E} f(x)$，则
$$ap \lim_{x \to x_0} \inf f(x) = ap \lim_{x \to x_0} \sup f(x).$$

定理 9.1.4 设 f 在 x_0 点的近似上极限 $ap \lim_{x \to x_0} \sup f(x) = l$，则存在以 x_0 为全密点的集 E^*，使

$$ap \lim_{x \to x_0} \sup f(x) = \inf_{\substack{\text{以}x_0\text{为全密} \\ \text{点的一切}E}} \lim_{x \to x_0} \sup_{E} f(x) = \lim_{x \to x_0} \sup_{E^*} f(x).$$

证明 若 $ap \lim_{x \to x_0} \sup f(x) = l$，先设 $|l| < \infty$，故有以 x_0 为全密点的集 E_n，使得

$$l \leqslant \lim_{x \to x_0} \sup_{E_n} f(x) < l + \frac{1}{2^n},$$

由此存在 $h_n > 0$，使当 $0 < h \leqslant h_n$ 时，

$$m([x_0 - h, x_0 + h] \cap E_n) \geqslant 2h\left(1 - \frac{1}{2^n}\right),$$

且当 $x \in [x_0 - h, x_0 + h] \cap E_n$ 时，

$$f(x) < l + \frac{1}{2^n},$$

还有

$$x_n \in [x_0 - h_n, x_0 + h_n] \bigcap E_n, x_n \neq x_0,$$

使

$$l - \frac{1}{2^n} < f(x_n) < l + \frac{1}{2^n}.$$

不妨认定 $h_{n+1} < |x_n - x_0| \leqslant h_n$，且 $h_n \to 0$. 构造集

$$E^* = \bigcup_{n=1}^{\infty} \{[x_0 - h_n, x_0 + h_n] \backslash [x_0 - h_{n+1}, x_0 + h_{n+1}]\} \bigcap E_n.$$

现证 x_0 是 E^* 的全密点.

事实上，对任何 $h > 0$，总有 $h_i < h \leqslant h_{i-1}$.

$$[x_0 - h, x_0 + h] \bigcap E^*$$

$$= (\{[x_0 - h, x_0 + h] \backslash [x_0 - h_i, x_0 + h_i]\} \bigcap E_{i-1})$$

$$\bigcup \bigcup_{n=i}^{\infty} (\{[x_0 - h_n, x_0 + h_n] \backslash [x_0 - h_{n+1}, x_0 + h_{n+1}]\} \bigcap E_n),$$

$$m([x_0 - h, x_0 + h] \bigcap E^*)$$

$$\geqslant \left(2h\left(1 - \frac{1}{2^{i-1}}\right) - 2h_i\right) + \sum_{n=i}^{\infty}\left(2h_n\left(1 - \frac{1}{2^n}\right) - 2h_{n+1}\right)$$

$$\geqslant 2h - 2h\frac{1}{2^{i-1}} - \sum_{n=i}^{\infty} 2h_n \cdot \frac{1}{2^n}$$

$$\geqslant 2h\left(1 - \frac{1}{2^{i-2}}\right).$$

从而得

$$\lim_{h \to 0} \frac{m[x_0 - h, x_0 + h] \bigcap E^*}{2h} = 1,$$

即 x_0 为 E^* 的全密点. 而且

$$\lim_{\substack{x \to x_0 \\ E^*}} \sup f(x) \geqslant l.$$

又当 $x \in [x_0 - h, x_0 + h] \bigcap E^*$ 时，$x \in E_n (n \geqslant i - 1)$，得

$f(x) < l + \dfrac{1}{i-1}$，因而 $\lim\limits_{\substack{x \to x_0 \\ E^*}} \sup f(x) \leqslant l$. 即 $\lim\limits_{\substack{x \to x_0 \\ E^*}} \sup f(x) = l.$

类似可证 $l = \pm \infty$ 的情形.

同理可证存在以 x_0 为全密点的集 E_*，使

$$ap\ \liminf_{x \to x_0} f(x) = \lim_{x \to x_0}\inf_{E_*} f(x).$$

定理 9.1.5. 设

$$l' = \inf\{m \mid x_0 \text{ 为集 } E = \{x \mid f(x) \geqslant m\} \text{ 的稀薄点}\},$$

则

$$l = ap\ \limsup_{x \to x_0} f(x) = l'.$$

证明 由定理 9.1.4 知，存在以 x_0 为全密点的 E^*，使

$$l = \limsup_{x \to x_0} \sup_{E^*} f(x).$$

当 $l \neq \infty$ 时，对任何 $\varepsilon > 0$，有 $h > 0$，在 $[x_0 - h, x_0 + h] \bigcap E^*$ 上，$f(x) < l + \varepsilon$，可知

$$\{x \mid f(x) \geqslant l + \varepsilon\} \subset C(E^* \bigcap [x_0 - h, x_0 + h]).$$

$C(E^*)$ 表为 E^* 的补集，故以 x_0 为稀薄点，故 $\{x \mid f(x) \geqslant l + \varepsilon\}$ 以 x_0 为稀薄点，因此，$l + \varepsilon \geqslant l'$，由 ε 任意性，知 $l \geqslant l'$.

当 $l = +\infty$ 时，显然，$l \geqslant l'$，当 $l = -\infty$ 时，类似可得.

另一方面，当 $l' \neq \pm \infty$ 时，知集 $\{x \mid f(x) \geqslant l' + \varepsilon\}$ 以 x_0 为稀薄点，集 $E_\varepsilon = \{x \mid f(x) < l' + \varepsilon\}$ 以 x_0 为全密点.

$$l = ap\ \limsup_{x \to x_0} f(x) \leqslant \limsup_{x \to x_0} \sup_{E_\varepsilon} f(x) \leqslant l' + \varepsilon.$$

从而得 $l \leqslant l'$. 当 $l' = +\infty$ 时，$l \leqslant l'$ 显然，当 $l = -\infty$ 时，类似可得. 故 $l = l'$.

系 若 $l' = \sup\{m \mid x_0 \text{ 为集 } E = \{x \mid f(x) \leqslant m\} \text{ 的稀薄点}\}$，则 $ap\ \liminf_{x \to x_0} f(x) = l'$.

定义 9.1.6 若 $ap\ \liminf_{x \to x_0} f(x) = ap\ \limsup_{x \to x_0} f(x)$，则称 $f(x)$ 在 x_0 有近似极限，记为 $ap\ \lim_{x \to x_0} f(x)$.

定理 9.1.7 $ap\ \lim_{x \to x_0} f(x) = l$ 的充要条件为存在以 x_0 为全密点的集 E，使

$$\lim_{x \to x_0} \sup_E f(x) = \lim_{x \to x_0} \inf_E f(x) = \lim_{x \to x_0}{}_E f(x) = l.$$

证明 充分性由定义 9.1.3 导出的性质(1) 可得.

必要性 由定理 9.1.4 知有以 x_0 为全密点的集 E^* 与 E_*, 使

$$ap \lim_{x \to x_0} \sup f(x) = \lim_{x \to x_0}{}_{E^*} \sup f(x),$$

$$ap \lim_{x \to x_0} \inf f(x) = \lim_{x \to x_0}{}_{E_*} \inf f(x).$$

令 $E = E^* \bigcap E_*$, 仍以 x_0 为全密点集

$$ap \lim_{x \to x_0} \sup f(x) = \lim_{x \to x_0}{}_{E^*} \sup f(x) \geqslant \lim_{x \to x_0}{}_E \sup f(x)$$

$$\geqslant \lim_{x \to x_0}{}_E \inf f(x) \geqslant \lim_{x \to x_0}{}_{E_*} \inf f(x)$$

$$= ap \lim_{x \to x_0} \inf f(x),$$

故得

$$\lim_{x \to x_0}{}_B f(x) = \lim_{x \to x_0}{}_E \sup f(x) = \lim_{x \to x_0}{}_E \inf f(x) = l.$$

定理 9.1.8 若 $f(x)$ 可测, 则 $ap \lim_{x \to x_0} f(x) = l \ (l \neq \pm \infty)$ 的充要条件是: 任给 $\varepsilon > 0, E_\varepsilon = \{x \mid l - \varepsilon < f(x) < l + \varepsilon\}$ 以 x_0 为全密点.

证明 充分性 对任给 $\varepsilon > 0$, 在集 E_ε 上

$$l - \varepsilon \leqslant \lim_{x \to x_0}{}_{E_\varepsilon} \inf f(x) \leqslant \lim_{x \to x_0}{}_{E_\varepsilon} \sup f(x) \leqslant l + \varepsilon.$$

从而

$$l - \varepsilon \leqslant \sup_{\substack{\text{以} x_0 \text{为全密} \\ \text{点的一切} E}} (\lim_{x \to x_0}{}_E \inf f(x))$$

$$\leqslant \inf_{\substack{\text{以} x_0 \text{为全密} \\ \text{点的一切} E}} (\lim_{x \to x_0}{}_E \sup f(x)) \leqslant l + \varepsilon.$$

即

$$ap \lim_{x \to x_0} \sup f(x) = ap \lim_{x \to x_0} \inf f(x) = ap \lim_{x \to x_0} f(x) = l.$$

必要性 由定理 9.1.7 知, 存在以 x_0 为全密点的集 E, 使 $\lim_{x \to x_0}{}_E f(x) = l$. 这样, 对任给 $\varepsilon > 0$, 有 $\delta > 0$, 当 $0 < |x - x_0| \leqslant \delta$

且 $x \in E$ 时,有 $l - \varepsilon < f(x) < l + \varepsilon$. 因
$$\{x \mid l - \varepsilon < f(x) < l + \varepsilon\}$$
$$\supset ([x_0 - \delta, x_0 + \delta] \bigcap E) \backslash \{x_0\},$$
又 x_0 为 E 的全密点,自然是 $[x_0 - \delta, x_0 + \delta] \bigcap E$ 的全密点,更是 $\{x \mid l - \varepsilon < f(x) < l + \varepsilon\}$ 的全密点.

定义 9.1.9　若 $ap \lim\limits_{x \to x_0} f(x) = f(x_0)$,则称 $f(x)$ 在 x_0 点近似连续. 若 $f(x)$ 在 $[a, b]$ 上每一点都近似连续(区间端点为单侧全密点, f 在该点为单侧近似连续),则称 $f(x)$ 在 $[a, b]$ 上近似连续.

定理 9.1.10　下列命题是等价的

(1) $f(x)$ 在 x_0 点近似连续.

(2) $ap \lim\limits_{x \to x_0} f(x) = f(x_0)$.

(3) 存在以 x_0 为全密点的集 E,使 $\lim\limits_{x \to x_0 E} f(x) = f(x_0)$.

(4) 任给 $\varepsilon > 0$, $E_\varepsilon = \{x \mid f(x_0) - \varepsilon < f(x) < f(x_0) + \varepsilon\}$ 是以 x_0 为全密点的集.

只要综合上述关于近似极限的结果即可得出这个定理.

定义 9.1.11　$f(x)$ 定义于 $[a, b]$, $E \subset [a, b]$, x_0 为 E 的聚点. 分别称
$$\lim\limits_{x \to x_0 E} \frac{f(x) - f(x_0)}{x - x_0},$$
$$\lim\limits_{x \to x_0} \sup_E \frac{f(x) - f(x_0)}{x - x_0},$$
$$\lim\limits_{x \to x_0} \inf_E \frac{f(x) - f(x_0)}{x - x_0}$$

为 $f(x)$ 在 x_0 点沿 E 的导数,上导数,下导数,且各自记为 $f'_E(x_0)$, $\overline{D}_E f(x_0)$, $\underline{D}_E f(x_0)$. 当 $f'_E(x_0)$ 为有限时,称 $f(x)$ 在 x_0 点沿 E 是可导的. 当 E 取为以 x_0 为全密点的集合,分别称
$$\lim\limits_{x \to x_0 E} \frac{f(x) - f(x_0)}{x - x_0} (若存在时),$$

$$\inf_{\text{一切}E} \limsup_{x \to x_0 \atop E} \frac{f(x) - f(x_0)}{x - x_0},$$

$$\sup_{\text{一切}E} \liminf_{x \to x_0 \atop E} \frac{f(x) - f(x_0)}{x - x_0}$$

为 $f(x)$ 在 x_0 点的近似导数,近似上导数,近似下导数,且分别记为

$$ap \lim_{x \to x_0} \frac{f(x) - f(x_0)}{x - x_0},$$

$$ap \limsup_{x \to x_0 \atop E} \frac{f(x) - f(x_0)}{x - x_0},$$

$$ap \liminf_{x \to x_0 \atop E} \frac{f(x) - f(x_0)}{x - x_0},$$

或简记为 $D_{ap}f(x_0)$(或 $f'_{ap}(x_0)$),$\overline{D}_{ap}f(x_0)$,$\underline{D}_{ap}f(x_0)$.

很明显有下列结果:

(1) 设 x_0 为 E 的聚点,若 $f(x)$ 在 x_0 可导(有上导数,有下导数),则 $f(x)$ 在 x_0 点沿 E 是可导的(有上导数的,有下导数的).

(2) 若 x_0 为 E 的全密点,$f(x)$ 在 x_0 点沿 E 可导,则 $f(x)$ 在 x_0 点有近似导数.

后者直接利用定理 9.1.7 即可得证.

定理 9.1.12　若 $f(x)$ 在 E 上可测,$f(x)$ 在 E 上 a.e. 沿 E 可导,则 $f(x)$ 在 E 上 a.e. 有近似导数.

事实上,当 E 为零集时,定理自然成立.当 E 为正测度集时,设 A 为 E 的全密点集,对任意 $x \in A \setminus Z$(Z 为沿 E 不可导点集,$mZ = 0$),f 在 x 点沿 E 可导,从而在 x 上有近似导数,故 f 在 A 上有近似导数,即 f 在 E 上 a.e. 有近似导数且 $D_{ap}f(x) = f'_E(x)$.

定理 9.1.13　若存在常数 M,函数 $f(x)$ 在集 E 上满足

$$- M \leqslant \underline{D}_E f(x) \leqslant \overline{D}_E f(x) \leqslant M,$$

则 $|f(E)| \leqslant M|E|$. 其中 $|E|$ 与 $|f(E)|$ 分别表示集 E 和 $f(E) = \{y \mid y = f(x), x \in E\}$ 的外测度.

证明 对任给 $\varepsilon > 0$, 令

$$E_n = \left\{ x \,\middle|\, x \in E, \text{当} \, t \in E, |t - x| < \frac{1}{n} \text{ 时,有} \right.$$

$$\left. \left| \frac{f(t) - f(x)}{t - x} \right| \leqslant M + \varepsilon \right\},$$

则

$$E_n \subset E_{n+1}, E = \bigcup_n E_n = \lim_{n \to \infty} E_n.$$

对每一个 E_n, 总存在开区间列 $\{I_k^n\}_{k=1,2,\cdots}$, 覆盖 E_n, 且

$$\sum_k |I_k^{(n)}| \leqslant |E_n| + \varepsilon.$$

不妨设 $|I_k^{(n)}|$ 都小于 $\frac{1}{n}$, 这样, 对每个 $x_1, x_2 \in E_n \bigcap I_k^{(n)}$, 有

$$|f(x_1) - f(x_2)|$$
$$\leqslant (M + \varepsilon)|x_1 - x_2| \leqslant (M + \varepsilon)|I_k^{(n)}|,$$
$$|f(E_n)|$$
$$\leqslant \sum_k |f(E_n \bigcap I_k^{(n)})| \leqslant (M + \varepsilon) \sum |I_k^{(n)}|$$
$$\leqslant (M + \varepsilon)(|E_n| + \varepsilon).$$

当 $n \to \infty$, 再由 ε 的任意性, 得 $|f(E)| \leqslant M|E|$.

定理 9.1.14 若函数 $f(x)$ 在可测集 E 上的每点沿 E 可导, $|E| < \infty$, 则

$$|f(E)| \leqslant \int_E |f'_E(x)| dx,$$

其中积分是通常的 Lebesgue 积分.

证明 不妨设 E 为有界集, 任给 $\varepsilon > 0$, 及 $n = 1, 2, \cdots$, 令

$$E_n = \{x | (n-1)\varepsilon \leqslant |f'_E(x)| < n\varepsilon, x \in E\},$$
$$E = \bigcup_n E_n,$$

$$|f(E)| \leqslant \sum_{n=1}^{\infty} |f(E_n)| \leqslant \sum_{n=1}^{\infty} n\varepsilon |E_n|$$

$$\leqslant \sum_{n=1}^{\infty} (n-1)\varepsilon |E_n| + \sum_{n=1}^{\infty} \varepsilon |E_n|$$

$$\leqslant \sum_{n=1}^{\infty} \int_{E_n} |f'(x)| \, dx + \varepsilon |E|$$

$$= \int_{E} |f'(x)| \, dx + \varepsilon |E|.$$

由 ε 的任意性，即得所证结果.

§9.2 VB VBG AC 和 ACG 函数类

定义 9.2.1 若 $F(x)$ 在集 E 有定义，E 上分法是指 $a_i, b_i \in E$，且 $a_1 < b_1 \leqslant a_2 < b_2 \leqslant \cdots \leqslant a_n < b_n$. 称 $F(x)$ 在 E 上囿变或有界变差或简称 $F(x)$ 在 E 上 VB 的，是指

$$\sum_{i=1}^{n} |F(b_i) - F(a_i)|$$

对 E 上一切分法是有界的，称

$$V(F; E) = \sup_{E\text{上一切分法}} \sum_{i=1}^{n} |F(b_i) - F(a_i)|$$

为 $F(x)$ 在 E 上的全变差.

显然有下列事实：

(1) 定义 9.2.1 可改写为等价形式：若 $x_0 < x_1 < \cdots < x_n, x_i \in E$，则 $V(F; E) = \sup \sum_{i=1}^{n} |F(x_i) - F(x_{i-1})|$.

(2) 每一个 E 上 VB 的函数，在 E 的任一子集 A 上也是 VB 的，且 $V(F; A) \leqslant V(F; E)$.

(3) 若 $F(x)$ 在 E 上连续，A 为 E 中稠密子集，若 $F(x)$ 在 A 中是 VB 的，则 $F(x)$ 在 E 上也是 VB 的，且 $V(F; E) = V(F; A)$.

因这些 $x_i \in E, x_0 < x_1 < \cdots < x_n$，及任给 $\varepsilon > 0$，可选 $y_i \in A$，$y_0 < y_1 < \cdots < y_n, |F(x_i) - F(y_i)| < \dfrac{\varepsilon}{n}$，则

$$\sum |F(x_i) - F(x_{i-1})|$$

$$\leqslant \sum \{|F(x_i) - F(y_i)| + |F(y_i) - F(y_{i-1})|$$

$$+ |F(y_{i-1}) - F(x_{i-1})| \}$$
$$\leqslant 2\varepsilon + \sum |F(y_i) - F(y_{i-1})|$$
$$\leqslant 2\varepsilon + V(F;A).$$

故 $V(F;E) \leqslant V(F;A)$.

另一方面,由(2),有 $V(F;E) \geqslant V(F;A)$. 从而 $V(F;A) = V(F;A)$.

(4) 若 F,G 为 E 上 VB 函数,a,b 为实数,则 $aF + bG$ 与 FG 在 E 上是 VB 的. 再设 M 为 F,G 在 E 上的共同界,则
$$V(aF + bG;E) \leqslant |a|V(F;E) + |b|V(G;E),$$
$$V(FG;E) \leqslant M(V(F;E) + V(G;E)).$$

定义 9.2.2 函数 F 在 E 上称为广义围变或简称在 E 上 VBG,是指 E 可分为可列个子集 E_i 之并,而在每个 E_i 上 F 是 VB 的.

由定义 9.2.2 立即可知,VBG 函数同样具有定义 9.2.1 中的性质(2).

此外,由定义 9.2.1 中(3) 知,若 $F(x)$ 在闭集 E 上连续且为 VBG 函数,则 E 可以分可列个闭集之并,使在每一个闭集上,$F(x)$ 是 VB 的.

定义 9.2.3 函数 F 叫做 E 上绝对连续,简称为在 E 上 AC,是指任给 $\varepsilon > 0$,存在 $\eta > 0$,对任何互不相重的区间族$\{[a_k, b_k]\}$,$a_k, b_k \in E$,当 $\sum\limits_k (b_k - a_k) < \eta$ 时,有 $\sum\limits_k |F(b_k) - F(a_k)| < \varepsilon$.

定义 9.2.4 函数 F 叫做在 E 上广义绝对连续,简称 ACG,是指 F 在 E 上连续,并且 E 可分为可列个集 E_n 之并,且 F 在每个 E_n 上是 AC 的.

显然具有下列性质:

(1) 若 F,G 在 E 上为 AC(或 ACG) 的,则 F 与 G 的线性组合和乘积 FG 在 E 上 AC(或 ACG).

(2) 若 F 在有界集 E 上是 AC(或 ACG) 的,则 F 在 E 上是

VB(或 VBG) 的.

(3) 若 F 在 E 上连续,在 E 的一个稠密子集 A 是上 AC 的,则 F 在 E 上是 AC 的.

证明(3)　F 在 A 上为 AC 的,对任给 $\varepsilon > 0$,有 $\delta > 0$,和任意不相重区间族 $\{[a_k, b_k]\}_{k=1}^n, a_k, b_k \in A$,当 $\sum_k (b_k - a_k) < \delta$ 时,

$$\sum_k |F(b_k) - F(a_k)| < \varepsilon.$$

当 $\bar{a}_k, \bar{b}_k \in E, \sum_{k=1}^n (\bar{b}_k - \bar{a}_k) < \dfrac{\delta}{2}$ 时,总有 $a_k, b_k \in A$,使

$$|\bar{a}_k - a_k| < \frac{\delta}{4n}, |\bar{b}_k - b_k| < \frac{\delta}{4n},且$$

$$|F(a_k) - F(\bar{a}_K)| < \frac{\varepsilon}{2n}, |F(b_k) - F(\bar{b})_K| < \frac{\varepsilon}{2n}$$

这样

$$\sum_k (b_k - a_k) \leqslant \sum_k |b_k - \bar{b}_k| + \sum_k |\bar{b}_k - \bar{a}_k|$$
$$+ \sum_k |\bar{a}_k - a_k| < \delta,$$

$$\sum_k |F(\bar{b}_k) - F(\bar{a}_k)| \leqslant \sum_k |F(\bar{b}_k) - F(b_k)| + \sum_k |F(b_k) - F(a_k)|$$
$$+ \sum_k |F(a_k) - F(\bar{a}_k)| \leqslant 2\varepsilon.$$

这个性质表明闭集 E 上的 ACG 函数 $F(x)$,总可以将闭集 E 表为可列个闭集 E_n 之并,使其在 E_n 上为 AC 的.

定义 9.2.5　函数 F 称为在集 E 上满足条件 (N) 是指:若 $H \subset E, m(H) = 0$ 则 $m(F(H)) = 0$. 即零测集的映象为零测集.

定理 9.2.6　函数 F 在有界集 E 上是 ACG 的必要条件为 F 在集 E 上满足条件 (N).

证明　由于 F 在 E 上是 ACG 的,E 总可分为可列个 E_n 之并,F 在 E_n 上是 AC 的,这样只要证明 F 在 E 上是 AC 的必要条件为 F 在集 E 上满足条件 (N) 即可.

考虑到有界集 E 上 AC 函数总是有界函数,因此下列规定是有意义的.

设 $A \subset E, A \neq \varnothing$ 时,令
$$M_A = \sup_{x \in A} F(x), m_A = \inf_{x \in A} F(x),$$
当 $A = \varnothing$ 时,令
$$M_A = m_A = 0.$$

设 $H \subset E, m(H) = 0$,因 F 在 E 上为 AC 的,这样对任给 $\varepsilon > 0$,存在 $\eta > 0$,任何两两不相重的区间族 $\{I_k\}, \Sigma |I_k| < \eta$ 时,有
$$\sum (M_{H \cap I_k} - m_{H \cap I_k}) \leqslant \varepsilon.$$
由于 H 为零测集,总有 $\{I_k\}, \Sigma |I_k| < \eta$,且 $\bigcup I_k \supset H$. 从而
$$|F(H \bigcap I_k)| \leqslant M_{H \cap I_k} - m_{H \cap I_k},$$
$$|F(H)| \leqslant \sum |F(H \bigcap I_k)|$$
$$\leqslant \sum (M_{H \cap I_k} - m_{H \cap I_k}) \leqslant \varepsilon.$$
由 ε 的任意性,知 $|F(H)| = 0$.

为得其充分条件,给出下列结果:

定理 9.2.7 有界闭集 E 上的连续 VB 函数 $F(x)$ 在 E 上是 AC 的充要条件为 $F(x)$ 在 E 上是满足条件(N) 的.

证明 必要性已由定理 9.2.6 解决了. 现证充分性.

由于连续囿变函数总可以分解为两个连续上升函数之差,这样我们只要假定 $F(x)$ 为连续上升函数. 设 a_0, b_0 分别为 E 的左,右端点,令
$$G(x) = \begin{cases} F(x), & x \in E, \\ 线性, & x \in E \text{ 的邻接区间.} \end{cases}$$
显然 $G(x)$ 在 $[a_0, b_0]$ 上连续,上升且满足条件(N). 任 $I = [a, b] \subset [a_0, b_0]$,$D$ 记为 $G(x)$ 的可导点集,且 $H = I \backslash D$,显然 $|H| = 0$,从而 $|G(H)| = 0$.

另一方面,上升连续函数 $G(x)$ 的导函数 $G'(x)$ 总是 (L) 可积

的,并由定理 9.1.14 可得

$$|G(b) - G(a)| \leqslant |G(D)| + |G(H)|$$

$$= |G(D)| \leqslant \int_a^b G'(x)dx.$$

从而对任何两两不重的 $[a_i, b_i]$,有

$$\sum_i |F(b_i) - F(a_i)| = \sum_i |G(b_i) - G(a_i)|$$

$$\leqslant \sum_i \int_{a_i}^{b_i} G'(x)dx.$$

由于 $G'(x)$ 的不定积分是 AC 的,可知 $G(x)$ 在 $[a_0, b_0]$ 上从而 $F(x)$ 在 E 是 AC 的.

由定理 9.2.7 直接可得下列定理:

定理 9.2.8 有界闭集 E 上连续 VBG 的函数 $F(x)$ 在 E 上是 ACG 的充要条件为 $F(x)$ 在 E 上满足条件 (N).

上述 VB, VBG, AC 和 ACG 函数都定义于集 E,其实都可以扩张到区间上,使其仍保留它们的原有性质. 这里我们只要对 AC 函数加以讨论. 不妨设 $E \subset [a, b]$.

定理 9.2.9 若 $f(x)$ 在 $E \subset [a, b]$ 上是 AC 的,则存在函数 $F(x)$ 在 $[a, b]$ 上仍为 AC 的,且 $F(x) = f(x), x \in E$.

证明 $f(x)$ 在 E 上是 AC 的,$f(x)$ 可连续扩张到 $\overline{E}$. 由定义 9.2.4 中 AC 函数性质 (3),知 $f(x)$ 在 $\overline{E}$ 是 AC 的. 这样不妨假定 E 是闭集,且 $a, b \in E$. 令 $\{\delta_k\}$ 为 E 在 $[a, b]$ 中的接邻区间族. 令

$$F(x) = \begin{cases} f(x), & x \in E, \\ 线性, & x \in E \text{ 的接邻区间 } \delta_k, k = 1, 2, \cdots. \end{cases}$$

这样 $V(F; [a,b]) = V(f; E)$,并且 $F(x)$ 在 δ_k 上 AC.

在 $[a, b]$ 中任何零测集 H,

$$H = (H \cap E) \cup \left(\bigcup_{k=1}^{\infty} (H \cap \delta_k) \right),$$

$$F(H) = F(H \cap E) \cup \left(\bigcup_{k=1}^{\infty} F(H \cap \delta_k) \right).$$

由定理 9.2.7 知 $F(H \cap E)$ 和 $F(H \cap \delta_n)$ 均为零测集,故 $F(H)$ 为

零测集.

这个定理以及前面的结果说明今后讨论 VB,VBG,AC 和 ACG 函数都可以假定在$[a,b]$上.

定理 9.2.10 若 $F(x)$ 在$[a,b]$上 VBG,则 $F(x)$ 在$[a,b]$上 a.e. 存在 $F'_{ap}(x)$.

证明 设$[a,b]=\overset{\infty}{\underset{k=1}{\bigcup}}E_k,E_k$ 为闭集,$F(x)$ 在 E_k 上是 VB 的,故 $F(x)$ 在 E_k 上 a.e. 沿 E_k 可导. 由定理 9.1.12 得 $F(x)$ 在 $E_k(k=1,2,\cdots)$ 上 a.e. 近似可导,自然在$[a,b]$上 a.e. 近似可导,即 $F'_{ap}(x)$ a.e. 存在.

系 若 $F(x)$ 在$[a,b]$上 ACG 的,则 $F(x)$ 在$[a,b]$上 a.e. 存在 $F'_{ap}(x)$.

下例说明,$F(x)$ 在$[a,b]$上 ACG,但 $F(x)$ 可在一个正测集 E 上不存在通常的导数.

例 9.2.11 设 P 为$[a,b]$中无处稠密完备正测集,$a,b\in P$,$\{\delta_k=(\alpha_k,\beta_k)\}$ 是 P 的接邻区间族,即$[a,b]=P\bigcup(\underset{k}{\bigcup}\delta_k)$,记 r_k 为 δ_k 的中心. 又设 ρ_n 为$[a,b]$中与 $\delta_1,\cdots,\delta_n$ 不相交的最大闭区间的长度. 令

$$F(x)=\begin{cases}0, & \text{当 } x\in P,\\ |\delta_n|+\rho_n, & \text{当 } x=r_n,\\ \text{线性}, & \text{当 } x\in[\alpha_n,r_n] \text{ 或}[r_n,\beta_n],n=1,2,\cdots.\end{cases}$$

由于当 $n\to\infty$ 时,$|\delta_n|\to0$,且 $\rho_n\to0$,所以 $F(x)$ 在$[a,b]$上连续的. 此外,$F(x)$ 在 P 与 δ_n 上是 AC 的,即在$[a,b]$上,$F(x)$ 是 ACG 的.

现证 $F(x)$ 在集 P 上任一点都不可微. 因对每一 $x\in P,F(x)=0$,所以有

$$\underline{D}F(x)\leqslant0\leqslant\overline{D}F(x),x\in P.$$

任取点 $\xi\in P$,设 i_n 为区间 $\delta_1,\delta_2,\cdots,\delta_n$ 中最接近 ξ 的区间指标,那么

$$0 < |\xi - r_{i_n}| < |\delta_{i_n}| + \rho_n.$$

$$F(r_{i_n}) - F(\xi) = |\delta_{i_n}| + \rho_{i_n}$$
$$\geqslant |\delta_{i_n}| + \rho_n > |r_{in} - \xi|.$$

又 $\lim\limits_{n\to\infty} r_{i_n} = \xi$,那么或 $D_- F(\xi) \geqslant 1$,或 $\underline{D} F(\xi) \leqslant -1$,即 $F(x)$ 在 ξ 点不可微,故 F 在 P 均不可微.

引理 9.2.12 若 $F(x)$ 是有限值函数,使得

(i) $\quad \lim\limits_{h\to 0^+} \sup F(x - h) \leqslant F(x) \leqslant \lim\limits_{h\to 0^+} \sup_+ F(x + h).$

(ii) 设 $D^+ F(x)$ 为 F 在 x 点的右上导数,$\{x | D^+ F(x) \leqslant 0\}$ $= H, F(H)$ 不包含非退化区间,则函数 F 是单调不减的.

证明 设 $F(x)$ 在某个区间 I 上不是单调不减的,总有 $a, b \in I, a < b$,而 $F(b) < F(a)$. $F(H)$ 不包含 $[F(b), F(a)]$,故有 $y_0 \in [F(b), F(a)], y_0 \notin F(H)$. 令

$$x_0 = \sup\{x | F(x) \geqslant y_0, x \in [a, b]\},$$

则或 $y_0 \leqslant F(x_0)$,或 $y_0 \leqslant \lim\limits_{h\to 0} \sup F(x_0 - h)$. 而由条件(i) 知,$\lim\limits_{h\to 0_+} \sup F(x_0 - h) \leqslant F(x_0)$,得

$$y_0 \leqslant F(x_0) \leqslant \lim\limits_{h\to 0^+} \sup F(x_0 + h) \leqslant y_0,$$

所以 $F(x_0) = y_0$,由 $(x_0, b]$ 上 $F(x) < y_0$,得 $D^+ F(x_0) \leqslant 0$,即 $x_0 \in H, F(x_0) \in F(H)$. 矛盾. 可知函数 $F(x)$ 是单调不减的.

定理 9.2.13 若 $F(x)$ 在区间 I 上是 ACG 的,且在 I 上 a. e. 有 $F'_{ap}(x) \geqslant 0$,则 $F(x)$ 在 I 上是单调不减的.

证明 令 $G(x) = F(x) + \varepsilon x, \varepsilon > 0$,由于 $F(x)$ 在 I 上 ACG 的,自然 $G(x)$ 在 I 上 ACG 且连续,故能满足上述引理的(i),其次 $G'_{ap}(x) \geqslant \varepsilon$, a. e. 于 I,可知 $D^+ G(x) \geqslant \varepsilon$ 在 I 上 a. e. 成立,即 $H = \{x | D^+ G(x) \leqslant 0\}$ 为零测集,由定理 9.2.6,得 $G(H)$ 为零集,即 $G(H)$ 不包含非退化区间. 应用上述定理 9.2.12 知函数 $G(x)$ 是单调不减的. 由 ε 的任意性,知 $F(x)$ 单调不减.

§9.3 VB_*、VBG_*、AC_* 与 ACG_* 类

定义 9.3.1 $F(x)$ 定义于 $[a,b]$，在集 $E \subset [a,b]$ 上叫做强囿变，记为 VB_*，如果对任何互不相重且端点属于 E 的区间族 $\Gamma = \{I_k\}$，都有 $\sum_k \omega(F;I_k) \leqslant M$. 其中 M 为常数，$\omega(F;I_k)$ 为 F 在 I_k 上的振幅. 即

$$\omega(F;I_k) = \sup_{x',x'' \in I_k} |F(x') - F(x'')|.$$

记 $\sup \sum_k \omega(F;I_k)$ 为 $V_*(F;E)$，并称为 F 在 E 上的强全变差.

注 当 $E = [a,b]$ 时，可以证明 $F(x)$ 在 $[a,b]$ 上 VB 等价于在 $[a,b]$ 上 VB_*.

定义 9.3.2 如果 E 可表为可列个 E_n 之并，即 $E = \bigcup_n E_n$，且在 E_n 上 F 是强囿变的，那么 $F(x)$ 在集 E 上叫做广义强囿变，记为 VBG_*.

VB_* 与 VB（VBG_* 与 VBG）的不同是在于后者同 AC 与 ACG 一样，只依赖于函数 $F(x)$ 在 E 上的性质，而前者却要求对 $F(x)$ 在包含 E 的整个区间上的性质. 所以总有

$$V(F;E) \leqslant V_*(F;E).$$

而一般来讲，上述等式并不恒能成立.

定理 9.3.3 若 $F(x)$ 在有界集 E 上 VB_*，则 $F(x)$ 在 $\overline{E}$ 上也是 VB_* 的.

证明 设 a,b 分别为 E 的上、下界，自然也是 $\overline{E}$ 的上、下界. 设 $a \leqslant a_0 < a_1 < \cdots < a_n \leqslant b$ 为 $\overline{E}$ 的有限序列，令 $I = [a,b]$，$I_k = [a_{k-1}, a_k]$，$k = 1,2,\cdots,n$. 称 I_k 为第一类的，是指：它包含 E 的点，否则称为第二类的. 显然若 I_k 为第二类的，那么相邻两个区间 I_{k-1} 和 I_{k+1} 将同时属于第一类的（因若不然，a_{k-1}, a_k 不可能属于 $\overline{E}$ 而矛盾）. 令 $1 \leqslant i_0 < i_1 < \cdots < i_r \leqslant n$ 为第一类区间 I_k 的下标，而 $j_0 <$

$j_1 < \cdots < j_s$ 为第二类区间 I_k 的下标. 对每一个第一类区间 I_{i_k}, 取 $b_k \in I_{i_k} \bigcap E$, 并令 $J_k = [b_{k-1}, b_k]$,

$$\sum_{k=0}^{r} \omega(F; I_{i_k}) \leqslant \omega(F; I_1) + \omega(F; I_n) + 2\sum_{k=1}^{r} \omega(F; J_k),$$

且对第二类区间 I_{i_k},

$$\sum_{k=0}^{s} \omega(F; I_{i_k}) \leqslant \sum_{k=1}^{r} \omega(F; J_k),$$

因此

$$\sum_{k=0}^{n} \omega(F; I_{i_k}) \leqslant 3\sum_{k=0}^{r} \omega(F; I_{i_k}) + 2 \cdot \omega(F; I)$$
$$\leqslant 3[V_*(F; E) + \omega(F; I)].$$

所以 $V_*(F; \overline{E}) \leqslant 3[V_*(F; E) + \omega(F; I)] < +\infty$. 　　　　证毕.

下面给出一个有趣的结果 (请比较上节定理 9.2.10 及例 9.1.11).

定理 9.3.4　若函数 $F(x)$ 在 $[a, b]$ 上是 VBG_* 的, 那么 $F(x)$ 在 $[a, b]$ 上是 a.e. 可导的.

证明　设 $[a, b] = \bigcup E_n$, E_n 为闭集, $F(x)$ 在 E_n 上 VB_*. 这样我们只要证明 $F(x)$ 在闭集 E 上 VB_* 必在 E 上 a.e. 可导即可. 不妨设 $a, b \in E$, 设 $\{\delta_k\}$ 为 E 的接邻区间. 令

$$M(x) = \begin{cases} F(x), & x \in E, \\ \sup_{x \in \delta_k} F(x), & x \in \delta_k, \end{cases}$$

$$m(x) = \begin{cases} F(x), & x \in E, \\ \inf_{x \in \delta_k} F(x), & x \in \delta_k, \end{cases}$$

$k = 1, 2, \cdots$, 可知 $m(x) \leqslant F(x) \leqslant M(x)$, $x \in [a, b]$, 　$m(x)$ 与 $M(x)$ 在 $[a, b]$ 上 VB_*, 且 a.e. 可导. 故在 E 上 a.e. 有 $F'(x)$ 存在, 且 $F'(x) = m'(x) = M'(x)$.

定义 9.3.5　函数 $F(x)$ 叫做在集 E 上强绝对连续的, 简记为 AC_*, 是指: $F(x)$ 在包含 E 的区间上有界, 且对每 $\varepsilon > 0$, 存在 $\eta >$

0,使得对任何端点属于 E,又互不相重的区间族 $\{I_k\}$,当 $\sum\limits_k |I_k| <$ η 时,有 $\sum\limits_k \omega(F;I_k) < \varepsilon$.

定义 9.3.6 函数 $F(x)$ 叫做在集 E 上是广义强绝对连续的,简记为 ACG_*,是指 $F(x)$ 在 E 上连续,E 可表为可列个 E_n 之并,$E = \bigcup\limits_n E_n$,$F(x)$ 在 E_n 上是强绝对连续的.

显然有下列性质:

(1) 若 E 为区间,函数 $F(x)$ 在 E 上是 AC_* 的与函数 $F(x)$ 在 E 上 AC 的是等价的.

(2) 若在任意集 E 上是 AC_*(或 ACG_*)的,必为 AC(或 ACG)的,且在 E 上也是 VB_*(或 VBG_*)的. 但其逆不真.

例 9.3.7 设 $[0,1]$ 中有理数集为 $\{r_1, r_2, \cdots, r_n, \cdots\}$,　令

$$F(x) = \begin{cases} 0, & x \in [0,1] \text{ 中无理数集 } E, \\ \dfrac{1}{2^n}, & x = r_n \text{ 时}, n = 1, 2, \cdots, \end{cases}$$

则 $F(x)$ 在 E 上连续且为 AC 的,同时 $F(x)$ 在 E 上是 BV_* 的,但 $F(x)$ 在 E 上不是 AC_* 的.

事实上,$F(x)$ 在有理点上均不连续,甚至不是 ACG_* 的.

为了讨论 $VB, AC, VB_*, AC_*, VBG, ACG, VBG_*$ 与 ACG_* 的关系,我们引进下列结果.

引理 9.3.8 设 E 为有界闭集,I_0 为包含 E 的最小区间,$\{J_k\}$ 为 E 的接邻闭区间列,则对任何在 I_0 上为有界的函数 $F(x)$ 都有

$$\omega(F; I_0) \leqslant V(F; E) + 2\sum_k \omega(F; J_k).$$

证明 令 M, m 和 M_0, m_0 分别为 $F(x)$ 在 E 和 I_0 上的上,下确界,对任 $M'_0 < M_0$,有 $x_0 \in I_0$,使 $M'_0 \leqslant F(x_0)$. 自然当 $x_0 \in E$ 时,$M'_0 \leqslant M$,而当 $x_0 \bar{\in} E$ 时,就有 $x_0 \in J_{k0} \in \{J_k\}$,从而

$$M'_0 \leqslant F(x_0) \leqslant M + \omega(F; J_{k0}).$$

(这是因为 J_{k0} 为闭区间,端点属于 E). 总之,都有

$$M'_0 \leqslant M + \sum_k \omega(F; J_k),$$

从而

$$M_0 \leqslant M + \sum_k \omega(F; J_k).$$

同样可证

$$m_0 \geqslant m - \sum_k \omega(F; J_k). \text{ 再由 } M - m \leqslant V(F; E),$$

即得

$$\omega(F; I_0) = M_0 - m_0$$
$$\leqslant V(F; E) + 2 \sum_k \omega(F; J_k).$$

注意当 J_k 为 E 的接邻区间,但不取闭时,上述不等式并不成立.

定理9.3.9 在有界闭集 E 上上为 VB(或 AC)的函数 $F(x)$ 是 VB_*(或 AC_*)的必要且充分条件为 E 的接邻区间族 $\{J_k\}$ 上振幅的级数 $\sum_k \omega(F; J_k)$ 是收敛的.

证明 必要性是明显的.现证充分性.分两种情况加以讨论.

1° 若 $F(x)$ 在 E 上是 VB 的,即 $V(F; E) < +\infty$,则由引理 9.3.8 知,对任何端点属于 E 的互不相重的闭区间列 $\{I_n\}$,有

$$\sum_n \omega(F; I_n) \leqslant \sum_n V(F; E \cap I_n) + 2 \sum_k \omega(F; J_k)$$
$$\leqslant V(F; E) + 2 \sum_k \omega(F; J_k),$$

得 $V_*(F; E) < \infty$,即 F 在 E 上是 VB_* 的.

2° 若 $F(x)$ 在 E 上是 AC 的,那么任给 $\varepsilon > 0$,存在 $\eta > 0$,任何端点属于 E 的互不相重区间序列 $\{I'_n\}$,$\sum_n |I'_n| < \eta$,有

$$\sum_n V(F; E \cap I'_n) < \frac{\varepsilon}{2}.$$

再根据 $\sum_k \omega(F; J_k)$ 的收敛性,存在 k_0,有

$$\sum_{k=k_0+1} \omega(F;J_k) < \frac{\varepsilon}{4}. \qquad (9.1)$$

令 $\eta_0 = \min\{\eta, |J_1|, \cdots, |J_{k_0}|\}$，这样任何端点属于 E 的两两不相重的区间 $\{I'_n\}$，$\Sigma|I'_n| < \eta_0$，没有一个 I'_n 能包含 $\{J_n\}$ 的前 k_0 个. 由引理及(9.1)式得

$$\sum_n \omega(F;I'_n) \leqslant \sum_n V(F;E \cap I'_n) + \frac{\varepsilon}{2} \leqslant \varepsilon.$$

所以函数 F 在 E 上为 AC_* 的. 证毕.

定理 9.3.10 有界闭集 E 上 $F(x)$ 是 AC_* (或 ACG_*) 的充要条件为 $F(x)$ 在 E 上是 VB_* 且 AC 的(BVG_* 且 ACG 的).

证明 必要性是显然的. 现证充分性.

设 $\{J_k\}$ 为 E 的接邻区间，$F(x)$ 在 E 上 VB_*，由 VB_* 的定义知

$$\sum_k \omega(F;J_k) < \infty.$$

又 $F(x)$ 在 E 上是 AC 的，再用定理 9.3.9 的充分性，可得 $F(x)$ 在 E 上为 AC_* 的.

至于 $F(x)$ 在 E 上为 VBG_* 和 ACG 时，我们可以把集 E 写为集列 $\{E_n\}$ 之并，且在每一个 E_n 上，$F(x)$ 同时为 VB_* 和 AC 的. 由于 $F(x)$ 在 E 上连续，E 为有界闭集，所以 $F(x)$ 在 $\overline{E_n}$ 是 AC 的且是 VB_* 的，再由本定理证明的前一部分，知 $F(x)$ 在 $\overline{E_n}$ 上是 AC_* 的，即在 E 上为 ACG_* 的.

定理 9.3.9 与定理 9.3.10 中集 E 为有界闭的条件是很重要的，否则定理不真. 这在例 9.3.7 中已经看到了.

关于 AC_* 的特征，这里给出一个有趣结果.

定理 9.3.11 $F(x)$ 在闭集 $E \subset [a,b]$ 上连续，则 $F(x)$ 在 E 上是 AC_* 的充要条件为：对任何 $\varepsilon > 0$，有 $\eta > 0$，任何两两不相重区间族 $\{[a_i, b_i]\}$，端点 a_i, b_i 之一属于 E 且 $\sum|b_i - a_i| < \eta$ 时

$$\sum_i \omega(F;[a_i,b_i]) < \varepsilon.$$

证明 充分性是显然的. 下面来证明它的必要性. 若 $F(x)$ 在

E 是 AC_* 的，按定义对任给 $\varepsilon > 0$，可确定相应 $\eta > 0$，不妨设 $a, b \in$ E，$[a,b] \backslash E = \bigcup_i (c_i, d_i)$，总有 N，$\sum\limits_{i=N+1}^{\infty} |d_i - c_i| < \eta$，从而

$$\sum_{i=N+1}^{\infty} \omega(F; [c_i, d_i]) < \varepsilon.$$

由于 $F(x)$ 在 $c_i, d_i (i = 1, 2, \cdots, N)$ 连续，故有 $\delta > 0$，当 $|c_i - x| < \delta$ 或 $|x - d_i| < \delta$ 时，

$$|F(x) - F(c_i)| < \frac{\varepsilon}{2N}, \quad |F(x) - F(d_i)| < \frac{\varepsilon}{2N}.$$

从而

$$\omega(F; [c_i - \delta, c_i + \delta]) \leqslant \frac{\varepsilon}{N},$$

$$\omega(F; [d_i - \delta, d_i + \delta]) \leqslant \frac{\varepsilon}{N}. \ (i = 1, 2, \cdots, N)$$

取 $\eta_0 = \min\{\eta, \delta, |d_i - c_i|, i = 1, 2, \cdots, N\}$，任何两两互不相重区间族 $\{[a_i, b_i]\}$，端点之一 a_i 或 $b_i \in E$，$\sum (b_i - a_i) < \eta_0$，必有下列情形：

不妨设 $a_i \in E$，这样每一个 $[a_i, b_i]$，或 $b_i \in E$，或 $b_i \notin E$，有 $b_i^* \in E$，$a_i \leqslant b_i^* < b_i$，使 $(b_i^*, b_i) \subset \bigcup\limits_{n=1}^{\infty} (c_n, d_n)$，

$$\sum \omega(F; [a_i, b_i]) = \sum_{b_i \in E} \omega(F; [a_i, b_i]$$

$$\leqslant \varepsilon + \sum_{b_i \notin E} (\omega(F; [a_i, b_i^*]) + \omega(F; [b_i^*, b_i]))$$

$$\leqslant \varepsilon + \varepsilon + N \cdot \frac{\varepsilon}{N} + \varepsilon = 4\varepsilon.$$

必要性证毕.

定理 9.3.12 $F(x)$ 在闭集 $E \subset [a, b]$ 上连续，则 $F(x)$ 在 E 上是 AC_* 的充要条件为：任给 $\varepsilon > 0$，有 $\eta > 0$，对任何两两不相重的区间族 $\{[a_i, b_i]\}$，端点 a_i, b_i 之一属于 E，且 $\sum |b_i - a_i| < \eta$ 时，

$$\sum_i |F(b_i) - F(a_i)| < \varepsilon.$$

证明　由定理 9.3.11 知必要性是显然的. 下面证其充分性.

事实上, 对任给 $\varepsilon > 0$, 有 $\eta > 0$, 任何两两上相重区间 $\{[a_i, b_i]\}$ 端点之一属于 E, 且 $\sum_i |b_i - a_i| < \eta$ 时, $\sum_i |F(b_i) - F(a_i)| < \varepsilon$. 不妨设 $a_i \in E$, 必有 $a_i \leqslant a'_i < b'_i \leqslant b_i$, 使

$$\sum \omega(F; [a_i, b_i]) \leqslant \sum \left\{ |F(a'_i) - F(b'_i)| + \frac{\varepsilon}{2^i} \right\}$$

$$\leqslant \sum |F(a_i) - F(a'_i)|$$

$$+ \sum |F(a_i) - F(b'_i)| + \varepsilon < 3\varepsilon,$$

充分性得证. 由此立即可得

定理 9.3.13　$F(x)$ 在闭集 $E \subset [a, b]$ 上连续, 则 $F(x)$ 在 E 上为 AC_* 的充要条件为: 任给 $\varepsilon > 0$, 总有 $\eta > 0$, 对任何两两不相重且与 E 有交点的区间族 $\{[a_i, b_i]\}$, 即 $[a_i, b_i] \cap E \neq \varnothing$, 且 $\sum_i |b_i - a_i| < \eta$ 时, $\sum_i |F(b_i) - F(a_i)| < \varepsilon$.

应当指出, 定理 9.3.11—9.3.13 中集 E 为闭的条件是自然的. 因为由定理 9.3.3 知, 在 E 上 AC_*, 可导致在 $\overline{E}$ 上总是 AC_* 的, 但 E 为有界集却是必要的. 事实上, 如 $F(x)$ 规定为

$$F(x) := \begin{cases} 1, & n - \dfrac{1}{2n} \leqslant x \leqslant n, \\ 0, & x = n - \dfrac{1}{n}, n + \dfrac{1}{n}, \\ \text{线性}, & n < x < n + \dfrac{1}{2n}, \\ \text{线性}, & n - \dfrac{1}{n} < x < n - \dfrac{1}{2n}, \\ 0, & \text{其他}, \end{cases}$$

其中 $n = 1, 2, \cdots$. 则 $F(x)$ 在 $[0, \infty)$ 上连续, 在 $\bigcup_n \left[n - \dfrac{1}{2n}, n \right]$ 上 AC_*, 但并不满足定理 9.3.11—9.3.13 的条件.

从以上定理直接可得下列推论.

推论 1 若 E_1 与 E_2 为 $[a,b]$ 中闭集,$F(x)$ 在 $[a,b]$ 上连续且分别在 E_1 与 E_2 上是 AC_* 的. 则 $F(x)$ 在 $E_1 \bigcup E_2$ 上为 AC_* 的.

证明 由条件知,对任给 $\varepsilon > 0$,有 $\eta_1 > 0, \eta_2 > 0$,任何两两不相重区间族 $\{[a_i, b_i]\}$,其端点之一属于 E_1,且 $\sum |b_i - a_i| < \eta_1$,有

$$\sum |F(b_i) - F(a_i)| < \varepsilon.$$

而其端点之一属于 E_2,且 $\sum |b_i - a_i| < \eta_2$ 时,$\sum |F(b_i) - F(a_i)| < \varepsilon$. 这样,当 a_i 或 $b_i \in E_1 \bigcup E_2$,且 $\sum |b_i - a_i| < \eta = \min\{\eta_1, \eta_2\}$ 时,必有 $\sum |F(b_i) - F(a_i)| < 2\varepsilon$. 即 $F(x)$ 在 $E_1 \bigcup E_2$ 上是 AC_*.

推论 2 若 $F(x)$ 在 $[a,b]$ 上连续,且在闭集 $E \subset [a,b]$ 上是 AC_* 的,则

$$G(x) = \begin{cases} F(x), x \in E, \\ \text{线性}, x \in [a,b] \backslash E = \bigcup_i (c_i, d_i) \end{cases}$$

在 $[a,b]$ 上是 AC_* 的.

证明 对任给 $\varepsilon > 0$,有 $\eta > 0$,对任何与 E 有交点,两两不相重的区间族 $\{[a_i, b_i]\}$,当 $\sum |b_i - a_i| < \eta$ 时,有 $\sum_i \omega(F; [a_i, b_i]) < \varepsilon$. 总有 i_0,使 $\sum_{i > i_n} |d_i - c_i| < \eta$ 时,从而 $\sum_{i > i_n} \omega(F; [c_i, d_i]) < \varepsilon$. 而 $[c_i, d_i], i = 1, 2, \cdots, i_0$ 只有有限个,$G'(x)$ 在 (c_i, d_i) 为有限个常数 k_i 取 $k = \max\{k_1, k_2, \cdots, k_{i_0}\}$,这样取 $\delta = \min\left\{\eta, \frac{\varepsilon}{k}\right\}$,对 $[a,b]$ 上任何互不相重的区间族 $\{[a_i, b_i]\}$,当 $\sum |b_i - a_i| < \delta$ 时,

$$\sum_i \omega(G; [a_i, b_i])$$

$$= \sum_{[a_i, b_i] \bigcap E \neq \varphi} \omega(G; [a_i, b_i])$$

$$+ \sum_{\substack{[a_i, b_i] \subset (c_k, d_k) \\ k = 1, 2, \cdots, i_0}} \omega(G; [a_i, b_i]) + \sum_{\substack{[a_i, b_i] \subset (c_k, d_k) \\ k > i0}} \omega(G; [a_i, b_i])$$

$$< \varepsilon + k \cdot \frac{\varepsilon}{k} + \varepsilon = 3\varepsilon.$$

推论 3 若 $F(x)$ 在 $[a,b]$ 上是 ACG_* 的，则总有 $[a,b]$ $= \bigcup_i E_i$，$E_1 \subset E_2 \cdots \subset E_i \subset \cdots$，使 $F(x)$ 在 E_i 上是 AC_* 的.

定理 9.3.14 有界闭集 E 上连续函数 $F(x)$ 在 E 上是 VBG 的（或 VBG_*，ACG，ACG_* 的）充分且必要条件为：对每一个闭集 $D \subset E$，总有 D 的一个部分集 $I \cap D$，其上 $F(x)$ 是 VB 的（或 VB_*，AC，AC_* 的）.

证明 必要性. E 可分为闭集 E_n 之并，在每一个 E_n 上 $F(x)$ 是 VB 的. 这样闭集 D 被 $\{E_n\}$ 所覆盖. 由定理 3.3.5，必有 D 的一个部分 $I \cap D$ 被某一个 E_k 所覆盖. 因此在 $I \cap D$ 上，$F(x)$ 是 VB 的.

充分性. 若 $F(x)$ 是在 E 上的连续函数，且 E 的每一个闭子集 D 包含部分 $I \cap D$，$F(x)$ 在 $I \cap D$ 上是 VB 的.

令 $\{I_n\}$ 为所有以有理数为端点的开区间，且 $F(x)$ 在 $E \cap I_n$ 上是 VBG 的. 令

$$Q = \bigcup_n E \cap I_n，且 D = E \setminus Q,$$

显然 F 在 Q 上也是 VBG 的. 现证 $D = \varnothing$.

若 $D \neq \varnothing$，由 D 为闭集，故存在开区间 I，$I \cap D \neq \varnothing$，其上 $F(x)$ 是 VB 的. 可以认定 I 以有理数为端点，所以 F 在 $Q(\bigcup I \cap D)$ 上是 VBG 的. 而

$$I \cap = E = I \cap (D \cup Q) \subset I \cap D \cup Q.$$

所以 $F(x)$ 在 $I \cap E$ 上是 VBG 的，可知 $I \in \{I_n\}$，即存在 n，$I = I_n$，但 D 不可能与 I_n 相交. 这与 $D \cap I_n = D \cap I \neq \varnothing$ 矛盾.

定理 9.3.15 若 $F(x)$ 是 E 上的函数，且 $\overline{D}F(x) < +\infty$ 或 $DF(x) > -\infty$ 至少一个在 E 上（除可列集外）是成立的. 则 $F(x)$ 在 E 上是 VBG_* 的.

证明 不妨设集 E 上有 $\overline{D}F(x) < +\infty$，令

$$E_n = \left\{ x \middle| \text{当} \, 0 < |t - x| \leqslant \frac{1}{n} \, \text{时，有} \frac{F(t) - F(x)}{t - x} \leqslant n \right\}.$$

再者,令 $E_n = E_n \cap \left[\dfrac{i-1}{n}, \dfrac{i}{n}\right]$,$i$ 为任意整数,a_n^i, b_n^i 分别是 E_n^i 的下,上确界(当 E_n^i 不空时). 得

$$E = \bigcup_{n=1}^{\infty} E_n = \bigcup_{n=1}^{\infty} \ \bigcup_{i=-\infty}^{\infty} E_n^i.$$

令 $F_n(x) = F(x) - nx$,对每一 $x \in E_n$,和每一 t, 当 $0 < |t - x| < \dfrac{1}{n}$ 时,有

$$\frac{F_n(t) - F_n(x)}{t - x} = \frac{F(t) - F(x)}{t - x} - n \leqslant 0.$$

特别当 $x_1 \leqslant x_2, x_1, x_2 \in E_n^i$ 时,即 $a_n^i \leqslant x_1 \leqslant x_2 \leqslant b_n^i$ 时,

$$F_n(a_n^i) \geqslant F_n(x_1) \geqslant F_n(x_2) \geqslant F_n(b_n^i).$$

这表明对每一个区间 $I = [\alpha, \beta]$,它的端点属于 E_n^i 时,

$$\omega(F_n; I) = F_n(\alpha) - F_n(\beta).$$

而对每一个端点属于 E_n^i 且两两不相重区间列 $I_j = [\alpha_j, \beta_j]$,有

$$\sum_J \omega(F_n; I_j) = \sum_j [F_n(\alpha_j) - F_n(\beta_j)]$$
$$\leqslant [F_n(a_n^i) - F_n(b_n^i)].$$

所以 $F_n(x)$ 在 E_n^i 是 VB_* 的,$F(x) = F_n(x) + nx$ 也是在 E_n^i 上 VB_* 的,即 $F(x)$ 在 E 上是 VBG_* 的.

定理 9.3.16 若 $F(x)$ 在集 E 上(顶多可列集例外)有
$$-\infty < D_+ F(x) \leqslant D^+ F(x) < \infty,$$
或
$$-\infty < D_- F(x) \leqslant D^- F(x) < +\infty,$$

那么集 E 可以表为 E_n 之并,在 E_n 上 $F(x)$ 是 AC_* 的. 所以,若 $F(x)$ 在 E 上连续,则 $F(x)$ 在 E 上是 ACG_* 的.

证明 设 $A = \{x \mid D^+ F(x), D_+ F(x)$ 是有限的$\}$. 令

$$A_n = \left\{ x \ \middle| \ \text{当 } 0 < t - x \leqslant \frac{1}{n}, \text{有 } |F(t) - F(x)| \leqslant n(t - x) \right\},$$

$$A_n^i = A_n \cap \left[\frac{i}{n}, \frac{i+1}{n}\right], \quad i \text{ 为整数}.$$

设 $I = [x_1, x_2]$ 是端点属于 A_n^i 的任何区间, $x_1 \leqslant t \leqslant x_2$,

$$|F(t) - F(x_1)| \leqslant n(t - x_1) \leqslant n(x_2 - x_1),$$

即 $\omega(F; I) \leqslant 2n|I|$. 从而对任何端点属于 A_n^i 的区间 $\{I_j\}$ 且两两不相重时, 有

$$\sum_j \omega(F; I_j) \leqslant 2n \sum_j |I_j|.$$

这样就得到了函数 $F(x)$ 在 A_n^i 上是 AC_* 的. 若 $F(x)$ 在 E 上连续则是 ACG_* 的.

系 任何处处可导(甚至只有单侧可导或可列个点例外)的连续函数是 ACG_* 的.

例 9.3.17 $F(x) = x^2 \sin \dfrac{1}{x^2}$, $\quad x \neq 0, F(0) = 0$ 处处可导,故是 ACG_* 的, 但不是 AC_* 的, 因为

$$F(x) = \begin{cases} 2x\sin \dfrac{1}{x^2} - \dfrac{2}{x}\cos \dfrac{1}{x^2}, & x \neq 0, \\ 0, & x = 0. \end{cases}$$

第十章　近代积分的描述性定义

数学分析教程中，(R) 积分定义是用极限方法构造性得到的，而 Newton 积分（不定积分）则是用描述性方法定义的. 当被积函数 f 在区间上连续时，(R) 与 (N) 积分是一致的，但一般情形下，两者互不包含，并且都以各自特点独立地又有联系地不断发展，1957—1958 年 (R) 积分发展为广义 Riemann 积分（Henstock-Kurzweil 积分），它不仅包括了 (R) 与 (N) 积分，也等价于 Perron 积分与 Denjoy 积分，这些已在[1]中介绍过了，这里主要陈述 (N) 积分的思想及发展[91][92].

§10.1　(N) 与 (N^*) 积分

定义 10.1.1　若 f 定义于 $[a,b]$，且在 $[a,b]$ 上存在可导函数 F，使 $x \in [a,b]$ 上都有 $F'(x) = f(x)$ 在，则称 f 在 $[a,b]$ 上 (N) 可积，且 (N) 积分为 $F(b) - F(a)$，记为 $(N)\displaystyle\int_a^b f(t)dt$.

其实，f 在 $[a,b]$ 上 (N) 可积，按数学分析说法即 f 在 $[a,b]$ 上存在原函数，而用第六章导函数的语言，即 $f \in \triangle$.

为确保积分的唯一性，使定义 10.1.1 合理，我们必须证明：若在 $x \in [a,b]$ 上有 $F'(x) = f(x)$，$G'(x) = f(x)$，则 $F(x) \equiv G(x) + C$，其中 C 为常数，从而 $F(b) - F(a) = G(b) - G(a)$，因此 (N) 积分定义是合理的. 这个结论早已为数学分析所熟知.

在第六章我们已经讨论了 $f \in \triangle$ 时，它的原函数用其他构造性积分形式来表示，也就是 (N) 积分与其他积分的关系，而这里讨论 $f \in \triangle$ 的情况，即要求推广 (N) 积分，从定义 10.1.1 分析，有两

种思想可以推广 (N) 积分.

(1) 对 $F'(x) = f(x)$ 的相等意义赋予新的规定,如 a.e.(即等式可以除了零测集例外);或 n.e.(即 nearly everywhere 即除了可列集例外);

(2) 是对 F 及其导数给以新的条件(如近似连续和近似导数).我们将逐步开展讨论.

定义 10.1.2 若 f 定义于 $[a,b]$,存在连续函数 F,除某一可列集 $A \subset [a,b]$ 以外均为可导且当 $x \in [a,b] \backslash A, F'(x) = f(x)$,(即 n.e. 有 $F'(x) = f(x)$),则称 f 在 $[a,b]$ 上 (N^*) 可积且 (N^*) 积分为 $F(b) - F(a)$,记为 $(N^*)\int_a^b f dt$.

为确保积分定义唯一性,还需证明下列结论:若 n.e. 有 $F'(x) = f(x))$ 且 n.e. 有 $G'(x) = f(x))$,则 $F(b) - F(a) = G(b) - G(a)$.这可由下列定理而得.

定理 10.1.3 若 F 是 $[a,b]$ 上连续函数,A 为 $[a,b]$ 中可列集且当 $x \in [a,b] \backslash A$ 时,$F'(x) = 0$,则 $F(x)$ 在 $[a,b]$ 上恒为常数.

证明 设 $A = \{a_1, a_2, \cdots, a_n, \cdots\}$,由于 F 在 A 上连续,则任给 $\varepsilon > 0$,有 $\delta_n > 0$,当 $|h| < \delta_n$ 时,有

$$F(a_n + h) - F(a_n) > -\frac{\varepsilon}{2^{n+1}}.$$

再由 F 在 $x \in [a,b] \backslash A$ 可导性,有 $\delta(x) > 0$,当 $|h| < \delta(x)$ 时,

$$F(x + h) - F(x) > -\varepsilon |h|.$$

这样 $[a,b]$ 上每一点,均被以该点为中心,相应 $\frac{\delta(x)}{2}$ 或 $\frac{1}{2}\delta_n$ 为半径的开区间所覆盖,由 Heine-Borel-Lebesgue 覆盖定理,可选有限覆盖,并将其中心按大小顺序排列为 $a = x_0 < x_1 < \cdots < x_n = b$,

$$F(b) - F(a) = \sum_{i=1}^{n} (F(x_i) - F(x_{i-1}))$$

$$\geqslant -\left(\sum_{i=1}^{\infty} \frac{\varepsilon}{2^{i-1}} + \sum_{i=1}^{n} \varepsilon(x_i - x_{i-1}) \right)$$

$$= -\varepsilon - (b-a)\varepsilon,$$

由 ε 任意性,知 $F(b) - F(a) \geqslant 0$.同理用 $-F(x)$ 代替 $F(x)$,可得 $F(b) - F(a) \leqslant 0$,即得 $F(b) - F(a) = 0$,其实可以用 $x \in [a,b]$ 作为 b,得 $F(x) \equiv$ 常数.   证毕.

§10.2 (L) 积分的描述性定义

(N^*) 积分可以将 $F'(x) = f(x)$ 在 $x \in [a,b]$ 上成立的条件, 减弱为可列集除外,即 n.e. 成立.但除非对 F 加强要求,不可以放松为 $F'(x) = f(x)$ a.e. 成立,例如 Cantor 函数 $F,F' = 0$ a.e. 成立,但 $F(1) - F(0) \neq 0$.

定理10.2.1 若 F 在 $[a,b]$ 上绝对连续,且 $F'(x) = 0$ a.e. 于 $[a,b]$,则在 $[a,b]$ 上 $F(x)$ 恒为常数 C.

证明 由 F 在 $[a,b]$ 上绝对连续,对任给 $\varepsilon > 0$,有 $\eta > 0$,任何可列个端点在 $[a,b]$ 上互不相重区间族 $\{[a_i,b_i]\}$,只要

$$\sum_{i=1}^{\infty}(b_i - a_i) < \eta \text{ 时,就有} \sum_{i=1}^{\infty}|F(b_i) - F(a_i)| < \varepsilon.$$

今设 A 为零测集,$[a,b]\backslash A$ 上 $F'(x) = 0$,必有可列个互不相重区间族 $\{[a_i,b_i]\}$,使 $A \subset \bigcup_{i=1}^{\infty}(a_i,b_i)$ 且 $\sum_{i=1}^{\infty}(b_i - a_i) < \eta$,从而

$$\sum|F(b_i) - F(a_i)| \leqslant \varepsilon.$$

任 $x \in [a,b]\backslash A$,有 $\delta(x) > 0$,$|h| < \delta(x)$ 时

$$|F(x+h) - F(x)| \leqslant \varepsilon|h|,$$

这样

$$\left\{\left(x - \frac{\delta(x)}{2}, x + \frac{\delta(x)}{2}\right)\middle| x \in [a,b]\backslash A\right\} \text{ 及} \{(a_i,b_i)\}$$

覆盖了 $[a,b]$,从中可选有限覆盖,不妨设区间中点依次为

$$a = x_0 \leqslant x_1 < \cdots < x_n = b,$$

$$|F(b) - F(a)| \leqslant \sum_{i=1}^{n}|F(x_i) - F(x_{i-1})|$$

$$\leqslant \sum \varepsilon(x_i - x_{i-1}) + \varepsilon$$
$$= (b - a + 1)\varepsilon,$$

由 ε 的任意性,知 $F(b) - F(a) = 0$.

同理任 $x \in [a,b]$,$F(x) - F(a) = 0$.　　　　　证毕.

定义 10.2.2　设 f 定义于 $[a,b]$,在 $[a,b]$ 上存在绝对连续函数 F,使 $F' = f$ a.e. 于 $[a,b]$ 上成立,则称 f 在 $[a,b]$ 上 (L) 可积且 (L) 积分 $(L)\displaystyle\int_a^b f(t)dt = F(b) - F(a)$.

这里定义的 (L) 积分描述性定义与通常教程中 (L) 积分定义等价性参见[1],不再赘述.

最近文[49]和[34]中引进了一种比 (R) 积分更强的 (Z) 积分以及介于 (R) 与 (L) 之间的 (Z^*) 积分,这里介绍其思想.

定义 10.2.3　称函数 $F(x)$ 在 x_0 点强导数为 $f(x_0)$,记为 $F'_s(x_0) = f(x_0)$,是指对任意 $\varepsilon > 0$,有 $\eta > 0$,对任何区间 $[u,v]$,$[u,v] \subset (x_0 - \eta, x_0 + \eta)$,有 $|\dfrac{F(v) - F(u)}{v - u} - f(x_0)| < \varepsilon$.

显然,如果函数 $F(x)$ 在 x_0 点强可导,则 $F(x)$ 在 x_0 点可导且 $F'_s(x_0) = F'(x_0)$.

但反之不真,如 $F(x) = x^2 \sin \dfrac{1}{x}$,$F(0) = 0$,在 $x = 0$ 点可导而非强可导.

定义 10.2.4　称函数 $f(x)$ 在 $[a,b]$ 上 (Z) 可积,是指存在函数 $F(x)$,使对任何 $x \in [a,b]$,$F'_s(x) = f(x)$.

定义 10.2.5　称函数 $f(x)$ 在 $[a,b]$ 上 (Z^*) 可积,是指存在绝对连续函数 $F(x)$,使对任何 $x \in [a,b]$,$F'_s(x) = f(x)$.

对比定义 10.2.2 明显可知 (Z^*) 可积强于 (L) 可积.

定理 10.2.6　$f(x)$ 在 $[a,b]$ 上 (Z) 可积当且仅当 $f(x)$ 在 $[a,b]$ 上连续.

证明　显然,故从略.

为了寻求 (Z^*) 可积的准则,引进下列定义:

定义 10.2.7 设 $x_0 \in [a,b]$，E 为 $[a,b]$ 内的可测集，称 x_0 为 E 的强全密点，或称 E 对 x_0 为强全密集，是指对任意区间 $[u,v]$，当 $[u,v] \subset (x_0 - \eta, x_0 + \eta)$，有

$$\liminf_{\eta \to 0} \frac{m(E \cap [u,v])}{v - u} = 1.$$

这等价于任意 $\varepsilon > 0$，有 $\eta > 0$，任区间 $[u,v] \subset (x_0 - \eta, x_0 + \eta)$，有

$$\frac{m(E \cap [u,v])}{v - u} > 1 - \varepsilon.$$

定义 10.2.8 设 $f(x)$ 在 x_0 点上强近似连续，是指存在可测集 $E \subset [a,b]$，x_0 为 E 的强全密点且 $f(x)$ 在 E 上的限制 $f|_E$ 在 x_0 点连续.

定理 10.2.9 设 $f(x)$ 在 $[a,b]$ 上有界，则 $f(x)$ 在 $[a,b]$ 上 (Z^*) 可积当且仅当 $f(x)$ 在 $[a,b]$ 上几乎处处强近似连续.

证明 $f(x)$ 在 $[a,b]$ 上 (Z^*) 可积，则存在绝对连续函数 $F(x)$，使得 $F'_s(x) = f(x)$ a.e. 于 $[a,b]$，于是可取 $E \subset [a,b]$，$mE = b - a$，且对任何 $x \in E$，有 $F'_s(x) = f(x)$.

设 $F'_s(x_0) = f(x_0)$ 及对任意 $\varepsilon > 0$，存在 $\eta > 0$，对任何区间 $[u,v] \subset (x_0 - \eta, x_0 + \eta)$，有

$$\left| \frac{F(v) - F(u)}{v - u} - f(x_0) \right| < \frac{\varepsilon}{2}.$$

取 $u \in E \cap (x_0 - \eta, x_0 + \eta)$，$v \in E \cap (x_0 - \eta, x_0 + \eta)$，有

$$\left| \frac{F(v) - F(u)}{v - u} - f(u) \right| < \frac{\varepsilon}{2}.$$

于是

$$|f(u) - f(x_0)| \leqslant | \frac{F(v) - F(u)}{v - u} - f(u) |$$
$$+ | \frac{F(v) - F(u)}{v - u} - f(x_0) | < \varepsilon.$$

但显然 x_0 为 E 的强全密点，因此 $f(x)$ 在 x_0 点强近似连续.

反之,根据定理 5.1.4, $f(x)$ 可测的充要条件为 $f(x)$ 是 a.e. 近似连续,所以有界 a.e. 强近似连续函数是 (L) 可积,从而可设 $F(x)$ 为其原函数, M 为 $|f(x)|$ 在 $[a,b]$ 上的上界, x_0 为 $f(x)$ 的强近似连续点,则对任意 $\varepsilon > 0$,存在可测集 E 与 $\eta > 0$,对任何区间 $[u,v] \subset (x_0 - \eta, x_0 + \eta)$,有 $\dfrac{m(E \bigcap [u,v])}{v-u} > 1 - \dfrac{\varepsilon}{4M}$,即

$$\frac{m([u,v] \backslash E)}{v-u} < \frac{\varepsilon}{4M},$$

且对任意 $x \in E \bigcap (x_0 - \eta, x_0 + \eta)$,有

$$|f(x) - f(x_0)| < \frac{\varepsilon}{2}.$$

$$
\begin{aligned}
\left| \frac{F(v) - F(u)}{v-u} - f(x_0) \right| &= \left| \frac{1}{v-u} \int_u^v f(x) dx - f(x_0) \right| \\
&\leqslant \left| \frac{1}{v-u} \int_u^v |f(x) - f(x_0)| dx \right| \\
&= \frac{1}{v-u} \int_{[u,v] \bigcap E} |f(x) - f(x_0)| dx \\
&\quad + \frac{1}{v-u} \int_{[u,v] \backslash E} |f(x) - f(x_0)| dx \\
&= \frac{\varepsilon}{2(v-u)} m([u,v] \bigcap E) \\
&\quad + \frac{2M}{(v-u)} \frac{\varepsilon(v-u)}{4M(v-u)} \leqslant \varepsilon.
\end{aligned}
$$

得 $F'_s(x_0) = f(x_0)$.   证毕.

容易验证 Dirichlet 函数是 a.e. 强近似连续的,因此是 (Z^*) 可积的. 一般地,若 $f(x)$ 在 $[a,b]$ 上连续, $g(x)$ 在 $[a,b]$ 上是任一函数, P 是 $[a,b]$ 内的一零测集,令

$$f^*(x) = \begin{cases} f(x), & x \in [a,b] \backslash P, \\ g(x), & x \in P, \end{cases}$$

则 $f^*(x)$ 在 $[a,b]$ 上 a.e. 强连续,因此也是 (Z^*) 可积的.

注意 一般而言 $f^*(x)$ 是 (L) 可积而非 (R) 可积函数,因只要

取 P 为稠密集,取 $g(x)$ 在 P 上是任意的函数,使 $f^*(x)[a,b]$ 上处处不连续,从而 (R) 不可积,但却仍是 (L) 可积的.

§10.3 Denjoy 广义和狭义积分

上述定理 10.2.1 中,F 在 $[a,b]$ 上绝对连续条件是充分性的,若减弱到 F 是 ACG_* 甚至 ACG 时,结论仍真,这就有继续推广新积分的可能.

定理 10.3.1   若 F 在 $[a,b]$ 上是 ACG_* 的且 $F'(x) = 0$ a.e.,则在 $[a,b]$ 上 $F(x)$ 恒为常数 C.

证明   可由定理 9.2.13 直接得到. 这里从略.

本定理保证下列定义 10.3.2 的合理性.

定义 10.3.2   设 f 定义于 $[a,b]$,存在 ACG_* 函数 F,使 $F'(x) = f(x)$ a.e. 于 $[a,b]$ 上成立,则称 f 在 $[a,b]$ 上狭义 Denjoy 可积,简称 (D_*) 可积,积分为 $(D_*)\int_a^b f(t)dt = F(b) - F(a)$.

显然 (L) 可积必 (D_*) 可积,但反之不真,例 9.3.18 的 F 是 ACG_* 但不是 AC 的,因此 F' 是 (D_*) 可积,但不是 (L) 可积的.

定义 10.3.3   设 f 定义于 $[a,b]$,存在 ACG 函数 F,使 $F'_{ap}(x) = f(x)$ a.e. 于 $[a,b]$ 成立,则称 f 在 $[a,b]$ 上广义 Denjoy 可积,简称 (D) 可积且 (D) 积分为 $(D)\int_a^b f(t)dt = F(b) - F(a)$.

在第九章定理 9.2.13 保证了本定义的合理性.

比较定理 10.3.2 与定理 10.3.3,可以看出 f 是 (D_*) 可积必为 (D) 可积的,这是因为 F 是 ACG_* 的必然是 ACG 的,而通常导数必为近似导数.

但 这两个定义是不等价的,第九章中例 9.2.11 的 F 是 ACG 的,而不是 a.e. 可导的,由 9.2.10 中系,知 $F'_{ap}(x)$ 是 a.e. 于 $[a,b]$ 存在,如记 $F'_{ap} = f(x)$,它在 $[a,b]$ 上是 (D) 可积的. 但它不是 (D_*) 可积的,因若不然,则存在 ACG_* 函数 $G(x)$,使 $G'(x) =$

$f(x)$ a. e. 于$[a,b]$,从而$F'_{ap}(x) - G'_{ap}(x) \equiv 0$ a. e. 于$[a,b]$,得$F(x) \equiv G(x) + C, F(x)$ 在$[a,b]$也是ACG_*的,并且a. e. 于$[a,b]$上有通常导数,但这是不可能的.

有趣的是 Хинчин 定义了介于(D_*)与(D)之间的积分.

定义10.3.4 设f定义于$[a,b]$,存在$[a,b]$上ACG函数,使$F'(x) = f(x)$ a. e. 于$[a,b]$,则称f在$[a,b]$上 Хинчин 可积,简称为(Х)可积且(Х)积分为(Х)$\int_a^b f(t)dt = F(b) - F(a)$.

显然$(D_*) \subset (\text{Х}) \subset (D)$.

定理10.3.5 设f在$[a,b]$上非负,则f是(D)可积必为(L)可积.

证明 由于f是非负的,则它的(D)积分$F(x)$是单调的,故F'a. e. 存在且$= f$是(L)可积,于是非负函数而言,$(D),(D_*)$,(Х)都与(L)积分等价.

§10.4 近似连续 Denjoy 积分

以上所讨论的各种积分,其实是逐步推广"原函数"的意义来定义的新积分,但上几节中总是要求"原函数"是连续的,这无疑又限制了积分的进一步推广.

定义10.4.1 所谓函数F在$[a,b]$上是(ACG)的,是指$[a,b]$是可列个闭集E_n之并,F在E_n上是AC的.

注意F是(ACG)与ACG的区别,在于后者要求F连续,而前者却不必.

定义10.4.2 所谓函数f在$[a,b]$上是近似连续 Denjoy 可积,或称 Kubota 可积,简称为(AD)可积,是指存在一个近似连续的(ACG)函数F,使得$F'_{ap} = f(x)$ a. e. 于$[a,b]$,这时,记(AD)积分为

$$(AD)\int_a^b f(t)dt = F(b) - F(a),$$

F 称为 f 的 (AD) 原函数或不定积分.

为证明 (AD) 积分的唯一性,引进下列引理.

引理 10.4.3　若 F 在 $[a,b]$ 上绝对连续且 $F'_{ap}(x) = 0$ a.e. 于 $[a,b]$,则在 $[a,b]$ 上 $F(x)$ 恒为常数 C.

证明　由 F 在 $[a,b]$ 上是 AC 的,对任给 $\varepsilon > 0$,有 $\delta > 0$,任何有限或可列个互不相重的区间族 $\{(a_k, b_k)\}$,只要 $\Sigma(b_k - a_k) < \delta$ 时,就有 $\sum |F(b_k) - F(a_k)| < \varepsilon$.

令 $E = \{x \mid F'_{ap}(x) = 0\}$,则 $mE = b - a$,每 $x \in E$,有正数列 $h_k \to 0$,使 $|F(x + h_k) - F(x)| \leqslant \varepsilon h_k$.

令 $M = \{[x, x + h_k]\}_{x \in E, k=1,2,\cdots}$,这样 M 按 Vitali 意义覆盖 E,因此 M 中可选有限个互不相重的区间

$$[x_1, x'_1], [x_2, x'_2], \cdots, [x_m, x'_m],$$

使得

$$m(E \setminus \bigcup_{k=1}^{m} [x_k, x'_k]) < \delta,$$

而 $[a,b] \setminus \bigcup_{k=1}^{m} [x_k, x'_k] = [a, x_1) \bigcup (x'_1, x_2) \bigcup \cdots \bigcup (x'_m, b]$,设 $a = x'_0, b = x_{m+1}$,则 $\sum_{k=1}^{m+1} |F(x_k) - F(x'_{k-1})| < \varepsilon$,且

$$|F(x'_k) - F(x_k)| < \varepsilon(x'_k - x_k), k = 1, 2, \cdots, m,$$

由此可知

$$|F(b) - F(a)|$$
$$\leqslant \sum_{k=1}^{m} |F(x'_k) - F(x_k)| + \sum_{k=1}^{m+1} |F(x_k) - F(x'_{k-1})|$$
$$< \varepsilon(b - a) + \varepsilon,$$

由 ε 任意性知,$F(b) = F(a)$.

同样可知任 $x \in [a,b]$,有 $F(x) = F(a) = C$.　　　　证毕.

对证明稍作更改可得系.

系　若 F 在 $[a,b]$ 为 AC,$F'_{ap}(x) \geqslant 0$ a.e. 于 $[a,b]$,则 F 在 $[a,b]$ 上不减.

引理 10.4.4 若 $F(x)$ 在 $[a,b]$ 上近似连续,且在 (a,b) 中不减,则在 $[a,b]$ 上是不减的.

证明 只要证明 F 在 a 和 b 点不减即可,若在 a 点非不减,则在 (a,b) 中存在 x_0,使 $F(a) > F(x_0)$,则由 F 在 a 点近似连续,必有 $x_1 \in (a,x_0)$,使 $F(x_1) > F(x_0)$,这与 F 在 (a,b) 中不减矛盾,知 $x \in [a,b)$ 时,$F(a) \leqslant F(x)$. 同理,$x \in (a,b]$ 时,$F(b) \geqslant F(x)$,从而 F 在 $[a,b]$ 上不减.

引理 10.4.5 若函数 F 在 $[a,b]$ 上近似连续且 (ACG) 的,$F'_{ap}(x) \geqslant 0$ a.e. 于 $[a,b]$,又 $P \subset [a,b]$ 为完备集,其接邻区间族为 $\{(a_k,b_k)\}$,F 在 (a_k,b_k) 上不减,则存在区间 (l,m),$(l,m) \bigcap P \neq \varnothing$,$F$ 在 (l,m) 上不减.

证明 因 F 在 $[a,b]$ 上是 (ACG) 的,$[a,b]$ 可分解为可列个闭集 E_k 之并,且 F 在 E_k 上是 AC 的,这样 $P = \bigcup_k (P \bigcap E_k)$,由 Baire 定理 3.3.9 知,存在 (l,m),对某一 k_0,使 $P \bigcap (l,m) \subset P \bigcap E_{k_0}$. 因此 F 在 $P \bigcap (l,m)$ 上是 AC 的. 作 $F_1(x)$ 为如下:

$$F_1(x) = \begin{cases} F(x), & x \in P \bigcap (l,m), \\ \text{线性}, & x \in [a_k,b_k] \subset [l,m] \backslash P. \end{cases}$$

则 $F_1(x)$ 在 (l,m) 上是 AC 的,因 F 在 $[a_k,b_k]$ 上近似连续且 (a_k,b_k) 中不减,由引理 10.4.4 知 F 在闭区间 $[a_k,b_k]$ 上也不减,特别有 $F(a_k) \leqslant F(b_k)$,故 $F_1(a_k) \leqslant F_1(b_k)$,而 F_1 在 $[a_k,b_k]$ 上线性,故不减.

又由于 $F'_{ap}(x) \geqslant 0$ a.e. 于 $P \bigcap (l,m)$,同样有 $F'_{1ap}(x) \geqslant 0$ a.e. 于 (l,m),即得 $F'_{1ap}(x) \geqslant 0$ a.e. 于 $[l,m]$,由引理 10.4.3 系,知 F_1 在 $[l,m]$ 不减,故 $F(x)$ 在 $[l,m]$ 上不减.

定理 10.4.6 若 F 在 $[a,b]$ 上近似连续且 (ACG),$F'_{ap}(x) \geqslant 0$ a.e. 成立,则 F 在 $[a,b]$ 上不减.

证明 设

$$E = \{x \in [a,b] \mid x \text{ 没有邻域,使 } F \text{ 在其上为不减的}\},$$

显然 E 为闭集,若 x_0 为 E 的孤立点,总有 $p < x_0 < q$ 使 (p,q) 不包

含 E 中异于 x_0 的点(这些点都是局部不减的),因此 F 在 (p,x_0) 和 (x_0,q) 中是不减的,并且由引理 10.4.4 知,F 在 $[p,x_0]$ 和 $[x_0,q]$ 上不减,这样 F 在 $[p,q]$ 上不减,这与 $x_0 \in E$ 矛盾,可知 E 无孤立点,即 E 或为完备集或为空集.

若 E 不空,设 $\{(a_k,b_k)\}$ 为完备集 E 的接邻区间族,因 (a_k,b_k) 中无 E 的点,故 F 在每一个 (a_k,b_k) 中是不减的,由定理假设及引理 10.4.5,存在与 E 有交点的区间 (l,m),使 F 在 (l,m) 中不减,这与 E 的定义矛盾,可知 $E = \varnothing$,即 F 在 $[a,b]$ 上不减. 这样保证了 (AD) 积分定义的唯一性.

不难看出 (AD) 积分是 (D) 积分的推广,因为 f 是 $[a,b]$ 上 (D) 可积,则存在 ACG 的函数 F 且使 $F'_{ap}(x) = f(x)$ a.e. $[a,b]$. 这时 F 是连续的,且 $[a,b] = \bigcup E_n$,F 在 E_n 上是 AC 的,由定理 9.2.4 中(3)知,F 在 $\overline{E_n}$ 上也是 AC 的,故 F 是近似连续的且 (ACG) 的,得 f 也是在 $[a,b]$ 上 (AD) 可积的,并且

$$(AD)\int_a^b f(t)dt = (D)\int_a^b f(t)dt.$$

下例说明 f 是 (AD) 可积时,未必能有 (D) 可积.

例 10.4.7 设 $I_n = [a_n,b_n] = [2^{-n} - 2^{-2n}, 2^{-n}]$,$E = \bigcup\limits_{n=1}^{\infty} I_n$,则 $\lim\limits_{n \to 0} \dfrac{m(E \bigcap (0,h))}{h} = 0$,故 0 为 E 的稀薄点,或 0 为 E 的补集的全密点. 令

$$\psi_n(x) = \begin{cases} \sin^2(\dfrac{x-a_n}{b_n-a_n}\pi), & x \in [a_n,b_n], \\ 0, & \text{其他}, \end{cases}$$

$$F(x) = \sum_{n=1}^{\infty} \psi_n(x),$$

则 $F(x)$ 在 $[0,1]\setminus\{0\}$ 上连续,在 $x = 0$ 点不连续,但

$$ap \lim_{x \to 0} F(x) = F(0) = 0.$$

故 $F(x)$ 在 $[0,1]$ 上近似连续,由于 ψ_n 在 $[a_n,b_n]$ 上是 AC 的,从而

$F(x)$ 在 $[a_n, b_n]$ 上 AC 的,而 $F(x)$ 在 $[0,1] \setminus \bigcup_{n=1}^{\infty} I_n^0$ 均为 0,自然 AC 的,得 F 在 $[0,1]$ 上是 (ACG) 的,令

$$f(x) = F'_{ap}(x) = \begin{cases} F'(x), & x \neq 0, \\ 0, & x = 0, \end{cases}$$

因此 f 在 $[0,1]$ 上 (AD) 可积的,且 (AD) 原函数为 $F(x)$.

可以指出 f 在 $[0,1]$ 上 (D) 积分是不存在的,因若有连续 ACG 函数 $G(x)$,使 $G'_{ap}(x) = f(x)$ a.e. 于 $[0,1]$,则 $G'_{ap}(x) - F'_{ap}(x) \equiv 0$,又 $G(x) - F(x)$ 是近似连续且 (ACG) 的,由定理 10.4.6 可知 $G(x) \equiv F(x) + C$,得 F 是在 $[0,1]$ 上连续函数,这与 F 在 $x = 0$ 点不连续矛盾.

注 10.4.8 只要仔细考查一下近似连续 Denjoy 积分,不难发现 F 的近似连续条件还可以减少,或者改换,就有产生新的更广泛意义的积分,这里略为提及一点关于 Ellis 思想.

定义 10.4.9 称在 $[a,b]$ 上 a.e. 有近似导数的函数类 E 为 (E) 原函数类,是指下列条件成立.

(1) 类 E 是线性类;

(2) 若 $F, G \in E, F'_{ap}(x) = G'_{ap}(x)$ a.e. 成立,则 F 与 G 相差为常数;

(3) 若 $F, G \in E, F'_{ap}(x) \leqslant G'_{ap}(x)$ a.e. 成立,则 $F(b) - F(a) \leqslant G(b) - G(a)$;

(4) 若 $F \in E, G \in D$(广义 Denjoy 可积函数类)且 $F'_{ap}(x) = G'_{ap}(x)$ a.e. 成立,则 F 与 G 相差为常数.

函数 f 在 $[a,b]$ 上称 (E) 可积,是指 E 中存在 F,使 $F'_{ap}(x) = f(x)$ a.e. 成立,这时称 F 为 f 的 (E) 原函数,f 的 (E) 积分规定为 $F(b) - F(a)$.

(E) 积分定义唯一性由 (2) 保证,(E) 积分包含 (D) 积分以及积分值相等由 (4) 所保证.

由第四章所知,Darboux 函数类不具有线性性,但在这一类中

取其具有线性的子类可以构成 E 类,如近似连续函数类就是这种子集.可见 (AD) 积分是 (E) 积分的一个特例.

再者考查引理 10.4.4 和 10.4.5 和定理 10.4.6 不难得出下列定理.

定理 10.4.10　若 F 在 $[a,b]$ 上是 Darboux 函数且 (ACG) 的,又 $F'_{ap}(x) \geqslant 0$ a.e. 于 $[a,b]$,则 F 在 $[a,b]$ 上是不减的

注意 Ellis 还提出了所谓 (GM) 积分,它与 (AD) 积分不相容.

定义 10.4.11　若 F 在 x 点称为平均(或 Cesaro)意义是连续的,是指

$$M(F,x,x+h) = \frac{1}{h}\int_x^{x+h} F(t)dt \to F(x) \quad (h \to 0),$$

其中积分是广义(或狭义)的 Denjoy 积分.

定义 10.4.12　所谓 f 在 $[a,b]$ 上是 (GM) 可积,是指在 $[a,b]$ 上存在平均连续且 (ACG) 函数 F,使 $F'_{ap}(x) = f(x)$ a.e. 于 $[a,b]$,这时称 F 为 f 的 (GM) 原函数,而称 $F(b) - F(a)$ 为 f 的 (GM) 积分,记为 $(GM)\int_a^b f(t)dt$.

显然,我们可以从平均连续函数的原函数是 Darboux 函数及定理 10.4.10 知,下列定理.

定理 10.4.13 若 F 是在 $[a,b]$ 上平均连续的 (ACG) 函数,且 $F'_{ap}(x) \geqslant 0$,a.e. 于 $[a,b]$,则 F 是在 $[a,b]$ 上不减的.

可以举例看出这两种定义积分是不相容的(not compatible).

例 10.4.14　设 $I_n = \left[\dfrac{1}{n+1}, \dfrac{1}{n}\right], I'_n \subset \left(\dfrac{1}{n+1}, \dfrac{1}{n}\right), |I'_n| = \dfrac{1}{2^n}.$

函数 $F_n(x)$ 在 $[-1,1] \backslash I'_n$ 上为 0,在 I'_n 上非负连续可微,且

$$\int_{\frac{1}{n+1}}^{\frac{1}{n}} F_n(t)dt = \frac{1}{n(n+1)},$$

令

$$F(x) = \begin{cases} \sum F_n(x), & x > 0, \\ 0, & x \leqslant 0. \end{cases}$$

$$G(x) = \begin{cases} \sum F_n(x), & x > 0, \\ 1 & x \leqslant 0. \end{cases}$$

这样 $F(x)$ 在 $[-1,1]$ 上是近似连续的,而 $G(x)$ 在 $[-1,1]$ 是平均连续的,F 与 G 在 $[-1,1]$ 上是 (ACG) 的,因为

$$[-1,1] = [-1,0] \cup \bigcup_{n=1}^{\infty} \left[\frac{1}{n+1}, \frac{1}{n} \right],$$

在每一个闭区间上,它们都是 AC 的,此外 $F'_{ap}(x) = G'_{ap}(x) = f(x)$ a.e. 于 $[-1,1]$,因此 f 同时为 (AD) 与 (GM) 可积,但

$$(AD)\int_{-1}^{1} f(t)dt = F(1) - F(-1) = 1,$$

$$(GM)\int_{-1}^{1} f(t)dt = G(1)^{\backprime} - G(-1) = 0.$$

§10.5 抽象 Denjoy 积分

以上各种描述性积分都是从 (N) 积分中改变原函数,导数,以及 导数相等的意义所演绎出来的,但可以抽象地一般地讨论这个问题(参[93])以概括本章各节所讨论的各种 Denjoy 积分.

定义 10.5.1 设 F 是定义在 $I = [a,b]$ 上实函数,α, β 为实数,所谓 F 在 x 点的抽象导数,记为 $D_{ab}F(x)$,是一种运算,使

(i) 若 F 在 x 点有通常意义下导数 $F'(x)$ 时,则 $D_{ab}F(x) = F'(x)$;

(ii) $D_{ab}(\alpha F(x) + \beta G(x)) = \alpha D_{ab}F(x) + \beta D_{ab}G(x)$;

所谓 F 在集 E 上抽象绝对连续,记为 $F \in AC_{ab}(E)$,是指下列条件满足:

(iii) 若 $F \in AC_{ab}(E_2)$,$E_2 \subset E_1$ 则 $F \in AC_{ab}(E_2)$;

(iv) 若 $F, G \in AC_{ab}(E)$,则 $\alpha F + \beta G \in AC_{ab}(E)$;

(v) 若 F 在 E 上通常意义下绝对连续,则 $F \in AC_{ab}(E)$;

(vi) 若 $F \in AC_{ab}(E)$ 且 E 为闭集,则 $D_{ab}F(x)$ 在 E 上 a.e. 存在;

(vii) 若 F 在 (a,b) 中近似连续,E 在 (a,b) 中的接邻区间中不减,若 $F \in AC_{ab}(E)$ 且 $D_{ab}F(x) \geqslant 0$ a.e. 于 E,则 F 在 (a,b) 上是不减的.

所谓函数 F 是在 I 上抽象的广义绝对连续,记为 $F \in AC_{ab}G$ 的,是指 I 可表为可列个闭集 $E_k(k = 1,2,\cdots,)$ 之并,且 $F \in AC_{ab}(E_k)$.

定理 10.5.2 若 F 在 $I = [a,b]$ 上近似连续,且是 $AC_{ab}G$ 的,$D_{ab}F(x) \geqslant 0$ a.e. 于 I,则 F 在 I 上不减.

证明 令 $T = \{(\alpha,\beta) | F$ 在 (α,β) 中不减$\}$,可以证明 T 满足 Romanovski 引理(定理 3.3.11)所有条件.

事实上(1) — (2)是显然的,(3)只要注意引理 10.4.4,F 在 $[a,b]$ 上近似连续,在 (α,β) 中不减则 F 在 $[\alpha,\beta]$ 上不减.

现证(4),设 T_1 是 T 的子族,不能覆盖 I_0,令 E 是 I_0 中不能被 T_1 所覆盖的点集,则 E 必为闭集,因 F 是 $AC_{ab}G$ 的,总有闭集 E_k,使 $[a,b] = \bigcup\limits_{k=1}^{\infty} E_k$,且 $F \in AC_{ab}(E_k)$.

因 $E = \bigcup\limits_{k=1}^{\infty} E \cap E_k$,由 Baire 纲定理 3.3.9 知必有 E 的部分,$E \cap (l,m) \neq \varnothing$,及 k 使 $E \cap (l,m) \subset E_k$,因此根据定义 10.5.1 中(iii),F 在 $G = \overline{(l,m)} \cap E$ 上是 $AC_{ab}G$ 的,F 在 E 对 (l,m) 的接邻区间中不减的,又 $D_{ab}F(x) \geqslant 0$ a.e. 于 G,由(vii)知 F 在 (l,m) 中是不减的,得 $(l,m) \in T$,但 $(l,m) \cap E \neq \varnothing$ 可知 $(l,m) \notin T_1$,因此 Romanovski 引理中(4)也成立,由 Romanovski 引理可知 F 在 I 上不减.   证毕.

系 若 F 在 $I = [a,b]$ 上近似连续且 $AC_{ab}G$ 的,若 $D_{ab}F(x) = 0$,a.e. 于 $[a,b]$,则 $F(x) \equiv C$.

定义 10.5.3 f 在 $[a,b]$ 上称为抽象 Denjoy 可积或 (D_{ab}) 可

积是指存在近似连续 $AC_{ab}G$ 函数 F,使$[a,b]$ 上 a.e. 有 $D_{ab}F(x) = f(x)$,F 称为 f 的抽象原函数,而 $F(b) - F(a)$ 称为 f 在$[a,b]$ 的抽象 Denjoy 积分,记为$(D_{ab})\int_a^b f(t)dt$.

下面列举(D_{ab}) 积分的性质,概括所有描述性 Denjoy 积分共同性质,证明是容易得到的,故从略.

定理 10.5.4   若 f 与 g 在$[a,b]$ 上(D_{ab}) 可积则 $\alpha f + \beta g$ 在 $[a,b]$ 也可积,且

$$(D_{ab})\int_a^b (\alpha f + \beta g)dt = \alpha(D_{ab})\int_a^b fdt + \beta(D_{ab})\int_a^b gdt.$$

定理 10.5.5   若 f 在$[a,b]$ 上(D_{ab}) 可积,$f(x) \geqslant 0$ a.e. 于 $[a,b]$,则 f 是(L) 可积,且

$$(D_{ab})\int_a^b fdt = (L)\int_a^b fdt.$$

定理 10.5.6   若 $f_n(x)$ 是在$[a,b]$ 上(D_{ab}) 可积函数列,g,h 是(D_{ab}) 可积的函数且 $g(x) \leqslant f_n(x) \leqslant h(x)$. 则 $f(x) = \lim_{n \to \infty} f_n(x)$ 是(D_{ab}) 可积的,且

$$\lim(D_{ab})\int_a^b f_ndt = (D_{ab})\int_a^b fdt.$$

参考文献

[1] 丁传松,李秉彝, 广义黎曼积分,1989年,科学出版社.

[2] 夏道行,严绍宗等,实变函数论与泛函分析,1980年,人民教育出版社.

[3] 程其襄,张奠宙等,实变函数论与泛函分析基础,1987年,高教出版社.

[4] 那汤松,实变函数论,1956年,高等教育出版社.

[5] 江泽坚,吴智泉,实变函数论,1980年,人民教育出版社.

[6] 柯莫果洛夫,函数论与泛函分析初步,1957年,高教出版社.

[7] 克莱松,积分论,1979年,科学出版社.

[8] 丁传松,李秉彝,一般 Henstock 积分支配定理收敛定理, 数学学报,NO. 4(1994).

[9] 丁传松,马振民, 强 Darboux 函数的病态性,西北师范大学学报,NO. 4(1994).

[10] 丁传松,马振民, 强 Darboux 函数的典型性,兰州大学学报,NO. 4(1994).

[11] 马振民,丁传松,李宝麟,近代积分论中的三种观点,西北师范大学学报,NO. 4
     (1990)

[12] 丁传松,连续函数的典型性质,兰州教育学院学报,NO. 1(1994).

[13] 李宝麟,陆式盘,Henstock 积分另一等价条件,西北师范大学学报,NO. 1(1988).

[14] 李宝麟,Lebesgue 积分另一等价条件,青海师范大学学报,NO. 3(1988).

[15] 李宝麟,V-积分的收敛定理,西北师范大学学报,NO. 1(1990).

[16] 李宝麟,姚小波,李秉彝,(H)可积函数空间的拓扑结构,数学杂志,NO. 4(1994).

[17] 李宝麟,丁传松,简证微分定理,西北师范大学学报,NO. 3(1995).

[18] 李宝麟,R^2上(H)积分的性质及其收敛定理,庆阳师专学报,NO. 2(1991).

[19] 李宝麟,V^2-积分的 Denjoy 型条件,西北师范大学学报,NO. 3(1992).

[20] 王才士,S 积分,西北师范大学学报,NO. 1(1991).

[21] 王才士,S 积分的收敛定理,西北师范大学学报,NO. 1(1992).

[22] 王才士,S 积分的分部求积及应用,西北师范大学学报,NO. 2(1993).

[23] 王才士,Henstock 积分的变量替换,数学的实践与认识,NO. 2(1994).

[24] 王才士,AP 积分与 Gronwall 不等式, 数学研究与评论,NO. 3(1994).

[25] 王才士,巩增泰,关于绝对 S 可积性的注记,西北师范大学学报,NO. 1(1995).

[26] 巩增泰,外测度的正则性及其结构,西北师范大学秀毕业论文选,(1987).

[27] 巩增泰,划分空间中的 Perron 积分,兰大学学报,NO. 1(1994).

[28] 巩增泰,王才士,用小测度上的小 Riemann 和刻划 Lebesgue 积分和 Henstock 积
     分,西北师范大学学报,NO. 2(1995).

[29] 巩增泰,伏升茂,划分空间上 Henstock 积分的测度刻划,西北师范大学学报,

NO.4(1995).

[30] 叶国菊,平面上的 一种 Denjoy 型积分与 Henstock 积分的等价性,西北师范大学学报,NO.1(1992).

[31] 叶国菊,周登杰,赵振学,平面上的 Denjoy 与 Henstock 积分,兰州大学学报,NO.1(1995).

[32] 叶国菊,对称的 Cesaro-Perron 积分和三角级数,西北师范大学学报,NO.1(1994).

[33] 叶国菊,平面上的一种 Denjoy 型积分,西北师范大学学报,NO.2(1992).

[34] 杨克仁,关于(Z*)积分,集美大学学报,数学研究,NO.2(1995).

[35] 刘文,局部常值函数,河北工学院,NO.2(1979).

[36] 刘文,一类局部循环函数,科学通报,NO.1(1979).

[37] 刘文, 一类局部循环函数(Ⅱ),科学通报,NO.1(1980).

[38] 刘文,关于局部循环函数,数学杂志,NO.2(1982).

[39] 刘文,一类连续函数,科学通报,NO.1(1979).

[40] 刘文,一类连续函数(Ⅱ),科学通报,NO.8(1980).

[41] 刘文,一类连续函数(Ⅲ),科学通报,NO.21(1980).

[42] 刘文,关于无处可微的连续函数,河北工学院,NO.2(1986).

[43] 丁传松,处处非满正测集的构造,西北师范大学学报,NO.4(1995).

[44] 丁静之,乘积的原函数,西北师范大学学报,NO.1(1996).

[45] 丁拓,黄定九,连续而不单调的函数分类,兰州教育学院学报,NO.1(1995).

[46] 丁拓,B1类函数的特征,兰州铁道学院学报,NO.4(1996).

[47] 丁拓,导函数乘积的不封闭性,兰州商学院学报,NO.4(1996)

[48] 陆式盘,李秉彝,丁传松,第一类 Baire 函数的特征,集美大学学报,NO.2(1996).

[49] 杨克仁,陆式盘,强导数和它的收敛性,数学研究,NO.2(1994).

[50] S. Agronsky, Characterizations of certain subclasses of the Baire class 1, Doctoral Dissertation, University of California, Santa Barbara, (1974).

[51] A. Besicovitch, Diskussion der stetigen Funktionen im Zusammenhang mit der Frage über ihre differentierbarkeit, Bull. Acad. Sci. de Russie, 19(1925), 527—540.

[52] A. Bruckner, Differentiation of Real Functions, Springer-Verlag(1978).

[53] A. Bruckner, Current trends in differentiation theory , Real Analysis Exchange, 5(1980), 9—80.

[54] A. Bruckner, Some new simple proofs of old difficult theorems , Real Analysis Exchange, 9(1984), 63—78.

[55] A. Bruckner, The differentiability properties of typical functions in C[a, b] ,

Amer. Math. Monthly, 80(1973), 679—683.

[56] A. Bruckner, Some remarks on extreme derivates, Canadian Math. Bull., 12 (1969), 385—388.

[57] A. Bruckner, On transformations of derivatives, Proc. Amer. Math. Soc., 48 (1975), 101—107.

[58] A. Bruckner and J. Bruckner, Darboux transformations, Trans. Amer. Math. Soc., 128(1967), 103—111.

[59] A. Bruckner and J. Ceder, On the sum of Darboux functions, Proc. Amer. Math. Soc., 51(1975), 97—102.

[60] A. Bruckner and K. Garg, The level structure of a residual set of continuous functions, Trans. Amer. Math. Soc., 232(1977), 307—321.

[61] A. Bruckner and C. Goffman, Differentiability through change of variables, Proc. Amer. Math. Soc., 61(1976), 235—241.

[62] A. Bruckner, J. Leonard, Derivatives, Amer. Math. Monthly, 73(1966), 24—56.

[63] A. Bruckner J. Marik and C. E. Weil, Some Aspects of Products of Derivatives, Amer. Math. Monthly, 99 (1992) 134—145.

[64] A. Bruckner, On Destuction of derivatives via changes of scale, Bulletin of the institute of Mathematics academia since, Vol. 9, NO. 3 (1981), 407—415.

[65] K. Bush, Locally recurrent functions, Amer. Math. Monthly, 69(1962), 199—205.

[66] P. Bullen, Some Applications of partitioning covers. Real Analysis, Exchange, 9 (1984), 539—557.

[67] F. cater, Derivatives on countable denese subsets, Real Analysis Exchange, 11 (1986), 159—167.

[68] F. Cater, On monotonic fuctions and real number order, Real Analysis Exchange, 13 (1987—1988), 454—458.

[69] F. Cater, A derivative often zero and discontinuous, Real Analysis Exchange, 11 (1985—1986), 265—270.

[70] J. Ceder and T. Pearson, A survey of Darboux Baire 1 functions, Real Analysis Exchange, 9(1983—1984), 179—195.

[71] J. Ceder, On representing functions by Darboux functions, Acta Sci. Math. Szeged, XXVI, 26(1965), 283—288.

[72] H. Croft, A note on a Darboux continuous function, J. London Math. Soc., 38 (1963), 9—10.

[73] Ding Chuansong, A differentiable Cantor-like function, 数学研究, NO. 1(1994).

[74] J. Fabrykowski, On continueds factions and a certain example of a sequence of continuous functions, Amer. Math. Monthly, 95(1988), 537—539.

[75] R. Fleissner and J. Foran, A note on differentiable functions, Proc. Amer. Soc., 69 (1978), 56.

[76] R. Fleissner, A note on Baire 1 functions, Real Analysis Exchange, 3(1977—1978), 104—108.

[77] K. Garg, On nowhere monotone functions, III (Functions of the first and second species), Rev. Math. Pures Appl., 8(1963), 83—90.

[78] K. Garg, On bilateral derivates and the derivative, Trans. Amer. Math. Soc., 210 (1975), 295—329.

[79] J. Gillies, Note on a conjecture of Erdos, Quart. J. Math. Oxford, 10(1939), 151—154.

[80] C. Goffman, On approximate derivatives, Proc. Amer. Math. Soc., 11 (1960), 962—966.

[81] C. Goffman, C. Neugebauer and T. Nishiura, Density topology and approxlmate continuity, Duke Math. J., 28(1961), 496—506.

[82] Gong Zengtai, Lee Peng Yee, Another Convergence theorem for the Henstock integal, Sains Malysian, Vol. 21, NO. 4(1992).

[83] Gong Zengtai, On a problem of Skvortsov involving the Perron integral, Real Analysis Exchange, Vol. 17, NO. 2(1991—1992).

[84] Gong Zengtai, A Riemann type definition of n-th Cesaro-Perron integral, 数学研究, NO. 1(1994).

[85] R. Henstock, Lectures on theory of Integration, World Scientific, 1988.

[86] J. Jastrzebski, Maximal additive families for some classes of Darboux functions, Real Analysis Exchange, Vol. 13(1987—1988), 351—354.

[87] Y. Katznelson and K. Stromberg, Everywhere differential, nowhere monotone functions, Amer. Math. Monthly, 81(1974), 349—354.

[88] L. Kaplan and S. Slobodnick, Monotone transformations and differential properties of functions, Mat. Zanetki, 22(1977), 859—871.

[89] V. Kelar, On strict local extrema of differentiable functions, Real Analysis Exchange, 6(1980—81), 242—244.

[90] B Kirchheim, T. Natkaniec, On universally bad Darboux functions, Real Analysis Exchange, 16(1990—1991), 481—486.

[91] Y. Kubota, An integral of the Denjoy type, I—III, Proc. Japan Acad. 40(1964),

713—717,42(1966),737—742,43(1967),441—444.

[92] Y. Kubota, An abstract integral, Proc. Japan Acad. 43(1967),949—952.

[93] Y. Kuboto, A characterization of the approximately continuous Denjoy integral , Canad. J. Math. 22(1970),219—226.

[94] M. Laczkovich, Baire 1 function, Real Analysis Exchange,9(1983—84),15—28.

[95] K. Laio, On the descriptive definition of the Burkill approximatexy continuous integral ,Real Analysis Exchange, 18(1992—93),253—260.

[96] P. Y. Lee, Lanzhou Lectures on Henstock Integration, World Scientific,1989.

[97] P. Y. Lee and T. S. Chew, A short proof of the controlled convergence theore for Henstock integals ,Bull. London Math. Soc. ,19(1987),60—62.

[98] P. Y. Lee, Generalized convergence theorems for Denjoy-Perron integrals, New Integrals, Lecture Notes in Math. 1419,Springer(1990).

[99] Li Boling, Convergence theorems for the variational integral, Real Analysis Exchange,15(1989—1990),324—332.

[100] Li Boling, G. F. Domantray, Oscillation convergent theorems for the V^2-integral, 数学研究,NO. 1(1994).

[101] Liu Wen, A space filling curve, Amer. Math. Monthly,90(1983),283—244

[102] Liu Wen, Constructing the space filling curve by using the Cantor series , Chinese Journal of Math. 23(1995),173—178.

[103] Lu Shipan, On the construction of major and minor functions,数学研究 NO. 4 (1994).

[104] J. Marcinkiewicz, Sur les nombres derives, Fund. Math. ,24(1935),305—108.

[105] Ma Zheng Ming,Lee Peng Yee, An overview of classical integration theory, Mathematical Medley,NO. 2(1990).

[106] Ma Zheng Ming,Lee Peng Yee,T. S. Chew, Absolute integration using Vitali covers, Real Analysis Exchange,NO. 2(1992—1993). 409—419.

[107] A. Morse, Dini derivatives of continuous functions, Proc. Amer. Math. Soc. , 5 (1954),126—130.

[108] A. Morse, A continuous function with no unilateral derivatives, Trans. Amer. Math. Soc. ,44(1938),496—507.

[109] G. Myerson, First-class functions ,Amer. Math. Monthly,3(1991),237—240.

[110] C. Neugebauer, Darboux functions of Baire class 1 and derivatives,Proc. Amer. Math. Soc. ,13(1962),838—843.

[111] C. Neugebauer, Differentiability almost everywhere, Proc. Amer. Math. Soc. , 16

(1965),1205—1210.

[112] R. O'Malley, Baire * 1 Darboux functions, Proc. Amer. Math. Soc. ,60(1976), 187—192.

[113] D. Preiss, Meximoff's theory, Real Analysis Exchange,5(1979—80)92—104.

[114] S. Saks, On the functions of Besicovitch in the space of continuous functions, Fund. Math. ,19(1932),211—219.

[115] S. Saks, Theory of the integral ,Monografie Matematyczne 7,Warszawa-Lwow, 1937.

[116] W. Sierpinski ,Sur une propriete de fonctions quelconques d'une variable reelle , Fund. Math. ,25(1935),1—4.

[117] B. Thomson, Real function, Springer-Verlag, 1170(1985).

[118] B. Thomson, Derivation bases on the real line, Real Analysis Exchange, 8(1982— 1983),67—207.

[119] Wang Caishi, Ding Chuansong, An integral involving Thomsons Local systems, Real Analysis Exchange, 19(1993—1994), 248—253.

[120] Wang Puji, Equi-integrability and controlled convergence for the Henstock integral, Real Analysis Exchange,19(1993—1994),236—241.

[121] C. Weil, On properties of derivatives, Trans. Amer. Math. Soc. , 114 (1965), 363—376.

[122] C. Weil, On approximate and Peano derivatives, Proc. Amer. Math. Soc. , 20 (1969),387—490.

[123] C. Weil, A property for certain derivatives, Indiana Univ. Math. J. ,23 (1973— 74),527—536.

[124] C. Weil, On nowhere monotone functions, Proc. Amer. Math. Soc. ,56 (1976), 388—389.

[125] G. Weil, The space of bounded derivatives,Real Analysis Exchange,3(1977—78), 38—41.

[126] Yang Keren, Lu Shipan Strong Derivative and its consequences,数学研究,No. 1 (1994).

[127] Ye Guoju, The representation of SCP-integrable functions,数学研究,NO. 1 (1994).

[128] Z. Zahorski, Sur la premiere derivee,Trans. Amer. Math. Soc. ,69(1950),1—54.

[129] A. Zygmund, Trigonometric Series, Vol. 1, Cambridge University Press,Cambridge,1959.

附录　　一些老大难定理的新简易证明

A. Bruckner

按：我们很高兴得到 A. Bruckner 亲自同意与支持，将他的精彩演讲稿作为本书的附录与读者共享.

1. 引　　言

1799年 Gauss 在他的博士论文中给出了现在我们称为代数基本定理的第一个正式的证明. 虽然更早些时期，Girard 曾猜想过这个结果，而且18世纪的诸多数学家们费尽脑汁企图证明它. 其中达朗贝尔作出了莫大的努力，至今在法国此定理仍有人称为 D'Alembert 定理（因 D'Alembert 在1743年确实提供的一个证明，但是它不够符合现在严密性的标准），以后 Gauss 又发表了这个定理的数种证明（其中最后的一个证明是在1850年，当时他已70多岁了）. 他企图寻找一个完全代数化的证明，但没有成功. 最终，第一个代数证明是 Perron 在1951年才提出的（见 Zassenhaus[28]）.

今天大多数数学系学生所学的证明是建立在 Liouville 定理、Rouche 定理或解析函数论中的其他经典定理之上的. 由于这些证明的简明性，许多学生无法理解当时 Gauss 和他的前辈们为证明此定理所遇到的种种困难.

以上所述的是一个在数学中经常发生的典型事例. 即某一些问题经过漫长的时间，克服了极大的困难，动用了不少巧妙的方法才获得解决. 后来有了更多的新工具，使用这些工具以后，问题获得轻易地解决，而这些新工具往往是为了别的研究目的所建立与发展起来的.

本文的目的是讨论在微分理论中与这一类型有关的两个问

题. 我们还讨论第三个问题,利用目前的最新方法也未能很好解决的这些问题. 从而信服地说明了"为什么"这些问题是如此艰难,要在当时解决这些问题真是不容易. 微分理论的专家们对这里所有问题都是熟悉的,只是他们不一定知道其历史过程或所有的证明.

2. 无处单调的可微函数

约一百多年前,Du Bois-Reymond(杜. 布瓦-雷蒙)认为一个无处单调的函数是不可能可微的,Dini 则深信如此函数的存在是完全有可能的[12](P. 412).

在1887年 Kopcke 提供了构造这样一个函数的方法. 1915年 Denjoy 评论 Kopcke 的工作时,在文[8](P. 28)中写道:"在1887年 Kopcke 在数学年刊上给出一个函数,它有这样性质(他是这么想),在每一点可导且在定义域的任意子区间中,导数都有取正值,负值和零. 这位几何学家数度回到这项研究课题,每次都修正了上次证明中的错误. 同时无疑,研究无处单调的可微函数问题也激发了许多其他工作. "

Denjoy 所提到的各项构造方法是相当复杂. 关于这一点,Denjoy 在他的一篇文章[8]中已经给出了三项不同的构造方法,在他即将给出 Kopcke 型的构造方法,而还没有完成之前,他预告读者他的方法是那么"清析和简易",该方法只是借助了集合的"Borel 和 Lebesgue 测度"的概念. 对 Denjoy 来说,他的构造方法究竟是多么简易和清楚?也许只有在真的读到他的文章时,我们会觉得那是多么骇人的. 因为 Hobson 在他的"实变函数理论"一书[12]中,改进了 Pereno 对 Kopcke 构造方法的修正稿,此书出版是在 Kopcke 第一次更正稿的大约40年后,也是在 Pereno 修正稿的30年之后,以及 Denjoy 自称是"简单和清楚"结果问世的15年之后,对此结果经过几十年内的千锤百炼,还需要整整10页版面才能说清楚.

今天已有若干有效的证明,有些是构造性的,如著名的 Zaharski 构造方法(参见[26]),最近 Katznekon 和 Stromberg 较初等的构造方法,还有 Blazek,Borak 和 Maly[3]等,以及其他应用了 Hobson 和他前辈们尚未拥有的工具,我们略述数项如此证明,我们指出某些证明应用到的定理直接地或间接地依靠 Zaharski 所获得的结果[26].

a) Baire 纲定理[25]　Weil 的无处单调的可微函数的存在证明是具有特殊吸引力的,它不依赖困难的构造方法,也不依靠其他难证的定理,或引用一些定理,它的证明又要用到其他难证的定理. 总之,Weil 的方法可以用于教学,讲解给学生听,只要他们见过 Baire 纲定理,知道导函数列的一致极限仍为导函数,同时相信 Pompeiu 的构造,即有一严格上升的可微函数其导数在一稠密集上等于零. 在所有已知证明中,这是一项比其他证明都较容易读懂的证明,且对其结果的真实性具有信心.

令 $\triangle'$ 为在$[0,1]$上有界导函数 Banach 空间(这里记号与本书不同,本书记为 $\triangle$),赋以一致范数.

设 $\triangle'_0 = \{f \in \triangle' | f = 0 \text{ 在一稠密集上}\}$. 易见 $\triangle'_0$ 对加法封闭并且是完备的. 直接使用 Pompeiu 导函数可以证得:对每一区间 $I \subset [0,1]$,集 $\{f \in \triangle'_0 | f \geqslant 0 \text{ 在 } I \text{ 上}\}$ 在 $\triangle'$ 中是无处稠密的,应用 Baire 纲定理即得所求结果.

以下提供构造无处单调的可微函数的一条思路,首先在 $\triangle'_0$ 构造二个导函数 g_1 和 g_2,使集合 $\{x: g_1(x) > 0 \text{ 和 } g_2(x) = 0\}$ 及 $\{x: g_2(X) > 0 \text{ 和 } g_1(x) = 0\}$ 是稠密的,若设 $g = g_1 - g_2$,则 $g \in \triangle'_0$,函数 $G(x) = \int_0^x g(x)dt$ 具有所要求的性质.

最初构造这一对(g_1, g_2)不是简单的一回事,最近在微分理论上的工作所提供的定理,几乎都明显地使用了这条思路.

b) 密度拓扑　Goffman 在文[11]中聪明地使用密度拓扑的性质去构造如此一对 (g_1, g_2).

这拓扑是完全正则的,可数集是闭的,还有连续函数(以密度拓扑为定义域和以欧几里得拓扑为值域)即近似连续函数,设 A 和 B 为 R 中互不相交的,可数的稠密子集,即 $A = \{a_1, a_2, \cdots, \}$, $B = \{b_1, b_2, \cdots\}$, $n = 1, 2, \cdots$,选 f_n 在 R 上近似连续,$0 \leqslant f_n \leqslant 1$,$f_n(a_n) = 1$,在 B 上 $f_n = 0$;,选 g_n 在 R 上近似连续,$0 \leqslant g_n \leqslant 1$,$g_n(b_n) = 1$ 且在 A 上,$g_n = 0$. 由于近似连续函数的级数的一致和也是近似连续的函数 $g = \sum\limits_{n=1}^{\infty} \dfrac{f_n}{2^b} - \sum\limits_{n=1}^{\infty} \dfrac{g_n}{2^n}$ 是一有界近似连续函数,显然地它具有所要求的性质.

c) 推广到导函数　　在文[21] 中 Petruska 和 Laczkovich 证得:如果 Z 是一零集包含在 $[0, 1]$ 内,那么任何 Baire 函数在 Z 上的限制可以扩充到 $[0, 1]$ 上的导函数. 设

$$
f(x) = \begin{cases} \dfrac{1}{q}, & \text{当 } x = \dfrac{p}{q}, \quad q \text{ 为偶数}, \\[2mm] \dfrac{-1}{q}, & \text{当 } x = \dfrac{p}{q}, \quad q \text{ 为奇数}, \\[2mm] 0, & \text{其他}. \end{cases}
$$

其中 p 和 q 是互素的,那么 f 是第一类 Baire 函数,同时 f 在 $[0, 1]$ 上有理数的限制可以扩充到 $[0, 1]$ 上的导函数 $\hat{f}$,导函数 $\hat{f}$ 的任何原函数是无处单调的.

d) 导函数的积　　Marik 和 Weil[7] 曾经证明(我仅给于少量的协助):每个 Baire 函数几乎等于零是两个导函数的积,设 f 为例 (c) 中的函数,记 $f = gh(g, h \in \triangle')$. 设

$$
\begin{aligned}
A &= \{x : g(x) > 0, h(x) > 0\}, \\
B &= \{x : g(x) > 0, h(x) < 0\}, \\
C &= \{x : g(x) < 0, h(x) > 0\}, \\
D &= \{x : g(x) < 0, h(x) < 0\}.
\end{aligned}
$$

由于若 f 在稠密集上是正的,集合 $A \cup D$ 是稠密的,则存在区间 $I \subset (0, 1)$,在区间 I 内 A 是稠密的或 D 是稠密的,同理,有区间 $J \subset I$,在区间 J 内 B 是稠密的或 C 是稠密的,这样,下列各集合对

$(A,B),(A,C),(D,B)$ 和 (D,C) 中必有一对,这两个集合在 J 上都是稠密的,不管那一种情形都可推得导函数 g 和 h 之一在 J 上取正负值,这个函数的原函数有在上所需求的性质.

另一处理方法近年来发现如下,首先求得一函数有所要求的振动性质,此函数不一定可微,接着通过变换将该函转变为可微的但不损坏原有的振动性质,我们也能用同样的方法使变成的导函数在每一区间上取正负值,以下三个例子用了其中一种处理方法.

e)变量的更换和变换尺度:

(1)令 $E \subset [0,1]$,$[0,1] \backslash E \subset [0,1]$ 在 $[0,1]$ 的每一子区间上都有正测度,设

$$f(x) = \begin{cases} 1, & \text{当 } x \in E, \\ -1, & \text{当 } x \notin E \end{cases}, \quad F(x) = \int_0^x f(x)dt,$$

那么 F 是绝对连续的,Fleissner 和 Foran[9],Bruckner 和 Goffman[6] 还有 Kaplan 和 Slobodnick[15] 都曾证得定理,得:存在一同胚 h 从 $[0,1]$ 映到自身使 $F \circ h$ 是可微的,显见 F 是无处单调的,所以可微函数 $F \circ h$ 同样是无处单调.

(2)依靠 Fleissner 和 Foran[10] 的另一定理也能提供类似的证明.该定理保证存在一同胚 H 从 R 映到自身使 $H \circ F$ 是可微的(F 如上述).再次显见是无处单调的.

这些证明是 Kaplan 和 Slobodnick 设置的.

(3)以上两个证明涉及变量或标度的更换从而构造出可微函数具有所要求的性质,我们也可以要求证明不引进原函数仍能构造出函数符合所要求的性质,使用 Maximoff-Preiss 定理[22] 这样的证明是容易设置的,该定理确定每一个 Darboux-Baire 1 函数可以变换为一个导函数通过一同态的标度的更换.

令 $\{A_n\}_0^\infty$ 为两两不相交 $[0,1]$ 的完备子集的列使 $\bigcup_{n=0}^\infty A_{2n}$ 有正测度在 $[0,1]$ 的任意子区间中.和 $\bigcup_{n=0}^\infty A_{2n+1}$ 也有正测度在 $[0,1]$ 的任意子区间中.定义函数在 $[0,1]$ 上如下:

$$f(x) = \begin{cases} \dfrac{1}{n}, & \text{当 } x \in A_{2n+1}, \\ \dfrac{-1}{n}, & \text{当 } x \in A_{2n}, \\ 0, & \text{其他} \end{cases} \cdot$$

容易证明 f 是 Baire 1 类函数,由此存在 Darboux-Baire 1 类函数 g,使 $g = f$ a.e.(参见[5]),特别地 g 在任一区间中取正负值,应用 Maximoff-Preiss 定理,即得所求的导函数.

值得一提的是没有外同胚构造的证明方法,这是由于 $H \circ f$ 形式的函数类(其中 H 是从 R 到映自身的同胚,$f \in \triangle'$)尚未有刻划,它肯定是第一类的真子集(其实它显然包括在 Zahorski 类 $\mathfrak{m}_4$)我们却不知道有简易构造函数 f 的方法,使对某些 H 而言,$H \circ f$ 有所求的性质.

3. 在稠密集上取严格极大极小值的可微函数

我们现在转向另一有关的问题,在 1882 年 Henkel(见[12])尝试构造一个可微函数有严格极大和严格极小值的稠密集,他没有成功(此问题的解也无形中提供了以上问题的解),较迟后 Zalcwasser[27] 解决了一个更难的问题:给出两个可数不相交集合 A 和 B,是否存在可微函数在 A 上有严格极大值,在 B 上有严格极小值,以及无其他极值?他在他的一篇长文[27]中肯定地回答了这个问题,最近 Kelar[16] 提供一较简单的证明,他构造了一个 Lipschitz 函数具有所要求的极值性质,在以上 e(2) 中提及的 Fleissner-Foran 定理的一项应用完成了证明.

一个也许比较简单的证明可以取以下形式(此处我们假定 A 和 B 同时为稠密集,Zalcwasser 很容易证明了在一般的情况下此项结果). 不难证得(参见[4]),如果 A 和 B 是[0,1]中互不相交可数的稠密子集,同时 A',B' 也有这样的性质,那么存在映[0,1]到

自身的同胚 g,使 $g(A) = A', g(B) = B'$,且对 $[0,1]$ 中所有 $x \neq y$,有

$$\frac{1}{2} \leqslant \frac{g(y) - g(y)}{y - x} \leqslant 2,$$

容易推得在 Weil 类 $\triangle'_0$ 中的导函数集中,其原函数局部极值是严格的,一定是 $\triangle'_0$ 中的主剩集,令 F 为此导数的原函数且 A' 和 B' 分别其严格极大值和严格极小值的集合,设 g 为上述之同胚,则 $F \circ g$ 是一 Lipsohitz 函数并具有所要求的极值性质. Fleissne-Foran 定理产生了一从 R 映到自身 的同胚 h 使 $h \circ (F \circ g)$ 是可微的,此函数具有所有要求的性质.

注:其实我可以取可微的 g,所以 $F \circ g$ 具有所要的条件,我们可以断言典型无处单调的可微 Lipschitz 函数 F 且 $F(0) = 0$(对范数 $\|F\| = \sup\limits_{t \in [0,1]} |F'(x)|$)有下列性质:给出 A 和 B 可数,稠密且不相交,存在一微分同胚 G 使 $F \circ G$ 在 A 上取严格局部极大值,在 B 上取严格局部极小值且无其他局部极值.

4. 连续函数的可微性病态现象

以上诸问题考虑了可微函数的病态现象,现在转而讨论有关连续函数的可微性的病态现象.

一百多年前我们已知有处处连续的无处可微的函数的存在.早年 Weierstrass 和其他学者所提供的证明都是用实际例子,到了 1931 年为 Banach[1] 和 Mazurkiewicz[18] 才用了纲定理给出了存在性证明.

Weierstrass 的例子 w 有性质:即在一稠密集上其单侧导数 w'_+ 和 w'_- 存在且无穷,由此引起一个问题,即是否存在连续函数 f,使 f'_+ 和 f'_- 无处存在(有限或无穷),许多年之后 Besicovitch[2] 才给出一连续函数 B 的例子,使处处有 $D_+ B < D^+ B$ 和 $D_- B < D^- B$(即处处无单侧导数). 他的例子后来又被 Pepper[20] 所简化,

一项更正的描述出现在 Jeffery 的书[14]中. 再后来 Morse 提供了另一个例子, 从算术的角度而非几何的角度着手的, 所有这些例子不用说都是很复杂的, 就是 Jeffery 书中的例子也需要几乎十页. 在回顾这课题早年的工作, Morse 指出, 关于如此函数的存在仍有一些疑虑.

Saks[23]在访问 Harward 大学时, 从 Baire 纲定理的角度处理这个问题. 他看到直接证明, 指出连续函数典型地具有无处有有限或无穷(双侧)导数或无处有单侧有限导数, 他接着证明无论如何它们一定典型地存在有其基数为连续统的集合, 其上有单侧无穷导数(所谓〈典型〉性质. 我们是指具有该性质的函数形成 $C[0,1]$ 的主剩集), Saks 的证明是一点也不初等的, 它涉及到证明如此函数所形成的 $C[a,b]$ 的子集在每一球上是第二纲的并且是解析的, 由此得出该函数类 在 $C[a,b]$ 内是主剩集, Saks 应用了 Tarski 和 Kuratowski 最近所得到的一些结果.

因此 Saks 没有找到一个 Besicovitch 型函数存在的简单证明. 一些数学家认为这也说明了为什么这类函数的例子是那么难找, 他们是有悖于典型的(大专学生也许很难接受这一看法—— 他们毫无困难提供整数或可微函数的例子.)

Saks 结果的一个非常简单的证明, 由 Laczkovich 发表, 但他们归功于 Preiss, 奇怪的是这证明用到只在1934年才有的结果, 而 Saks 写他的文章[23]的时候还是没有的, 当然在他写出他的书[24]的时候是有的.

引理 任一连续函数 F 在某一连续统集上必有单侧的近似导数(有限或无限).

证明 设 $A = \{x | D^+ F = -\infty\}, B = \{x | -\infty < D^+ F < 0\}, C = \{x | 0 \leqslant D^+ F \leqslant \infty\}$.

若 $A \neq \varnothing$, 则对 $x \in A$, 有 $F'_{+ap}(x) = -\infty$, 因此若 A 是一连续统集它即是所求之集合, 在 B 上 F 是 VBG, 所以 F 是几乎近似可微的, 因此若有正测度, 它即所求之集合, 最后, 若 A 的基数小于连续统（因为它是一 Borel 集,则 A 必为可数）和 B 为测度零,则用标准定理知,F 是不减的,在这种情况 F 是几乎处处可微的.

定理（Saks） 典型的连续函数 F 在基数为连续统的集合上有无穷单侧导数.

证明 （Laczkovich 把证明归于 Preiss）典型连续函数是无处近似可微的[13],令 A,B 和 C 如以上引理所述,则 B 有零测度,如果 A 的基数小于连续统,那么 F 是不减的（如引理的证明）.该函数非典型.

因此典型连续函数在基数为连续统的集合上有无穷单侧导数,但是每一个连续函数在如此集合上有单侧近似导数.

以上将一个难度极高的 Saks 定理提供了一项非常简单的证明,但是它并没有给 Besicovitch 型函数的存在性提供一项简单证明,我们问是否存在一完备度量 ρ,对于某连续函数集上,使其主剩集是 Besicovitch 型函数.

参考文献

[1] S. Banach, Über die Bairishche Kategorie gewisser Funktionenmengen, Studia Math. , 3(1931), 174—197.

[2] A. Besicovitch, Diskussion der stetigen Funktionen in Zusammenhang mit der Frage uber ihre Differentierbakeit, Bull. Acad. de Russie ,19(1925),527—540.

[3] J. Blazek, E. Borak, J. Maly, Cas. pro, pest mat. roc,103(1978),53—61.

[4] A. Bruckner, Some indirect consequences of a theorem of Zahorski, to appear.

[5] A. Bruckner, J. Ceder, and R. Keston, Representations and approximations by Darboux functions in the first class of Baire, Rev. Roum. Math. Pures et Appl. 13 (1976),1247—1254.

[6] A. Bruckner and Goffman. Differentiability through change of variables, Proc. Amer. Soc. , 61 (1976), 235—241.

[7] A. Bruckner, J. Marik and C. Weil, Baire one null functions, to appear.

[8] A. Genjoy, Sur les fonctions derivees sommables, Bull. Soc. Math. France, 43 (1915),161—248.

[9] R. Fleissner and J. Foran, A note on differentiable functions ,Proc. Amer. Math. Soc. , 69 (1978) 56.

[10] R. Fleissner and Foran, Transformtions of differentiable functions, Colloq. Math. , 39 (1976) 278—281.

[11] C. Goffman, Everywhere differentiable functions and the density topology, Proc. Amer. Soc. , 51 (1975), 250.

[12] E. Hobson, Theory of functioins of a real variable, Vol. 2, Dover, New York , 1957.

[13] V. Jarnik, Sur la derivabilite des functions continuous, Spisy Privodau, Fak. Univ. Karlovy, 129 (1934) 3—9.

[14] R. Jeffery, The theory of functions of a real variable, Mathematical Expositions No. 6, University of Toronto Press, 1962.

[15] L. I. Kaplan and S. G. Slobodnick, Monotone Transformations and differential properies of functions, Mat. Zanetki, 22 (1977), 859—871.

[16] V. Kelar, On strict local extrema of differentiable functions, Real Anal. Exch. , 6 (1980—1981), 242—244.

[17] Y. Katznelson and Strmberg, Amer. Math. Monthly, 81 (1974), 349—354.

[18] S. Mazurkiewicz, Sur les functions non-derivable, Studia Math. , 3(1931), 92—94.

[19] A. Morse, A Continuous function with no unilateral derivatives, Trans. Amer. Math. Soc. , 44 (1938), 496—507.

[20] E. Pepper, On Continuous functions without a derivative, Fund. Math. , 12 (1928), 244—253.

[21] G. Petruska and M. Laczkovich, A theorem on approximately continuous functions, Acta Math. Acad. Sci. Hung. , 24 (1974), 383—387.

[22] D. Preiss, Maximoff's Theorem, Real Anal. Exch. , 5(1979—1980). , 92—104.

[23] S. Saks, On the functions of Besicovich in the space of continuous functions, Fund. Math. , 19 (1932), 211—215.

[24] S. Saks, Theory of the integral, Monografie Matematyczne 7, Warszawa-Lwow, 1937.

[25] C. Weil, On nowhere monotone functions, Proc. Amer. Math. Soc. , 56 (1976), 388—389.

[26] Z. Zahorski, Sur la premiere derivee, Trans. Amer. Math. Soc. , 56(1950), 1—54.

[27] Z. Zalcwsser, O funkcjach Kopckego, Prace Math. Fiz. , 35 (1927—1928) ; 57— 99 (Poish, French Summary). y, 74 (1967), 485—497.

[28] H. Zassenhaus, On the Fundamental Theorem of Algebra, Amer. Math. Monthly, 74 (1967), 485—497.

《现代数学基础丛书》已出版书目